高等职业教育信息大类专业"十三五"规划教材

智能楼宇
与网络工程

主 编　黄勤陆　李忠炳　赵聘敏

副主编　任　征　许晓风　田能炎

U0384152

华中科技大学出版社
http://www.hustp.com
中国·武汉

图书在版编目(CIP)数据

智能楼宇与网络工程/黄勤陆,李忠炳,赵聃敏主编.—武汉:华中科技大学出版社,2017.1(2022.7重印)
ISBN 978-7-5680-2373-3

Ⅰ.①智… Ⅱ.①黄… ②李… ③赵… Ⅲ.①智能化建筑-网络工程 Ⅳ.①TU18 ②TP393

中国版本图书馆 CIP 数据核字(2016)第 298843 号

智能楼宇与网络工程
Zhineng Louyu yu Wangluo Gongcheng

黄勤陆　李忠炳　赵聃敏　主编

策划编辑:狄宝珠
责任编辑:刘　静
封面设计:原色设计
责任监印:朱　玢
出版发行:华中科技大学出版社(中国·武汉)　　　电话:(027)81321913
　　　　　武汉市东湖新技术开发区华工科技园　　　邮编:430223
录　　排:武汉正风天下文化发展有限公司
印　　刷:广东虎彩云印刷有限公司
开　　本:787mm×1092mm　1/16
印　　张:16.75
字　　数:437千字
版　　次:2022年7月第1版第10次印刷
定　　价:38.00元

前言 PREFACE

　　智能建筑随科学技术的发展,特别是计算机技术、通信技术、控制技术、图像处理技术的飞速发展,得到迅猛发展和普及,建筑智能化已经成为现代中高档建筑的主要特征。智能建筑通过楼宇自动化系统实现建筑物(群)内设备与建筑环境的全面监控与管理,为建筑的使用者营造一个舒适、安全、经济、高效、便捷的工作和生活环境,并通过优化设备运行与管理,降低运营费用。楼宇自动化系统涉及建筑的电力、照明、空调、通风、给排水、防灾、安全防范、车库管理等设备与系统,是智能建筑中涉及面最广、设计任务最重、工程施工量最大的子系统,它的设计水平和工程建设质量对智能建筑功能的实现有直接的影响。建筑智能化主要体现在五大系统:楼宇自动化系统、办公自动化系统、通信自动化系统、安全防范系统、消防自动化系统上。

　　本书以智能建筑为主线,以楼宇自动化系统为重点,对视频监控系统、可视门禁对讲系统、综合布线系统、火灾报警与消防联动控制系统、智能巡更系统、DDC照明控制系统、DDC新风系统、公共广播系统、有线电视系统、远程抄表系统等进行了原理和案例分析。

　　本书在结构上以项目为教学主线,通过项目化教学单元,将设计、试验、技能训练、应用能力紧密结合,通过教、学、练的紧密结合,突出了学生操作技能、设计能力和创新能力的培养和提高,体现了职业教育"工学结合"的特色,注重培养学生的实际动手能力和解决实际问题的能力,突出了高等职业教育注重培养学生在应用方面的能力的特点。

　　本书共安排了十四个项目,涵盖的知识点有:系统原理、硬件知识、软件安装和调试。本书总体规划、项目1、项目12、项目13、前言和附录由成都纺织高等专科学校黄勤陆编写,项目10、项目11和项目14由李忠炳编写,项目4和项目5由赵聘敏编写,项目3和项目8由许晓风编写,项目7和项目9由田能炎编写,项目2和项目6由任征编写。全书由黄勤陆主审和修订,参与本书编写的还有四川智邦系统集成有限公司的洪象勇、王磊,施耐德电气(中国)有限公司成都分公司的冯智勇、冯家,成都纺织高等专科学校的肖甘、荣宏、阮文韬等。本书在编写过程中还得到了业内许多朋友的帮助和支持,也参考和引用了许多业内同人的文章和专著,在此一并表示衷心感谢。

本书适合作高职高专院校楼宇智能化、建筑电气工程技术、电气工程及其自动化等相关专业教材,也可供相关工程技术人员参考。

由于编者水平有限,书中难免存在不足及错误之处,恳请广大读者批评指正。

联系电子邮箱:huangqinlu@163.com。

编　　者

目 录 CONTENTS

项目 ① 智能建筑概述

1.1 智能建筑的概念

智能建筑(intelligent building,IB)是应人类对建筑内外信息交换、安全性、舒适性、便利性和节能性的要求,集现代科学技术之大成的产物。智能建筑技术基础主要由现代建筑技术、计算机技术、通信技术和自动化控制技术组成,通过将建筑物的结构、系统、服务和管理根据用户的需求进行最优化组合,为用户提供一个高效、舒适、便利的人性化建筑环境。智能建筑对提高用户工作效率、提升建筑适用性、降低使用成本具有重要作用。

智能建筑从其发展过程来看,经历了萌芽、起步、快速发展、理性发展等几个阶段。"智能建筑"这一概念起源于美国。1984 年,美国康涅狄格州哈特福德市建成的都市办公大楼(city place building)是世界上公认的第一座智能化大厦,它装备了当时先进的通信系统、办公自动化系统和自动监控及建筑设备自动化管理系统,配有语音通信、文字处理、电子邮件、市场行情信息、科学计算和情报资料检索等服务,实现了自动化综合管理,其内的空调、电梯、供水、防盗、防火及供配电系统等都通过计算机系统进行有效的控制。城市广场诞生之后,欧洲各国、日本、中国、泰国等相续建设了很多智能化大厦。目前,智能化配置是商业建筑的基本配置。

什么样的建筑可以算是智能建筑呢? 或者说,"智能建筑"的定义是什么呢? 在不同的国家和地区、同一国家的不同时期,"智能建筑"的定义是不一样的。

美国智能大厦协会对"智能建筑"所下的定义为:智能建筑是指通过对建筑的四个基本要素,即结构、系统、服务、管理以及它们之间内在的关联的最优化考虑,来提供一个投资合理且又拥有高效率的舒适、温馨、便利的环境,并帮助建筑物业主、物业管理人员和租用人实现在费用、舒适、便利和安全等方面的目标,当然还要考虑长远的系统灵活性及市场能力的建筑。

在最新的国家标准 GB/T 50314—2015《智能建筑设计标准》中对智能建筑所下的定义如下:智能建筑是指"以建筑物为平台,基于对各类智能化信息的综合应用,集架构、系统、应用、管理及优化组合为一体,具有感知、传输、记忆、推理、判断和决策的综合智慧能力,形成以人、建筑、环境互为协调的整合体,为人们提供安全、高效、便利及可持续发展功能环境的建筑。"

智能建筑的定义明确了建筑智能化的目的——建筑智能化就是为了实现建筑物的安全、高效、便捷、节能、环保、健康等。智能建筑的信息化特征明显,智能建筑信息的采集、传输、处理、监控、管理、应用综合应用了多种新技术。智能建筑涉及建筑学、建筑环境与设备工程、机电一体化技术、计算机技术、信息技术、现代管理技术等多个学科和技术领域,属于大系统工程的范畴,因此,智能建筑需要采用系统集成的方法才能将系统资源进行整合与优化。

国家标准所下的"智能建筑"定义强调了对各类智能化信息的综合应用,建筑智能化系统组成可以简单归纳为 3A+SCS+BMS。

(1)楼宇自动化系统:building management automation system,简称 BAS。

(2) 通信自动化系统：communication automation system，简称 CAS。

(3) 办公自动化系统：office automation system，简称 OAS。

(4) 综合布线系统：structured cabling system，简称 SCS。

(5) 建筑设备管理系统：building management system，简称 BMS。

现代智能建筑还通常把楼宇自动化(BA)、通信自动化(CA)、办公自动化(OA)、消防自动化(FA)和安防自动化(SA)并列，形成了所谓的 5A 系统。

1.2 建筑智能系统的基本架构

1.2.1 智能建筑的体系结构

智能建筑由信息设施系统(information technology system infrastructure，ITSI)、建筑设备管理系统(building management system，BMS)、信息化应用系统(information technology application system，ITAS)、公共安全系统(public security system，PSS)、机房工程(engineering of electronic equipment plant，EEEP)、智能建筑系统集成组成，是这六大系统有机集成和融合的结果。智能建筑的体系结构如图 1-1 所示。

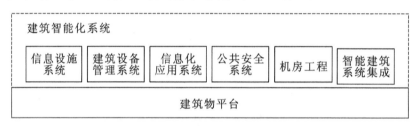

图 1-1 智能建筑的体系结构

1. 信息设施系统

信息设施系统对语音、数据、图像和多媒体等各类信息进行接收、交换、传输、存储、检索和显示等综合处理，支持建筑物与外部的信息互联互通，以满足公众对各种信息日益增长的需求。信息设施系统是智能建筑中重要的组成部分，包括电话交换系统、综合布线系统、信息网络系统、有线电视及卫星电视接收系统、会议系统、公共广播系统、室内移动通信覆盖系统、卫星通信系统、信息导引及发布系统、时钟系统、通信接入系统等。

2. 建筑设备管理系统

建筑设备管理系统是采用计算机及网络技术、自动控制技术和通信技术对建筑设备进行监控、对公共安全系统实施综合管理，确保建筑物内具有舒适和安全的办公环境，降低建筑能耗的管理系统。建筑设备管理系统具有协调各子系统、管理全局信息、应急处理全局事件的能力，将高质量的服务与高效的管理有机结合，以创造出舒适、温馨、环保、健康、节能的工作与生活环境。建筑设备管理系统包含空调与通风系统、冷热源系统、给排水系统、供配电系统、照明系统、电梯系统等。

3. 信息化应用系统

信息化应用系统是以信息设施系统和建筑设备管理系统等为基础，为满足建筑物各类业务需求和实现管理功能，由多种信息设备与应用软件组合而成的系统。信息化应用系统为建筑物的使用者和管理者提供快捷、与业务信息运行有关的有效的帮助，并具备完善的业务支持辅助功能。信息化应用系统包括工作业务应用系统、物业运营管理系统、公共服务管理系统、公众信息服务系统、智能卡应用系统、信息网络安全管理系统等。

4. 公共安全系统

公共安全系统是指为维护公共安全,综合运用现代科学技术,以应对危害社会安全的各类突发事件而构建的技术防范系统或保障体系。公共安全系统包括火灾自动报警系统、安全技术防范系统和应急联动系统等。其中,安全技术防范系统包括安全防范综合管理系统、入侵报警系统、视频安防监控系统、出入口控制系统、电子巡查管理系统、访客对讲系统、停车库(场)管理系统以及各类建筑物业务功能所需的其他相关安全技术防范系统。公共安全系统具有应对火灾、非法侵入、自然灾害、重大安全事故和公共卫生事故等危害人们生命、财产安全的各种突发事件,建立起应急及长效的技术防范保障体系的特性,以及以人为本、平战结合、应急联动和安全可靠的特点。

5. 机房工程

机房工程是指为向在智能化系统工程中各类智能化系统设备和装置提供安全、稳定和可靠的运行与便于维护的建筑环境而实施的综合工程。机房工程也是建筑智能化系统的一个重要部分。机房工程涵盖了建筑装修、供电、照明、防雷、接地、不间断电源(UPS)、精密空调、环境监测、火灾报警及灭火、门禁、防盗、闭路监视、综合布线和系统集成等技术。机房工程是一项专业化的综合性工程,要求对配电、空调、监控等各个子系统的建设规划、方案设计、施工安装等过程进行严密的统筹管理,以保证工程的质量和周期。

6. 智能建筑系统集成

智能建筑系统集成以搭建建筑主体内的建筑智能化管理系统为目的,利用综合布线技术、楼宇自控技术、通信技术、网络互联技术、多媒体应用技术、安全防范技术等,对相关设备、软件进行集成设计、安装调试、界面定制开发和应用支持,用相同的网络环境、相同的软件界面对这些分散的、相互独立的弱电子系统,进行集中监视,以实现统一的监测、控制和管理,实现跨子系统的联动和共享信息资源。智能建筑系统集成以后,原本各自独立的子系统从集成平台的角度来看就如同一个系统一样,无论信息点和受控点是否在一个子系统内都可以建立联动关系。

1.2.2　楼宇自动化系统

楼宇自动化系统是智能建筑的主要组成部分之一。智能建筑通过楼宇自动化系统实现建筑物(群)内设备与建筑环境的全面监控与管理,为建筑的使用者营造一个舒适、安全、经济、高效、便捷的工作、生活环境,并通过优化设备运行与管理降低运营费用。楼宇自动化系统涉及建筑的电力、照明、空调、通风、给排水、防灾、安全防范、车库管理等设备与系统,是智能建筑中涉及面最广、设计任务最重、工程施工量最大的子系统,它的设计水平和工程建设质量对智能建筑功能的实现有直接的影响。楼宇自动化系统如图 1-2 所示。

楼宇自动化系统主要功能如下:暖通空调系统的监控;给排水系统的监控;照明系统的监控;电梯系统的监控;变配电系统的监控;冷冻系统的监控;室内、室外温度、湿度的监测;其他监控。

照明系统不仅具有工作照明、事故照明、舞台艺术照明、障碍灯等照明功能,而且还具有故障报警、监控照明设备的运行状态等功能。它主要由照明开关、定时开关、调光设备等组成。电梯系统包括客用电梯、货用电梯、电动扶梯等,具有监控电梯运行状态、处理停电及紧

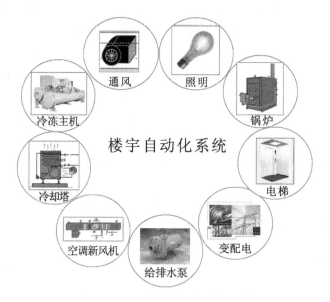

图 1-2　楼宇自动化系统

急情况等功能。变配电系统包括高压配电、变电、低压配电、应急发电等,具有监控变电设备各高低压主开关动作、运行状况及故障监控和报警、应急电源供电等功能。

楼宇自动化系统为分布式控制系统,管理者在中央控制室内就可实现对整座大楼内机电设备的监控和相应的各种现代化管理。在楼宇自动化系统中,中央管理服务器作为大楼的机电设备运行信息的交汇与处理中心,对汇集的各类信息进行分析、归类、处理和判断,采用最优化的控制手段,对各设备进行分布式监控和管理,使各子系统和设备始终在有条不紊、协调一致的高效、有序的状态下运行。楼宇自动化系统具有以下几个特点。

(1) 系统作用:具有分散控制、集中管理、节能、降耗的作用。

(2) 监控范围:对空调、新风机组、制冷机组、冷却塔、风机盘管、照明回路、变配电、给排水、电梯等系统进行信号采集、监测和控制,实现设备管理自动化。

(3) 效果:有效节省电能、大量节省人力、延长设备使用寿命、有效加强管理、保障设备与人身的安全。总体来讲,一座大楼中的各种设备(如冷水机组、空调机组、电梯等)大多是高能耗设备,通过楼宇自动化系统对各设备进行集中管理,协调整个系统的运行,在满足被控环境参数要求的前提下,能够实现节约能源、节约运行费用。

1.2.3　办公自动化系统

办公自动化系统面向组织的日常运作和管理,是员工及管理者使用频率最高的应用系统。它采用 Internet/Intranet 技术,基于工作流的概念,使企业内部人员方便、快捷地共享信息,高效地协同工作。办公自动化改变了过去复杂、低效的手工办公方式,实现迅速、全方位的信息采集、信息处理,为企业的管理和决策提供科学的依据。办公自动化技术从最初的以大规模采用复印机等办公设备为标志的初级阶段,发展到网络协同工作、移动终端和无线网络广泛应用阶段,对企业办公方式的改变和效率的提高起到了促进作用。

办公自动化系统的主要体现是 OA 软件,办公自动化系统通过办公软件规范企业的日常管理、增强企业的可控性、提高企业运转的效率,涉及日常行政管理、各种事项的审批、办公资源的管理、多人多部门的协同办公以及各种信息的沟通与传递。

1.2.4 通信自动化系统

智能建筑的信息通信系统是建筑物内语音、数据、图像传输的基础,同时与外部通信网(如电话公网、数据网、计算机网、卫星通信网以及广电网)相联,实现与世界各地互通信息。通信自动化系统由各种通信设备、通信线路和相关计算机软件组成。它主要包括传输语音、数据和图像的基本通信网络,实现楼层间(内)各种终端、微机、工作站之间通信的楼层局域网,沟通楼群或楼内计算机与楼内各个局域网间通信联系的楼群或楼内高速主干网,以及与公共信息资源(如 Internet、China PAC、China DDN 等)相通的远程数据通信网。

通信自动化系统离不开综合布线系统,综合布线系统是智能建筑中构筑信息通道的设施,为计算机系统、电话系统及其他子系统提供高速、高宽带的传输平台。综合布线系统为保证运行的高度可靠性、高度灵活性及管理的方便性,常采用冗余技术和积木式的标准接插件。

1.2.5 安全防范系统

安全防范系统是指以维护社会公共安全为目的,由安全防范产品和其他相关产品构成的闭路电视监控系统、防盗报警系统、门禁系统、巡更系统、周界防范系统等系统。安全防范系统采用多种方式构成智能建筑多方位、立体化的综合保安防护体系,以保证大楼内设备、人员的安全。安全防范系统能够在第一时间内做出相应判断和动作,并以视觉、听觉或其他感知方式告知管理人员与保安人员事故现场的情况,使他们有效地对安全事故做出快速反应,并将事件发生的全过程以视频记录的方式进行备份记录,为处理事故提供确实可靠的法规依据。

1.2.6 消防自动化系统

消防自动化系统(fire automation system,FAS)的主要功能有以下四个。

(1)火灾监测及报警、各种消防设备的状态检测与故障警报。

(2)消防系统有关管道水压的测量,自动喷淋设备、泡沫灭火设备、卤代烷灭火设备的控制。

(3)发生火灾时变配电系统及空调系统的联动、紧急电梯和防排烟系统的控制。

(4)发生火灾时紧急广播的操作控制和避难引导控制。

1.2.7 其他系统

1. 公共广播系统

公共广播系统具有背景音乐广播、公共事务广播、火灾事故广播功能。背景音乐广播的主要作用是掩盖噪声,创造一种轻松、和谐的听觉环境。公共事务广播可以起到宣传、播放通知、寻人等作用。公共广播系统的火灾事故广播设施作为火灾报警及联动系统在紧急状态下用以指挥、疏散人群的广播设施,在智能建筑中处于举足轻重的地位。

2. 卫星电视和有线电视接收系统

卫星电视和有线电视接收系统可以接收卫星转播节目和城市有线电视节目,播送自办的电视节目。卫星电视和有线电视接收系统分为前端、传输系统及用户端三个部分。前端由卫星接收天线、卫星接收机、调制器、解调器和频道混合器等组成,传输系统由传输设备、分支分配器、放大器及传输光缆、电缆组成,用户端由用户终端盒和电视接收机组成。卫星电视和有线电视接收系统具有对收费节目源进行加密、控制节目的收看和管理用户等功能。

3. 会议系统

会议系统是办公自动化系统的子系统,是通过中央控制器对各种会议设备及会议环境进行集中控制的一种现代会议模式。它是集计算机、通信、自动控制、多媒体、图像、音响等技术于一体的会务自动化管理系统。会议系统将会议报到、发言、表决、摄像、音响、显示、网络接入等各自独立的子系统有机地连接成一体,由中央控制器根据会议议程协调各子系统工作。会议系统具有为各种大型的国际会议、学术报告会和远程会议等提供准确、即时的信息和服务的功能。

4. 一卡通系统

一卡通管理主要实现对相关人员的考勤管理、门禁管理、内部电子消费管理、停车管理等业务的综合管理。

5. 电子信息显示系统

现代社会处于信息网络时代,信息传播占有越来越重要的地位,同时人们对视觉媒体的要求也越来越高,要求传播媒体传播信息直观、迅速、生动、醒目,电子信息显示系统承担了这个重要角色。

电子信息显示系统的作用有以下三个。
(1)播放大楼事务介绍、实事新闻、通知等。
(2)播放多媒体广告,起到为客户创收的作用。
(3)起到装饰环境、烘托气氛的作用。

6. 中央集成管理系统

中央集成管理是将建筑物内的若干个既相对独立又相互关联的子系统组成一个大系统的过程。中央集成管理不是简单堆积各个子系统,而是把现有的分离设备、功能、信息组合到一个相互关联的、统一的、协调的中央集成管理系统之中,从而把先进的高技术成果巧妙地、灵活地运用到现有的智能建筑系统中,以充分发挥智能建筑更大的作用和潜力。

中央集成管理系统分成智能建筑集成管理系统(IBMS)、建筑设备管理系统(BMS)两个层次。其中,建筑设备管理系统处于智能建筑集成管理系统的基础设备控制层和信息管理层之间,是沟通控制系统与信息管理系统的桥梁。

1.3 智能建筑的发展趋势与绿色建筑

1.3.1 智能建筑未来的发展趋势

智能建筑目前存在的主要问题如下:地区发展不平衡;建设期望高、设计施工质量低;系统集成商技术水平低;重建设、轻营运管理;管理队伍专业技术人员配置欠缺,且技能整体不高。

公共建筑的智能化已经进入普及阶段,全国各大中城市的新建办公楼宇和商业楼宇等基本都已是智能建筑,这就意味着公共建筑的智能化配置已经成为现代建筑的标准配置。

影响智能建筑今后发展的因素较多,但值得特别关注的是,在接下来的发展之路上,智能建筑必须融入智慧城市建设,这也可认为是智能建筑的"梦"。随着国家智慧城市建设的深入开展,智能建筑必须融入智慧城市建设,这是智能建筑今后发展的大方向。与此同时,智能建筑融入智慧城市建设应从智能建筑的体系架构确定、设计理念更新、标准与规范完善、B/S访问模式确立、集成融合平台建设、云计算服务平台建设以及嵌入式控制器系统架构确定等方面来考虑。

节能和环保是世界性的大潮流和大趋势,同时也是中国改革和发展的迫切需求,是 21世纪中国建筑事业发展的一个重点和热点。节能和环保是实现可持续发展的关键,是可持续发展的最终目标。我国更加注重智能建筑的节能减排、高效和低碳。在我国,智能建筑更多凸显出的是节能环保性、实用性、先进性及可持续升级发展等特点。智能建筑对节能减排、降低能源消耗等都具有非常积极的促进作用。

席卷全球的生态环境问题为绿色居住建筑的兴起提供了条件,同时绿色居住建筑也是人类实现可持续发展的基础环节。在当今的住宅中,生态居住区逐渐成为房地产业的一大卖点。生态居住区似乎能满足人们追求更高生活品质的需求,特别是人们精神方面的某种向往。在当今的住宅设计中,无论什么样的主题,都要以人为本,以人亲近大自然为出发点,以绿化为基础,只有绿色才是永远的主题。

智能建筑作为现代建筑甚至未来建筑的一个有机组成部分,不断吸收并采用新的可靠性技术,不断实现设计和技术上的突破,为传统的建筑概念赋予新的内容。稳定且持续不断地改进是智能建筑今后的发展方向,并促使智能建筑在我国未来的城市建设中发挥更加重要的作用。智能建筑未来将朝以下几个维度发展。

1. 智能电网与智能建筑逐步融合,智能建筑朝着绿色节能方向发展

从国内外发展历程和经验来看,智能电网与智能建筑的融合是趋势和潮流。智能电网与智能建筑融合的核心在于提供更节能的建筑。智能电网与智能建筑融合,既有利于营造可持续发展的环境,又可给用户带来切实的节能体验,使他们能够享受节能带来的实在的差别电价,减少电费支出,实现更好的经济效益。这也是智能建筑得以全方面推广市场的核心所在。

2. 智能建筑由商业建筑逐步延伸至社会公共建筑和住宅

在美国,智能建筑已从商业建筑领域延伸至社会公共建筑(MUSH,主要指市政机构、学校、医院等)领域。在我国,目前智能建筑主要集中在商业建筑领域,未来也将逐步扩张至社会公共建筑领域和住宅。随着无线网络技术如 ZigBee技术、Wi-Fi技术应用范围的不断扩大,家庭网络正在普及无线互联,这促使智能家居的市场推广掀起新的浪潮。

3. 国产设备研发商延伸产业链,逐步参与到提供行业综合解决方案中

智能建筑正迅速发展成一个新兴产业。在当前国外智能建筑行业内,主导公司是设备供应商,而提供解决方案以及能源服务的公司则占很小的市场份额。随着国内相关科研单位和企业所开发软、硬件产品的多元化、低价化,应用成本大幅降低,这促进了智能建筑产品的广泛使用和推广。

1.3.2 绿色建筑概述

绿色建筑是指能够达到节能减排的目的,在全寿命周期内,最大限度地节约资源(节能、节地、节水、节材)、保护环境和减少污染,为人们提供健康、适用和高效的使用空间,与自然和谐共生的建筑。"绿色建筑"的"绿色",并不是指一般意义的立体绿化、屋顶花园,而是代表一种概念或象征,指建筑对环境无害。绿色建筑是指能充分利用环境自然资源,并且在不破坏环境基本生态平衡条件下建造的一种建筑,它又可称为可持续发展建筑、生态建筑、回归大自然建筑、节能环保建筑等。

绿色建筑评价体系共有节地与室外环境、节能与能源利用、节水与水资源利用、节材与材料资源利用、室内环境和运行管理、施工管理六类指标。

绿色建筑要求室内布局合理,尽量减少使用合成材料,充分利用阳光,节省能源,为居住者创造一种接近自然的感觉。绿色建筑以人、建筑和自然环境的协调发展为目标,在利用天然条件和人工手段创造良好、健康的居住环境的同时,尽可能地控制和减少对自然环境的破坏,充分体现向大自然索取和回报大自然之间的平衡。室内的温度、日光照明、声问题和空气质量是绿色建筑的室内重要评价指标。

在室外环境方面,绿色建筑创造的居住环境,既包括人工环境,也包括自然环境。在进行绿色环境规划时,不仅要重视创造景观,而且要重视环境与生态的融合,做到整体绿化,即以整体的观点考虑持续化、自然化,除了建筑本身外,还需要考虑周围自然环境、生活用水的生态利用、废水的处理及还原、所在地的气候条件等因素。绿色建筑的实现与每一个地域的独特气候条件、自然资源、现存人类建筑、社会发展水平及文化环境有关。自然通风和采光最容易满足建筑绿化的要求,能减轻空调负荷从而达到节能以及绿化的目的。要充分利用自然通风和采光,必须考虑建筑的选址、体形系数、平面功能、朝向、间距和布局等情况。

1.3.3 绿色建筑与智能建筑的关系

智能建筑的内涵是:通过优化建筑的结构、设备、服务和管理,并根据用户的需求进行最优化组合,从而提供一个高效、舒适、便利的人性化建筑环境。智能建筑赖以存在的基础是高新技术,如计算机技术、控制技术和通信技术等。智能建筑首先要确保安全与健康,在满足使用者对环境要求的前提下,最大限度地减少能源消耗。

如前所述,绿色建筑是指在全寿命周期内,能最大限度地节约资源(节能、节地、节水、节材)、保护环境和减少污染,为人们提供健康、适用和高效的使用空间,与自然和谐共生的建筑。绿色建筑的基本内涵可以归纳为:减轻建筑对环境的负荷,即节约能源与资源;提供安全、健康、舒适的生活空间;与自然环境亲和,做到人、建筑与环境的和谐共处、持续发展。绿色建筑的室内布局应十分合理,并尽量减少合成材料的使用,充分利用阳光,为使用者营造一种接近自然的感觉。

由此可见:绿色建筑强调节约能源、不污染环境、保持生态平衡,是绿色的、生态的建筑,而智能建筑强调为用户提供一个高效、舒适、便利的人性化建筑环境;绿色建筑和智能建筑都强调节约能源与资源,都以以人为本为指导思想,二者相互影响、相互促进,绿色建筑离不开智能建筑,智能建筑的发展促进和带动了绿色建筑的发展。

绿色建筑融合智能建筑是为了实现绿色建筑的建设目标。智能控制与信息管理得不到解决,不能有效地实现各类设备系统的智能控制并进行建筑物建设,绿色建筑的目标是不可能达到的。绿色建筑的智能化系统工程以绿色建筑智能化为基础,在绿色建筑的建造过程中,必须采集环境、建筑物等各领域的信息,为绿色建筑的控制与管理创造良好的条件。

绿色建筑的控制多种多样,绿色建筑能利用太阳能提供光和热量,实现低能耗。绿色建筑的管理涉及环境生态、能源、资源、建筑物、安全、通信网络等,绿色建筑要在统一的平台上进行综合管理,以实现绿色目标。为实现绿色建筑的建设目标,必须设置环境、能源、资源、生态、安全等监控管理系统,而这些系统的实现,又离不开智能建筑的范畴。由此可见,绿色建筑与智能建筑是相互共存、不可分割的。

智能建筑、绿色建筑一体化发展是通过智能化手段与绿色理念融合来实现人、资源、环境三者协调的最优化发展。智能系统对绿色建筑的影响很大,它通过运用现代网络、通信与生物技术对建筑物进行科学调控,从而达到建筑节能的目的。智能与绿色合为一体,以智能化推进绿色建筑,以绿色理念促进智能化,体现了人类对安全舒适、节约能源、减少污染等的追求。从长远来看,智能建筑、绿色建筑一体化发展体现了以人为本这一指导思想,迎合了丰富、完善、更新、拓展传统建筑的需要,能够带动相关产业发展与技术进步,是现代建筑的需要,使现代建筑具有旺盛的生命力,是实现建筑业发展的有效途径。

思考与练习

(1) 什么是智能建筑?

(2) 简述智能建筑的体系结构。

(3) 什么是绿色建筑?

(4) 简述绿色建筑与智能建筑的关系。

(5) 绿色建筑评价体系有哪几类指标?

项目② 计算机网络

2.1 教学指南

2.1.1 知识目标

(1) 掌握现代网络的基本结构及特点。

(2) 了解 Internet 的基本概念及连接方式。

(3) 了解网络编址的基本概念。

(4) 了解建立基本 LAN 网络和 WAN 网络的原则和方法。

(5) 了解网络系统规划及设计的基本步骤及方法。

2.1.2 能力目标

(1) 学会设计简单的网络系统方案。

(2) 具有分析和维护简单网络的能力。

2.1.3 任务要求

通过对现代网络基本概念、基本设备的学习和实训,掌握常见简单网络的基本结构及工作原理、LAN 的基本建立方法、LAN 与 WAN 的连接方法,并对现代网络的基本运作模式有一个基本的认识。

2.1.4 相关知识点

(1) 网络的基本概念、基本网络组件。

(2) Internet 及网络编址。

2.1.5 教学实施方法

(1) 项目教学法。

(2) 行动导向法。

2.2 任务引入

在一天的生活中,我们要打电话、看电视、听收音机、玩 QQ 和微信、上网搜索资料,甚至上网与另一个国家的人玩视频游戏。在现代生活中,人们特别是年轻人,离开网络就感到无所适从,无法想象没有网络的世界会是什么样子。打电话、看电视、听收音机、玩 QQ 和微信、上网搜索资料、上网与另一个国家的人玩视频游戏,所有这些活动都依赖一个稳定、可靠的网络,通过网络,借助文字阅读、图片查看、影音播放、下载传输、游戏、聊天等软件工具能够在文字、图片、声音、视频等方面给人们带来极其美好的享受。

大部分的人在使用网络时,其实根本不知道是如何进行这些声音、图像的传输的,即根本不知道网络的运行原理。那到底什么是网络呢？我们在日常生活中打电视、看电视、听收音机、玩 QQ 和微信、上网搜索资料、上网与另一个国家的人玩视频游戏等,是如何通过网络实现的呢？下面通过本项目对这些问题进行解答。弄清楚这些问题,对我们更好地、安全地使用网络也有很好的帮助作用。

2.3 相关知识点

2.3.1 计算机网络的定义

什么是网络？网络是由节点和连线构成的,表示诸多对象及其相互联系的网状的系统。站在使用者的角度,可将网络分为语音网络、计算机及数据网络、视频网络以及融合网络等。在计算机领域中,网络是信息传输、接收、共享的虚拟平台,人们通过它把各个点、面、体的信息联系到一起,实现资源的共享。计算机网络按拓扑结构分为星型网络、环型网络、总线型网络、树型网络和网状网络等。计算机网络按地域分为局域网(LAN)、城域网(MAN)、广域网(WAN)和国际网络四种。

1. 局域网

覆盖一个地域,向位于同一个组织结构(如一个企业、园区或地区)内的人们提供服务和应用程序的独立网络,称为局域网(后文均以 LAN 表示)。LAN 通常由一个组织管理。用于规范安全和访问控制策略的管理控制措施将在网络层执行。

2. 城域网

城域网是指覆盖的地域介于局域网覆盖地域和广域网覆盖地域之间的网络。

3. 广域网

当公司或组织分布于相距甚远的不同地域时,可能需要借助电信服务提供商(TSP)才能使位于不同地点的 LAN 相互连接。电信服务提供商运营的大型地区网络可以覆盖很长的距离。以前,电信服务提供商一般使用不同的网络分别提供语音和数据通信。现在,电信服务提供商为用户提供融合信息网络服务。单个组织租用电信网络连接两端的 LAN,并负责维护连接两端的 LAN 的所有策略和管理,连接分布于不同地理位置的 LAN 的网络称为广域网(后文均以 WAN 表示)。

WAN 使用特殊设计的网络设备来建立 LAN 之间的相互连接。由于这些网络设备对网络至关重要,所以配置、安装和维护这些网络设备就成为组织的网络正常运行所必不可少的技能。WAN 通过 LAN 连接组织内部的用户,实现了多种形式的通信,包括交换电子邮件、企业培训和其他资源的共享。

LAN 和 WAN 示意图如图 2-1 所示。

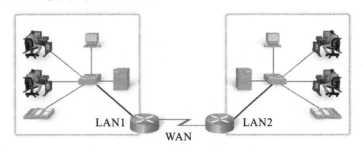

图 2-1　LAN 和 WAN 示意图

4. 国际网络

由相互连接的网络组成的国际网络能够满足本地组织以外的其他网络中的资源通信。这些相互连接的网络中有一部分由大型公有组织和私有组织拥有并保留供其专用。在向公众开放的国际网络中，最著名并被广为使用的便是 Internet。该网络是将属于 Internet 服务提供商（ISP）的网络相互连接后建立的，为世界各地用户提供接入服务。Internet 示意图如图 2-2 所示。

另外，还有一种网络叫 Intranet。它是内部网，传输的信息主要是企业内部信息。Intranet 采用 Internet 技术组建，访问有限制，通常用于连接一个组织的私有局域网和广域网，只有该组织的成员、员工和其他获得授权的人员可以访问。

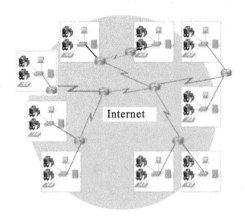

图 2-2 Internet 示意图

2.3.2 计算机网络模型

要确保通过 Internet 有效通信，需要采用统一的公认技术和协议，需要众多网络管理机构相互协作。国际标准化组织 ISO 于 1984 年提出了开放系统互联（OSI）参考模型。该模型具有异构系统互联的分层结构，提供了控制互联系统交互规则的标准骨架。OSI 参考模型的分层原则如下：不同系统中相同层的实体为同等层实体；同等层实体之间的通信由该层的协议管理；相同层间的接口定义了原语操作和低层向上层提供的服务；所提供的公共服务是面向连接的或无连接的数据服务，直接的数据传输仅在最低层实现；每层完成所定义的功能，修改本层的功能并不影响其他层。

OSI 参考模型采用了分层的结构化技术。OSI 参考模型共分物理层、数据链路层、网络层、传输层、会话层、表示层、应用层七层，如图 2-3 所示。

（1）物理层：提供为建立、维护和拆除物理链路所需要的机械特性、电气特性、功能特性和规程特性；向有关的物理链路传输非结构的位流以及故障检测指示。物理层硬件设备有中继器、集线器、网线、HUB 等。

（2）数据链路层：在网络层实体间提供数据发送和接收的功能和过程；提供数据链路的流控。数据链路层硬件设备有网卡、网桥、交换机等。

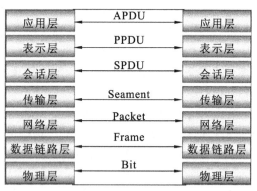

图 2-3 OSI 参考模型

（3）网络层：控制分组传送系统的操作、路由选择、拥护控制、网络互联等，将具体的物理传输对高层透明。网络层硬件设备有路由器、防火墙、多层交换机等。

（4）传输层：提供建立、维护和拆除传输连接的功能；选择网络层提供的最合适的服务；在系统之间提供可靠的、透明的数据传输，提供端到端的错误恢复和流量控制。

（5）会话层：提供两进程之间建立、维护和结束会话连接的功能；提供交互会话的管理功能。

（6）表示层：管理数据编码方式；完成数据转换、格式化和文本压缩。

（7）应用层：提供 OSI 用户服务，如事务处理程序、文件传送协议和网络管理等。

2.3.3 基本网络组件

网络包含许多组件，如个人计算机、服务器、网络设备、电缆等。这些组件可以分为主机、共享的外围设备、网络设备和网络介质四大类。

（1）主机。主机是直接通过网络发送和接收消息的设备，它是大多数网络设备的统称。每一台主机都有一个网络地址。

（2）共享的外围设备。共享的外围设备无法直接在网络上通信，它通过其连接的主机来执行所有网络操作。常见的共享的外围设备包括摄像头、扫描仪、本地打印机等。

（3）网络设备。网络设备用于连接其他设备（主要是主机），控制和传输网络流量。常见的网络设备有集线器、交换机、路由器等。

（4）网络介质。网络介质主要用于连接主机和网络设备。网络介质既可以是线缆（铜缆、光缆等），也可以是无线技术。

根据设备连接方式，有些组件可能扮演多种角色。例如，直接连接到主机的打印机（本地打印机）属于共享的外围设备，而直接连接到网络设备并直接参与网络通信的打印机则属于主机。

在传达网络连接和大型网际网络的工作方式之类的复杂信息时，使用形象的图形符号有利于人们理解和交流，网络语言使用一套通用的图形符号来表示不同的物理网络组件。要形象地表现网络的组织和工作方式，必须具备识别物理网络组件逻辑表示方式的能力。数据网络中常见的图形符号如图 2-4 所示。

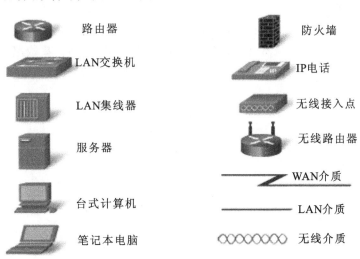

路由器
LAN交换机
LAN集线器
服务器
台式计算机
笔记本电脑

防火墙
IP电话
无线接入点
无线路由器
WAN介质
LAN介质
无线介质

图 2-4 数据网络中常见的图形符号

2.3.4 Internet 及网络编址

每天都有数千万人通过 Internet 交换信息，Internet 到底指什么呢？Internet 是世界范围内计算机网络的集合，是大量网络的聚合体，不属于任何个人或组织。在 Internet 中，计算机网络共同协作，使用通用标准来交换信息。Internet 用户可通过电话线、光缆、无线传输和卫星链路，以各种形式交换信息。

　　Internet 由多个主要的国际组织协助管理，以确保所有 Internet 用户使用相同的规则。任何想要连接到 Internet 的家庭、企业或组织，都必须借助 ISP 连接到 Internet。ISP 为接入 Internet 提供基本服务，也可提供其他服务，如电子邮件和 Web 托管服务。ISP 的规模有大有小，其服务的领域也各不相同。知名的 ISP 包括中国电信、中国网通等。ISP 服务示意图如图 2-5 所示。

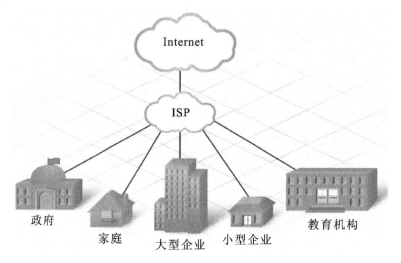

图 2-5　ISP 服务示意图

　　ISP 提供的连接 Internet 的方法多种多样，如大城市有线电视网络接入 Internet，偏远地区通过 ASDL 拨号或卫星接入 Internet。每种 Internet 接入技术都会使用网络接入设备，如调制解调器。将调制解调器连接到 ISP，能够在计算机与 ISP 之间提供直接连接。如果有多台计算机需要通过一个 ISP 连接，则需要添加其他网络设备，如用于连接本地网络多台主机的交换机和用于将数据包从本地网络传输至 ISP 网络的路由器。集成路由器之类的家庭网络设备可在一个产品包中同时提供路由功能、交换功能和无线功能。Internet 接入方式示意图如图 2-6 所示。

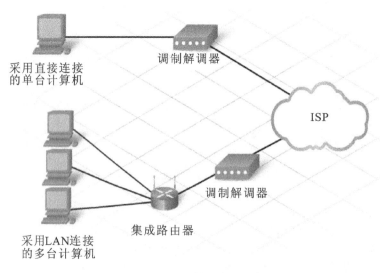

图 2-6　Internet 接入方式示意图

1. IP 地址

主机需要 IP 地址才能加入 Internet。IP 地址是用于标识特定主机的逻辑网址,为了与 Internet 上的其他设备进行通信,它必须配置正确并且唯一。

IP 地址将分配给连接到主机上的网络接口,具有网络接口的最终用户设备包括工作站、服务器、网络打印机和 IP 电话等。此网络接口通常指设备中安装的网络接口卡(NIC,简称网卡)。某些服务器可以有多块网卡,其中每块网卡都有其各自的 IP 地址。通过 Internet 发送的每个数据包都有源 IP 地址和目的 IP 地址。网络设备必须了解这些参数,才能确保信息到达目的设备,并确保所有应答都能返回源设备。

IP 地址就是三十二位的二进制数。将三十二位二进制数划分为四组八位二进制数,再将每组八位二进制数表示成十进制数值,并以小数点或句号加以分隔,称为点分十进制记法。为主机配置 IP 地址时,输入的 IP 地址是十进制数,如 192.168.1.5(对应的 32 位二进制数是 11000000101010000000000100000101)。

32 位逻辑 IP 地址具有层次性。它由两个部分组成:第一部分标识网络;第二部分标识网络中的主机。以 IP 地址为 192.168.18.57 的主机为例,前三组八位二进制数标识该地址的网络部分,最后一组八位二进制数标识主机。这种编址方式称为分层编址,网络部分表明了每个唯一的主机地址位于哪个网络中,路由器只需要知道如何到达各网络,而不需要知道每台主机的位置。分层网络的另一个例子是电话系统。电话号码中的国家代码和地区代码代表网络地址,而其余的数字则代表本地的电话号码。

IP 地址编码示意图如图 2-7 所示。

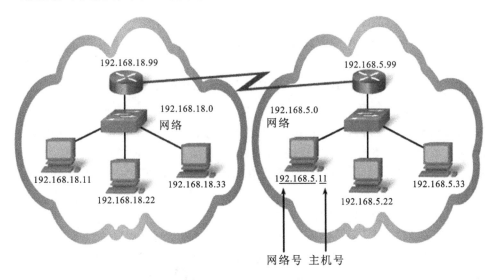

图 2-7 IP 地址编码示意图

2. 子网掩码

每个 IP 地址都有两个部分,主机如何知道哪一部分是属于网络的,哪一部分是属于主机的呢?这项工作由子网掩码负责。

在为主机配置 IP 地址时,要随 IP 地址设置子网掩码。与 IP 地址一样,子网掩码的长度也是三十二位。子网掩码用于表明 IP 地址的哪一部分代表网络,哪一部分代表主机。

子网掩码从左至右依次与 IP 地址逐位对应。子网掩码中的 1 代表网络部分,0 代表主机部分。

当主机发送数据包时,主机会拿子网掩码与自身 IP 地址和目的 IP 地址进行比较。若网络部分的各个位相符,则表示源主机和目的主机位于同一网络中,因此数据包只需要在本地传送。若网络部分的各个位不相符,则发送方主机会将数据包转发到本地路由器接口,再由其转发到其他网络。

子网掩码编码示意图如图 2-8 所示。

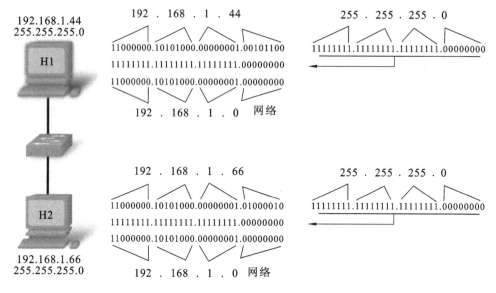

图 2-8 子网掩码编码示意图

在家庭网络和小型企业网络中,最常见的子网掩码是 255.0.0.0、255.255.0.0 和 255.255.255.0。其中,子网掩码 255.255.255.0 使用二十四位二进制数(111111111111111111111111)标识网络号码,剩下八位二进制数(00000000)用于对网络中的主机进行编号。

3. IP 地址分类和公有地址、私有地址

IP 地址和子网掩码共同确定了 IP 地址中代表网络地址的部分和代表主机地址的部分。

IP 地址划分为 A 类地址、B 类地址、C 类地址、D 类地址和 E 类地址五类;A 类地址、B 类地址和 C 类地址是商业类地址,可分配给主机;D 类地址保留,供组播使用;E 类地址用于实验。

A 类地址仅以一组八位二进制数代表网络部分,其余三组八位二进制数代表主机。默认子网掩码的长度为八位(255.0.0.0)。A 类地址一般分配给大型组织。

B 类地址使用两组八位二进制数代表网络部分,另两组八位二进制数代表主机。默认子网掩码的长度为十六位(255.255.0.0)。B 类地址一般用于中型网络。

C 类地址使用三组八位二进制数表示网络部分,剩下的一组八位二进制数表示主机。默认子网掩码的长度为二十四位(255.255.255.0)。C 类地址通常分配给小型网络。

直接连接到 Internet 的所有主机都需要唯一的公有 IP 地址。由于可用的三十二位 IP 地址数量有限,因此存在 IP 地址分配殆尽的风险。解决此问题的一个办法是保留一些私有地址仅供组织在内部使用。这样,组织内部的主机不要唯一的公有 IP 地址就能够相互通信。

RFC1918 标准在 A 类地址、B 类地址和 C 类地址每个类别中都保留数个地址范围。如表 2-1 所示,这些私有地址范围包含 1 个 A 类私有网络、16 个 B 类私有网络和 256 个 C 类私有网络,这为网络管理员分配内部地址提供了极大的灵活性。

表 2-1 IP 地址分类

地 址 类 型	保有网络段	网 络 地 址
A 类地址	1	10.0.0.0
B 类地址	16	172.16.0.0～172.31.0.0
C 类地址	256	192.168.0.0～192.168.255.0

规模非常大的网络可以使用 A 类私有网络,A 类私有网络可容纳 1 600 万以上的私有地址。

中型网络可以使用 B 类私有网络,B 类私有网络提供的地址超过 65 000 个。

家庭和小型企业网络一般使用单一的 C 类私有网络,C 类私有网络最多可容纳 254 台主机。

任何规模的组织均可在内部使用一个 A 类私有网络、16 个 B 类私有网络或 256 个 C 类私有网络。一般而言,许多组织使用的都是 A 类私有网络。

2.3.5 基本网络的建立

1. LAN 的建立

每个 LAN 都有一台路由器作为连接该 LAN 与其他网络的网关。在 LAN 内部,使用一台或多台集线器或交换机将终端设备连接到 LAN。

1) 网间设备:路由器

RG-RSR10 系列可信多业务路由器如图 2-9 所示。

图 2-9 RG-RSR10 系列可信多业务路由器

RG-RSR10 系列可信多业务路由器是集高性能、模块化、固化接口丰富、高安全、高易用性、贴近业务等特性于一身的新一代高性能接入路由器。RG-RSR10 系列可信多业务路由器具有以下五个特点:第一,支持 VCPU、REF、X-Flow 等专利技术,保证路由器开启多种业务后,能最大限度地降低对转发性能的影响;第二,内置状态防火墙功能,具备完善的抗流量攻击能力;第三,完善的 QoS/H-QoS 机制保障用户组、用户、用户不同业务的服务质量;第四,内置支持全面的 IPFIX 功能,使用户对网络内的业务分布了如指掌;第五,内置硬件加密引擎,提供高速、安全的数据加密功能。

路由器是用于连接不同网络的主要设备。路由器上的每个端口都可连接一个不同的网络,并且在网络之间路由数据包。路由器可以分隔广播域和冲突域。另外,路由器还可用于连接使用不同技术的网络。路由器可能同时拥有 LAN 接口和 WAN 接口。路由器的 LAN 接口用于将路由器连接到 LAN 介质。LAN 介质通常是 UTP 电缆,但也可以添加模块以使用光纤。路由器可能有多种连接 LAN 电缆和 WAN 电缆的接口类型,具体需要视路由器的系列或型号而定。

路由器连接示意图如图 2-10 所示。

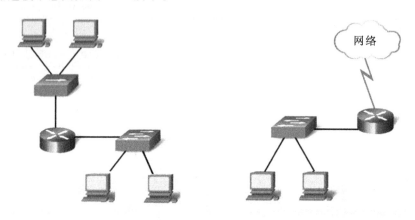

图 2-10　路由器连接示意图

2）网内设备

要创建 LAN,需要选择适当的网内设备将终端设备连接到网络。最常用的两种网内设备是集线器和交换机。

（1）集线器。

集线器用于接收信号,再重新生成信号,然后通过所有端口发送该信号。使用集线器的LAN 在逻辑上是总线型网络,也就是说,LAN 使用的是多路访问介质。集线器端口使用的是共享带宽的工作方式,因此经常会由于冲突和恢复而导致 LAN 性能下降。尽管多台集线器可以相互连接,但它们构成的仍然是一个冲突域。与交换机相比,集线器的价格较低。集线器采用广播通信方式建立通信连接,小型 LAN、吞吐量要求低或财务预算有限的公司通常选择集线器作为 LAN 网内设备。

（2）交换机。

RG-S1824GT-E 系列非网管型全千兆以太网交换机如图 2-11 所示。

图 2-11　RG-S1824GT-E 系列非网管型全千兆以太网交换机

RG-S1824GT-E 系列非网管型全千兆以太网交换机,是锐捷网络推出的新一代绿色节能非网管型全千兆以太网交换机。在 RG-S1824GT-E 系列非网管型全千兆以太网交换机中,RG-S1824GT-EA-V2 非网管型全千兆以太网交换机采用 19 英寸(1 英寸＝2.54 厘米)钢壳标准机架设计,提供 22 个固定的 10/100/1000Base-T 自适应以太网端口和 2 个千兆上联端口。RG-S1824GT-EA-V2 非网管型全千兆以太网交换机内置高速交换芯片,支持24 个千兆端口的全线速转发。同时,为提高设备的稳定性,RG-S1824GT-EA-V2 非网管型全千兆以太网交换机特别采用了宽幅电源,以及 3 kV 的端口防雷设计,能够在恶劣的用电环境和天气环境下稳定工作。RG-S1824GT-E 系列非网管型全千兆以太网交换机可为网吧、企业、智能小区、教育行业、政府行业、酒店行业等提供理想的千兆组网方案。

交换机接收帧,然后在相应的目的端口上重新生成帧的每个比特,用于将网络分段为多个冲突域。与集线器不同,交换机能减少 LAN 中的冲突。交换机上的每个端口都会生成一个独立的冲突域,这就与每个端口上的设备形成了一个点对点逻辑拓扑结构。此外,交换机还为每个端口提供专用带宽,从而提高了 LAN 的性能。在 LAN 中,交换机也可用于连接速度不同的多个网段。

使用集线器的小型 LAN 和使用交换机的 LAN 如图 2-12 所示。

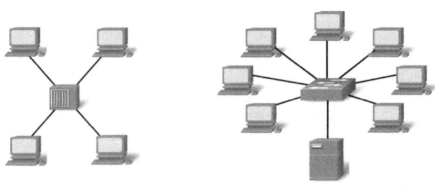

(a) 使用集线器的小型LAN　　　　　(b) 使用交换机的LAN

图 2-12　使用集线器的小型 LAN 和使用交换机的 LAN

3) 建立 LAN 的连接

电子工业联盟(EIA)和电信工业协会(TIA)对 UTP 电缆连接做出了规定,制定了 T568 端口接线标准。568A 和 568B 是指用于 8 针配线(最常见的就是 RJ45 水晶头配线)模块插座/插头的两种颜色代码。按国际标准,线序共有 T568A、T568B、USOC(8)和 USOC(6) 四种。

(1) T568A:从左到右,线序为白绿,绿,白橙,蓝,白蓝,橙,白棕,棕。

(2) T568B:从左到右,线序为白橙,橙,白绿,蓝,白蓝,绿,白棕,棕。

(3) USOC(8):从左到右,线序为白棕,绿,白橙,蓝,白蓝,橙,白绿,棕。

(4) USOC(6):从左到右,线序为空,白绿,白橙,蓝,白蓝,橙,绿,空。

T568 端口接线标准对 RJ45 水晶头的定义如图 2-13 所示。

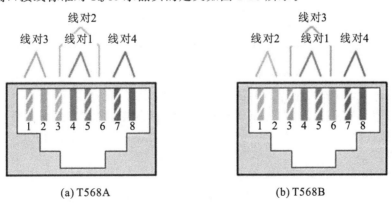

(a) T568A　　　　　　　　　　(b) T568B

图 2-13　T568 端口接线标准对 RJ45 水晶头的定义

在 LAN 中,设备有 MDI 和 MDI-X 两种 UTP 接口。

MDI 使用正常的以太网线序。引脚 1 和 2 用于发送信号,而引脚 3 和 6 用于接收信号。计算机、服务器或路由器等设备都使用 MDI 连接。当通过 MDI 连接不同类型的设备时,通常使用直通电缆。例如:交换机到路由器的以太网端口、计算机到交换机、计算机到集线器通过 MDI 使用直通电缆。

MDI-X 采用交叉电缆连接方式,在连接同类设备时和提供 LAN 连接的设备使用。例如:交换机到交换机、交换机到集线器、集线器到集线器、路由器到路由器的以太网端口、计算机到计算机、计算机到路由器的以太网端口均通过 MDI-X 连接。

2. WAN 的建立

根据定义可看出,WAN 可以覆盖非常长的距离。WAN 可能横跨全球,所提供的通信链路正是我们在管理电子邮件账户、查看网页或与客户召开电话会议时使用的链路。网络之间的广域连接有多种形式,包括电话线 RJ11 接口[用于拨号连接或数字用户线路(DSL)连接]连接、60 针串行连接、光纤宽带连接等。与 ADSL 相比,光纤宽带拥有更高的上行速度和下行速度,可实现高速上网。光纤宽带连接是目前主要的连接方式。家庭光纤宽带连接示意图如图 2-14 所示。

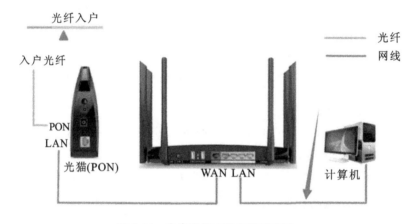

图 2-14　家庭光纤宽带连接示意图

2.4　知识拓展

2.4.1　数据通信设备(DCE)和数据终端设备(DTE)

数据通信设备是指为其他设备提供时钟服务的设备。数据通信设备通常位于链路的 WAN 服务提供商端。数据终端设备是指从其他设备接收时钟服务并做相应调整的设备。数据终端设备通常位于链路的 WAN 客户端或用户端。

若路由器使用串行连接直接连接到服务提供商或提供信号同步服务的设备,如通道服务单元/数据服务单元(CSU/DSU),则视该路由器为数据终端设备,并对其使用数据终端设备串口电缆。

数据通信设备和数据终端设备用于 WAN 连接中。它们可提供发送设备和接收设备均可接受的时钟频率,以维持通过 WAN 连接实现的通信。在大多数情况下,由电信运营商或 Internet 服务提供商提供用于同步传输信号的时钟服务。例如,如果通过 WAN 链路连接的设备以 1.544 Mbit/s 的数据传输速率发送信号,则每台接收设备都必须使用时钟,每 1/1 544 000秒发出一个采样信号。本例中的时间非常短。数据通信设备和数据终端设备必须非常迅速地与发送信号和接收信号同步。对路由器指定时钟频率即可设置发送采样信号的时间间隔。这样,路由器可以调整其通信操作的速度,从而与连接的设备同步。

2.4.2 两台路由器连接实验

在实验环境下建立两台路由器之间的 WAN 连接时,可通过使用串口电缆连接两台路由器来模拟一个点对点 WAN 链路,如图 2-15 所示。在此情况下,要确定控制时钟的路由器。路由器在默认情况下是数据通信设备,但也可配置为数据终端设备。

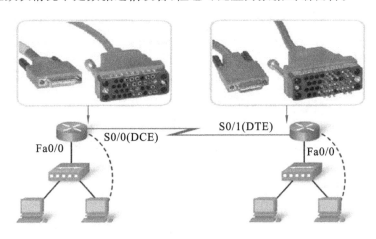

图 2-15 两台路由器连接示意图

V35 电缆有 DTE 电缆和 DCE 电缆两种型号。要在两台路由器之间创建点对点串行连接,需要将 DTE 电缆和 DCE 电缆连接到一起。每根 V35 电缆都带有一个连接器,该连接器用于插接其互补型号的连接器。当 V35 电缆的连接器插接其互补型号的连接器后,若错误地使用两根 DCE 电缆或两根 DTE 电缆连接,则无法将两台路由器连接到一起。

思考与练习

(1) 简述网络的定义。

(2) 什么是局域网?什么是广域网?

(3) 简述 Internet 的定义及应用范围。

(4) 简述 Internet 与 Intranet 的区别和联系。

(5) IP 地址编码是如何定义的?

(6) 简述 T568A 和 T568B 对 RJ45 水晶头的定义。

(7) 简述 RJ45 直接连接和 RJ45 交叉连接的应用范围。

(8) 实训任务。

【任务要求】作为网络工程师,根据客户网络建设需求做出设计方案,并组织实施。该客户为一个拥有两个校区的学校,每个校区各拥有一幢行政楼和一幢教学楼,两个校区之间需要联合布网,以实现校园内部主机相互通信。

【任务材料】网络系统设备清单如表 2-2 所示。

表 2-2　网络系统设备清单

序　号	名　称	型　号	单　位	数　量
1	路由器	思科 1801 路由器	套	4
2	交换机	思科 2960 交换机	套	4
3	交换机	RG-S1824GT-EA-V2 非网管型全千兆以太网交换机	套	4
4	配线架	24 口超五类配线架	台	4
5	110 语音配线架	100 对 110 语音配线架	个	4
6	理线架	—	套	4
7	实训机架	20U 实训机架	批	4
8	交换机柜	9U 交换机柜	个	4
9	计算机	—	台	4

【任务步骤】任务按以下步骤实施。

① 老师讲解楼群网络系统的基本概念及应用。

② 学生分组,以组为单位进行系统需求分析、基本规划及设备选型,确定方案。

③ 根据各组系统方案进行系统搭建,并进行相关配置调试。

④ 进行系统整体测试。

项目③ 综合布线系统

 3.1 教学指南

3.1.1 知识目标

(1) 掌握各种综合布线工具及设备的使用方法。

(2) 掌握识别和连接各种类型的电缆、光缆及相关辅件的方法。

(3) 掌握网络综合布线的施工过程。其中,应重点掌握工程施工准备、系统设备安装、管槽系统施工、电缆传输系统施工、光缆传输系统施工等方面的施工技术。

(4) 熟悉验证测试与认证测试;理解基本链路、通道和永久链路的概念及其相互关系。

(5) 熟悉双绞线和光纤测试的性能指标;掌握常用测试仪的使用方法;熟悉综合布线系统工程验收的基本要求、验收项目和验收内容。

3.1.2 能力目标

(1) 掌握综合布线系统及其子系统的设计内容、设计流程、设计方法。

(2) 初步具备工程施工和管理能力。

3.1.3 任务要求

(1) 参观综合布线系统应用场所,了解布线实训室,了解综合布线系统的功能和组成,建立综合布线的基本概念。

(2) 通过综合布线基本技能训练,了解布线技术规范,掌握各种布线工具的使用,掌握各种线管的制作,掌握各类线缆的识别、接续、端接,了解链路的认证测试。

(3) 通过工程项目训练,了解综合布线系统所必须依据的国家标准、行业标准以及国际规范,构建系统整体架构理念,掌握系统结构模块化的特点。

3.1.4 相关知识点

(1) 综合布线工程技术规范。

(2) 综合布线常用的设备、线缆、管槽和工具及其应用。

(3) 配线系统的组成与实现。

3.1.5 教学实施方法

(1) 项目教学法。

(2) 行动导向法。

 3.2 任务引入

综合布线系统是信息时代的产物,是计算机技术、通信技术、控制技术发展的必然需求。综合布线系统又称开放式布线系统,是指建筑物内或建筑群之间按模块化原则设计的、实施统一标准的信息传输网络。综合布线系统应与信息设施系统、信息化应用系统、公共安全系统、建筑设备管理系统等统筹规划、相互协调，并按照各系统信息的传输要求优化设计。综合布线系统既能使建筑内的语音设备、数据设备、图像设备和交换设备与其他信息管理系统彼此相连，又能使这些设备与外部通信网相联。

综合布线系统是为了顺应各种类型建筑的发展需求，而产生的一种综合化、模块化、标准化的布线系统。它的应用范畴不局限于一般意义上的"楼"，综合布线系统几乎适用于人类创造的所有平面的、立体的空间。如除传统的"楼"类建筑以外，综合布线系统还用于铁路、公路、桥梁、轮船、飞机类"建筑"。也就是说，综合布线系统适用于所有需要同时用到计算机技术、通信技术、控制技术这三大技术的场所。

综合布线系统是现代建筑物体内的"神经"，它采用了一系列高标准的器材，以模块化的组合方式，为现代建筑的信息传输系统提供了物理传输介质，为智能建筑的核心技术——系统集成技术提供了高效的基础通信平台。

在现阶段，综合布线系统工程存在以下两种实现方式。

（1）按统一的规范标准、统一的路由设计，采用不同的通信线缆和交连器材并统一施工，实现语音、数据、监控等信息的传输需求。

（2）按统一的规范标准、统一的路由设计，采用相同的通信线缆和交连器材并统一施工，实现不同的信息传输需求。

3.3 相关知识点

3.3.1 综合布线结构

我国的综合布线结构在严格按照国家标准《综合布线系统工程设计规范》的要求执行的同时，可参照国内相关行业标准和国际通行标准，如美国的《商业建筑电信布线标准》等。

综合布线系统工程包含以下七个部分的设计。

（1）工作区。一个独立的需要设置终端设备（TE）的区域宜划分为一个工作区。工作区应由配线子系统的信息插座模块（TO）延伸到终端设备处的连接缆线及适配器组成。

（2）配线子系统。配线子系统应由工作区的信息插座模块、信息插座模块至电信间配线设备（FD）的配线电缆和光缆、电信间的配线设备及设备缆线和跳线等组成。

（3）干线子系统。干线子系统应由设备间至电信间的干线电缆和光缆，安装在设备间的建筑物配线设备（BD）及设备缆线和跳线组成。

（4）建筑群子系统。建筑群子系统应由连接多个建筑物之间的主干电缆和光缆、建筑群配线设备（CD）及设备缆线和跳线组成。

（5）设备间。设备间是在每幢建筑物的适当地点进行网络管理和信息交换的场地。对于综合布线系统工程设计，设备间主要安装建筑物配线设备。电话交换机、计算机主机设备及入口设施也可与配线设备安装在一起。

（6）进线间。进线间是建筑物外部通信和信息管线的入口部位，并可作为入口设施和建筑群配线设备的安装场地。

（7）管理。管理应对工作区、电信间、设备间、进线间的配线设备、缆线、信息插座模块等设施按一定的模式进行标识和记录。

根据国家标准《综合布线系统工程设计规范》，综合布线系统基本构成应符合图3-1所示要求。

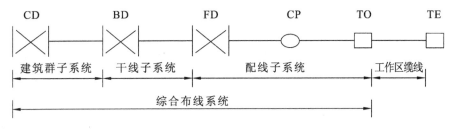

图 3-1　综合布线系统基本构成

CD—建筑群配线设备;BD—建筑物配线设备;FD—楼层配线设备;CP—集合点,线缆汇聚二级交换点;
TO—配线子系统的信息插座模块;TE—终端设备

说明:配线子系统中可以设置集合点(CP 点),也可以不设置集合点。

根据国家标准《综合布线系统工程设计规范》,综合布线子系统构成应符合图 3-2 所示要求。

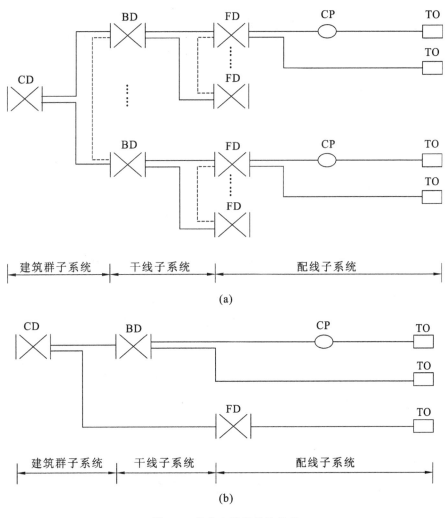

图 3-2　综合布线子系统构成

图 3-2 中的虚线表示 BD 与 BD 之间、FD 与 FD 之间可以设置主干缆线。由图 3-2 可知,建筑物 FD 可以经过主干缆线直接连至 CD,TO 也可以经过水平缆线直接连至 BD。

根据国家标准《综合布线系统工程设计规范》,综合布线系统入口设施及引入缆线构成应符合图 3-3 所示要求。

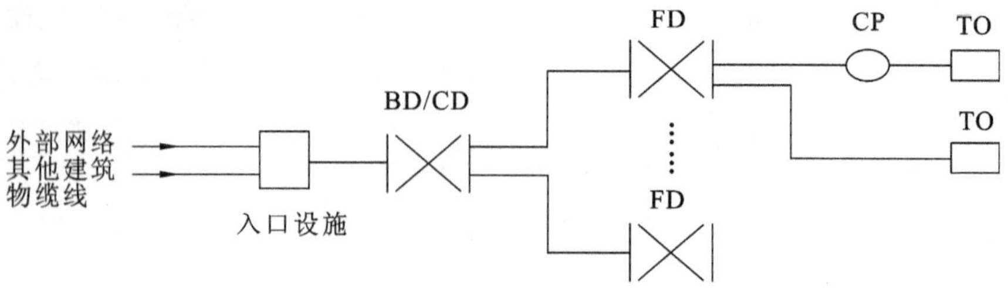

图 3-3　综合布线系统入口设施及引入缆线构成

在图 3-3 中,对设置了设备间的建筑物,设备间所在楼层的 FD 可以和设备中的 BD/CD 及入口设施安装在同一场地。

3.3.2　综合布线线缆分级与组成

综合布线铜缆系统的分级与类别划分应符合表 3-1 的要求。

表 3-1　综合布线铜缆系统的分级与类别

系统分级	支持带宽	支持应用器件	
		电缆	连接硬件
A	100 kHz	—	—
B	1 MHz	—	—
C	16 MHz	3 类	3 类
B	100 MHz	5/5e 类	5/5e 类
E	250 MHz	6 类	6 类
F	600 MHz	7 类	7 类

注:3 类、5/5e 类、6 类、7 类布线系统应能支持向下兼容的应用。

综合布线系统信道应由最长 90 m 的水平缆线、最长 10 m 的跳线和设备缆线及最多 4 个连接器件组成,永久链路则由 90 m 水平缆线及 3 个连接器件组成。布线系统信道、永久链路、CP 链路构成如图 3-4 所示。

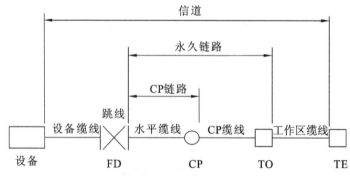

图 3-4　布线系统信道、永久链路、CP 链路构成

光纤信道(又可称为光信道)分为 OF-300、OF-500 和 OF-2000 三个等级,各等级光纤信道应支持的应用长度不应小于 300 m、500 m 和 2 000 m。光纤信道构成方式应符合以下要求。

26

(1) 水平光缆和主干光缆至楼层电信间的光纤配线设备应经光纤跳线(又称光跳线)连接构成,如图 3-5 所示。

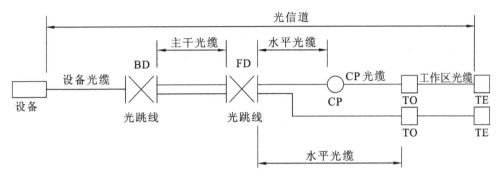

图 3-5 光纤信道构成(一)

(2) 水平光缆和主干光缆在楼层电信间应经端接(熔接或机械连接)构成,如图 3-6 所示。

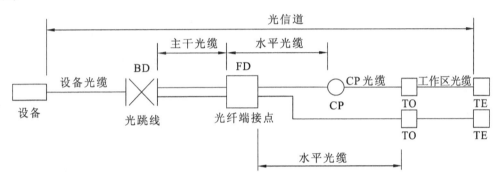

图 3-6 光纤信道构成(二)

(3) 水平光缆经过电信间直接连至大楼设备间光配线设备构成,如图 3-7 所示。

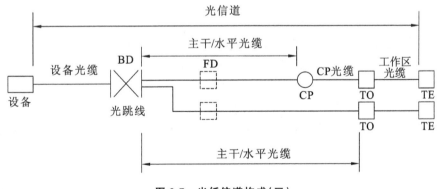

图 3-7 光纤信道构成(三)

注意:FD 安装于电信间,只作为光缆路径的场合。

当工作区用户终端设备或某区域网络设备需要直接与公用数据网进行互通时,宜将光缆从工作区直接布放至电信入口设施的光配线设备。

综合布线系统水平缆线与建筑物主干缆线及建筑群主干缆线之和所构成信道的总长度

不应大于 2 000 m。建筑物或建筑群配线设备之间（FD 与 BD 之间、FD 与 CD 之间、BD 与 BD 之间、BD 与 CD 之间）组成的信道出现 4 个连接器件时，主干缆线的长度不应小于 15 m。

配线子系统各缆线长度应符合图 3-8 的划分并符合下列要求。

（1）配线子系统信道的最大长度不应大于 100 m。

（2）工作区设备缆线、电信间配线设备的跳线和设备缆线之和不应大于 10 m，当大于 10 m 时，水平缆线长度（90 m）应适当减小。

（3）楼层配线设备跳线、设备缆线及工作区设备缆线各自的长度不应大于 5 m。

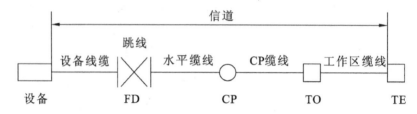

图 3-8　配线子系统缆线划分图

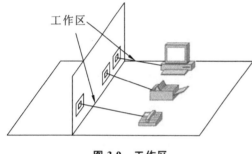

图 3-9　工作区

3.3.3　综合布线系统配置设计

1. 工作区子系统

工作区是放置应用系统终端设备的地方，如图 3-9 所示。在综合布线系统中，工作区由终端设备连接配线子系统到信息插座模块的连线（或软线）组成，包括连线缆线和连接器件，不包括终端设备和 TO。

在实际工程中，工作区为非永久性区域，其连接线缆建立的是非永久性链路，工程设计时可以不予考虑。工作区的线缆长度必须纳入配线子系统信道的最大长度不应大于 100 m 的技术规范中。

工作区适配器的选用宜符合下列规定。

（1）设备的连接插座应与连接电缆的插头匹配，不同的插座与插头之间应加装适配器。

（2）在连接使用信号的数/模转换、光/电转换、数据传输速率转换等相应的装置时，采用适配器。

（3）对于网络规程的兼容，采用协议转换适配器。

（4）各种规格的终端设备或适配器均应安装在工作区的适当位置，并应考虑现场的电源与接地情况。

2. 配线子系统

配线子系统包含电信间配线、水平缆线、集合点、CP 缆线和信息插座模块。配线子系统中可以设置集合点，也可以不设置集合点。不设置集合点的配线子系统包含电信间配线、水平缆线和信息插座模块。

电信间 FD 与电话交换配线及计算机网络设备之间的连接方式应符合以下要求。

（1）电话交换配线的连接方式应符合图 3-10 所示要求。

（2）在计算机网络设备连接方式中，经跳线连接的方式应符合图 3-11 所示要求。

（3）在计算机网络设备连接方式中，经设备缆线连接的方式应符合图 3-12 所示要求。

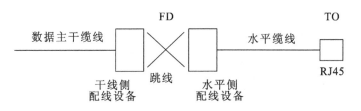

图 3-10 电话交换配线的连接方式

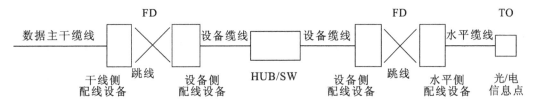

图 3-11 经跳线连接的方式

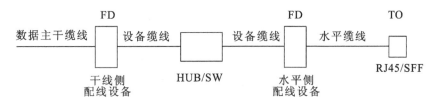

图 3-12 经设备缆线连接的方式

配线子系统信息点设计原则如下。

（1）根据工程提出的近期和远期终端设备的设置要求、用户性质、网络构成及实际需要，确定建筑物各层需要安装信息插座模块的数量及位置，配线应留有扩展余地。

（2）配线子系统缆线应采用非屏蔽或屏蔽 4 对对绞电缆，在需要时也可采用室内多模或单模光缆。

（3）每一个工作区信息插座模块（电、光）数量不宜少于 2 个，并满足各种业务的需求。

（4）底盒数量应以插座盒面板设置的开口数确定，每一个底盒支持安装的信息点数量不宜多于 2 个。

（5）光纤信息插座模块安装的底盒大小应充分考虑到水平光缆（2 芯或 4 芯）终接处的光缆盘留空间和满足光缆对弯曲半径的要求。

（6）工作区的信息插座模块应支持不同的终端设备接入，每一个 8 位模块通用插座应连接 1 根 4 对对绞电缆；对每一个双工或 2 个单工光纤连接器件及适配器连接 1 根 2 芯光缆。

（7）从电信间至每一个工作区水平光缆宜按 2 芯光缆配置。光纤至工作区域满足用户群或大客户使用时，光纤芯数至少应有 2 芯备份，按 4 芯水平光缆配置。

（8）连接至电信间的每一根水平电缆/光缆应终接于相应的配线模块，配线模块与缆线容量相适应。

（9）电信间 FD 主干侧各类配线模块应按电话交换机、计算机网络的构成及主干电缆/光缆的所需容量要求及模块类型和规格的选用进行配置。

（10）电信间 FD 采用的设备缆线和各类跳线宜按计算机网络设备的使用端口容量和电话交换机的实装容量、业务的实际需求或信息点总数的比例进行配置，比例范围为 25%～50%。

(11) 每个工作区信息点数量可按用户的性质、网络构成和需求来确定。表 3-2 所示的配线子系统信息点数量配置仅供设计者参考。

表 3-2　配线子系统信息点数量配置

建筑物功能区	信息点数量（每一工作区）			备注
	电　话	数　据	光纤（双工端口）	
办公区（一般）	1 个	1 个	——	——
办公区（重要）	1 个	2 个	1 个	对数据信息有较大的需求
出租或大客户区域	2 个或 2 个以上	2 个或 2 个以上	1 个或 1 个以上	指整个区域的配置量
办公区（商务工程）	2～5 个	2～5 个	1 个或 1 个以上	涉及内、外网络时

注：大客户区域也可以为公共设施的场地，如商场、会议中心、会展中心等。

3. 干线子系统

干线子系统设计原则如下。

（1）干线子系统所需要的电缆总对数和光纤总芯数，应满足工程的实际需求，并留有适当的备份容量。主干缆线宜设置电缆与光缆，并互相作为备份路由。

（2）干线子系统主干缆线应选择较短的安全的路由。主干电缆宜采用点对点终接，也可采用分支递减终接。

（3）如果电话交换机和计算机主机设置在建筑物内不同的设备间，宜采用不同的主干缆线来分别满足语音和数据的需要。

（4）在同一层若干电信间之间宜设置干线路由。

（5）主干电缆和光缆所需的容量要求及配置应符合以下规定。

第一，对语音业务，大对数主干电缆的对数应按每一个电话 8 位模块通用插座配置 1 对线，并在总需求线对的基础上至少预留约 10% 的备用线对。

第二，对于数据业务应以集线器或交换机群（按 4 个集线器或交换机组成 1 群）；或以每个集线器或交换机设备设置 1 个主干端口配置。每 1 群网络设备或每 4 个网络设备宜考虑 1 个备份端口。主干端口为电端口时，应按 4 对线容量配置，为光端口时则按 2 芯光纤容量配置。

第三，当工作区至电信间的水平光缆延伸至设备间的光配线设备（BD/CD）时，主干光缆的容量应包括所延伸的水平光缆光纤的容量在内。

第四，建筑物与建筑群配线设备处各类设备缆线和跳线的配备宜符合国家标准《综合布线系统工程设计规范》的相关规定。

4. 建筑群子系统

建筑群子系统设计原则如下。

（1）CD 宜安装在进线间或设备间，并可与入口设施或 BD 合用场地。

（2）CD 配线设备内、外侧的容量应与建筑物内连接 BD 配线设备的建筑群主干缆线容量及建筑物外部引入的建筑群主干缆线容量相一致。

5. 设备间

设备间子系统设计原则如下。

（1）在设备间内安装的 BD 配线设备干线侧容量应与主干缆线的容量相一致。设备侧的容量应与设备端口容量相一致或与干线侧配线设备容量相同。

（2）BD 配线设备与电话交换机及计算机网络设备的连接方式亦应符合国家标准 GB 50311—2007.第 4.2.3 条的规定。

6. 进线间

进线间子系统设计原则如下。

（1）建筑群主干电缆和光缆、公用网和专用网电缆、光缆及天线馈线等室外缆线进入建筑物时，应在进线间成端转换成室内电缆、光缆，并在缆线的终端处可由多家电信业务经营者设置入口设施，入口设施中的配线设备应按引入的电缆、光缆容量配置。

（2）电信业务经营者在进线间设置安装的入口配线设备应与 BD 或 CD 之间敷设相应的连接电缆、光缆，实现路由互通。缆线类型与容量应与配线设备相一致。

（3）在进线间缆线入口处的管孔数量应满足建筑物之间、外部接入业务及多家电信业务经营者缆线接入的需求，并应留有 2～4 孔的余量。

7. 管理

管理子系统设计原则如下。

（1）对设备间、电信间、进线间和工作区的配线设备、缆线、信息点等设施应按一定的模式进行标识和记录，并宜符合下列规定。

第一，综合布线系统工程宜采用计算机进行文档记录与保存，简单且规模较小的综合布线系统工程可按图纸资料等纸质文档进行管理，并做到记录准确、及时更新、便于查阅；文档资料应实现汉化。

第二，综合布线的每一电缆、光缆、配线设备、端接点、接地装置、敷设管线等组成部分均应给定唯一的标识符，并设置标签。标识符应采用相同数量的字母和数字等标明。

第三，电缆和光缆的两端均应标明相同的标识符。

第四，设备间、电信间、进线间的配线设备宜采用统一的色标区别各类业务与用途的配线区。

（2）所有标签应保持清晰、完整，并满足使用环境要求。

（3）对于规模较大的布线系统工程，为提高布线工程维护水平与网络安全，宜采用电子配线设备对信息点或配线设备进行管理，以显示与记录配线设备的连接、使用及变更状况。

（4）综合布线系统相关设施的工作状态信息应包括：设备和缆线的用途、使用部门、组成局域网的拓扑结构、传输信息速率、终端设备配置状况、占用器件编号、色标、链路与信道的功能和各项主要指标参数及完好状况、故障记录等，还应包括设备位置和缆线走向等内容。

3.4 知识拓展

3.4.1 跳线制作和信息模块端接

通过项目 2 的学习，我们了解到双绞线制作标准有 T568A 和 T568B 两种。

（1）T568A：从左到右，线序为白绿，绿，白橙，蓝，白蓝，橙，白棕，棕。

（2）T568B：从左到右，线序为白橙，橙，白绿，蓝，白蓝，绿，白棕，棕。

直通线的两端都按照 T568B 制作。直通线应用于不同设备的连接，如计算机与交换机或路由器的连接。

双绞线的一端按照 T568B 制作，另一端按照 T568A 制作。双绞线应用于相同设备的连接，如计算机与计算机的连接、交换机与交换机的连接。

1. 超五类跳线制作步骤

超五类跳线和 RJ45 水晶头如图 3-13 所示。

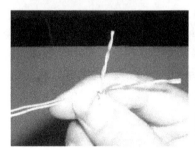 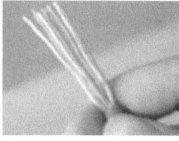 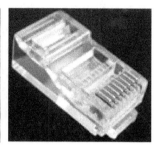

图 3-13　超五类跳线和 RJ45 水晶头

（1）用双绞线剥线钳将双绞线外皮剥去 2～3 cm，并剪掉撕裂绳。

注意：在剥线的时候，要掌握剥线器剥线口的大小，注意不要割破或割断线芯，否则需要重复步骤（1）。

（2）分开每一对线对（开绞），将线芯按照 T568A 或 T568B 排序并理直拉平，如图 3-14(a)所示。

注意：4 根线对之间尽量不要交叉，以方便插线和保证水晶头美观。

（3）用压线钳、剪刀、斜口钳等锋利工具将双绞线线芯平齐剪切，注意保证双绞线线芯开绞长度不超过 13 mm。否则的话，影响双绞线的传输性能，不符合超五类跳线布线的标准。

（4）用拇指和中指捏住 RJ45 水晶头，并用食指抵住，RJ45 水晶头的方向是金属引脚朝上、弹片朝下，如图 3-14(b)所示，将剪好的双绞线线芯依序插入水晶头凹槽内，并保证线芯直插到顶部。

（5）检查 RJ45 水晶头双绞线的线序是否正确；检查线芯是否已插到水晶头顶部。若线序不正确，或线芯未插到 RJ45 水晶头顶部，则返回（1）～（5）步骤，重复操作，直到线序正确且线芯插到水晶头顶部。

（6）确认无误后，采用 RJ45 压线钳压接水晶头，使水晶头 8 个金属刀片刺破线芯外皮，一个连接头就制作好了，如图 3-14(c)所示。

32

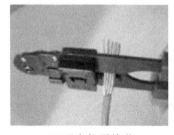 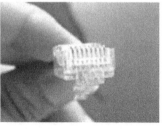 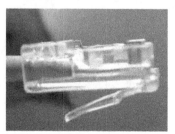

(a) 理直拉平线芯　　　(b) 拿水晶头的正确姿势　　　(c) 制作好的连接头

图 3-14　超五类跳线制作过程

(7) 重复(1)～(6)步骤,制作另一端连接头。

至此,一条超五类跳线的制作就完成了。

2．超六类跳线制作步骤

制作超六类跳线所用的接线端子和水晶头如图 3-15 所示。

(1) 用双绞线剥线钳将双绞线外皮剥去 2～3 cm,并用剪刀把双绞线中间的十字隔离架剪除,如图 3-16 所示。

注意:应避免在剥线或剪除十字隔离架时剪伤或割断双绞线线芯,否则需要重复(1)步骤。

(2) 分开每一对线对,并将线芯按照 T568A 或 T568B 排序,将线芯理直拉平。4 根线对之间尽量不要交叉,以方便插线和保证水晶头美观。

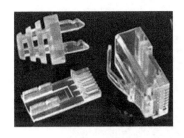 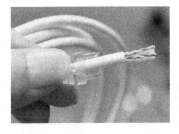 

图 3-15　制作超六类跳线所用的
接线端子和水晶头

图 3-16　超六类跳线制作过程(一)

(3) 用压线钳、剪刀、斜口钳等锋利工具将理直的双绞线线芯按 45°斜角剪切(方便插入接线端子),长度适中。

(4) 将剪好的双绞线线芯插入接线端子(接线端子卡口朝上,如图 3-17 所示),确保线芯完全穿过接线端子,然后把多余的线芯用剪刀平齐剪切。

(5) 以拇指和中指捏住水晶头并用食指抵住,水晶头的方向是金属引脚朝上、弹片朝下,如图 3-18(a)所示。另一只手捏住接线端子(卡口朝上)缓缓地插入水晶头凹槽,如图 3-18(b)所示,确保插到水晶头顶部。

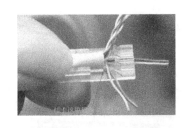 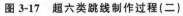 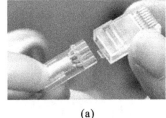 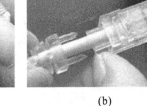

(a)　　　　　　　　　　(b)

图 3-17　超六类跳线制作过程(二)

图 3-18　超六类跳线制作过程(三)

为减少水晶头的用量,(1)～(5)步骤可重复练习,熟练后再进行下一步操作。

(6) 检查水晶头双绞线的线序是否正确、线芯是否已插到水晶头顶部。

(7) 确认无误后,采用 RJ45 压线钳压接水晶头,使水晶头的 8 个金属刀片刺破线芯外皮。

(8) 重复(1)～(6)步骤,制作另一端连接头。

一条超六类跳线的制作就完成了。

正确的压接位置

图 3-19　超六类跳线连接头

目视制作结果，应符合图 3-19 所示要求。另外，超六类跳线制作好后，要确认跳线性能正常：将跳线插到跳线测试模组的两个 RJ45 接口上，观察模组指示灯的闪亮顺序，若指示灯按顺序闪亮，则跳线通断测试通过，否则需重新检查两端水晶头是否有故障，若有故障，则需要更换水晶头。

3. 信息模块端接

信息模块端接用到的材料及工具有五类 RJ45 信息模块、免打式模块、屏蔽式模块、六类打线式模块、单孔信息插座面板、信息插座底盒、剥线器、打线器、UPT 线缆和跳线。

1）RJ45 信息模块端接步骤

RJ45 信息模块及其端接示例如图 3-20 所示。

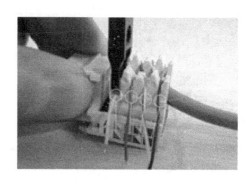

图 3-20　RJ45 信息模块及其端接示例

（1）用双绞线剥线钳将双绞线两端的外皮剥去 2～3 cm，并剪掉撕裂绳。

（2）按照端接信息模块上的标识，分好每对线对并保证双绞线开绞距离不超过 5 mm。

（3）把双绞线按照对应的色标放入模块的 IDC 卡位，然后采用打线工具（刀口向外），垂直用力将线芯压接到 IDC 卡点上。

> **注意**：每次卡接到位将会有一声清脆的响声，卡接好后须将多余的线头剪断。

（4）重复步骤（1）～（3），完成 6 条 UTP 双绞线共 48 次的打线。

2）免打式模块端接步骤

RJ45 免打式模块端接示例如图 3-21 所示。

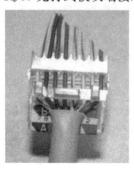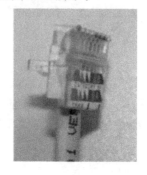

图 3-21　RJ45 免打式模块端接示例

（1）用剥线钳将双绞线外皮剥去 2～3 cm，并剪掉撕裂绳。

（2）按照信息模块扣锁端接帽上标有的 T568A 或 T568B，将线芯理直拉平。

（3）用剪刀将理直拉平的双绞线剪 45°斜角（便于插入端接帽）。

（4）将剪好的双绞线线芯穿过扣锁端接帽，卡接至信息模块底座卡接点。

（5）把插入扣锁端接帽后多出的线芯拉直并弯至反面。

（6）用剪刀将扣锁端接帽反面顶端处的线缆剪平。

（7）将扣锁端接帽压接至模块底座，完成模块的端接。

（8）重复（1）～（7）步骤，完成一条链路的端接。

3）屏蔽式模块端接步骤

（1）用剥线钳将双绞线外皮剥去 3～4 cm，注意不要剥伤超五类屏蔽网线的屏蔽层。

（2）把剥开的铝箔层去掉（见图 3-22），并将汇流导线展开。

（3）按照接线端子色标，将线芯卡接到相应的卡槽，如图 3-23 所示。

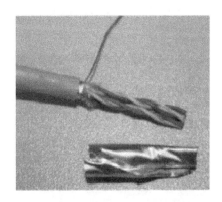

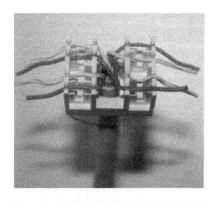

图 3-22　把剥开的铝箔层去掉　　　　　图 3-23　按照接线端子色标，将线芯卡
　　　　　　　　　　　　　　　　　　　　　　　　　　接到相应的卡槽

（4）剪掉多余的线芯，通过模块自带金属外框卡接到相应的模块上，然后闭合模块自带金属外框，如图 3-24 所示。

注意：不要弄反卡接方向，否则会损坏模块。

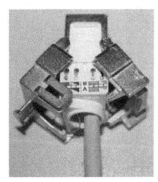

图 3-24　剪掉多余的线芯，通过模块自带金属外框卡接到相应的模块上，然后闭合模块自带金属外框

**图 3-25 将汇流导线缠绕在模块尾部，
完成模块的端接**

（5）采用模块自带金属外框，将接线端子冲压到模块上，使之相互卡紧连通。

（6）将线缆内的汇流导线缠绕在模块尾部，完成模块的端接，如图 3-25 所示。

（7）重复（1）～（6）步骤，完成一条屏蔽链路的端接。

4）六类打线式模块端接步骤

（1）用剥线钳将双绞线外皮剥去 2～3 cm，采用剪刀把双绞线中间的十字隔离架剪除，如图 3-26 所示。

（2）按照模块色标线序将线缆分开，将绿色和蓝色线对穿进线孔（线对保持双绞状态）。

（3）将线芯按模块色标排序，用手压接到每个 IDC 卡点上并进行预固定，如图 3-27 所示。

（4）采用打线工具（刀口向外，垂直用力），将线芯一一压接到槽口的 IDC 卡点上，如图 3-28 所示，同时剪断多余的线头。

（5）把配套的保护帽盖在已经端接好的模块上，如图 3-29 所示，保护帽起保护作用。

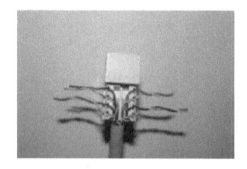

图 3-26 剥皮并剪除十字隔离架

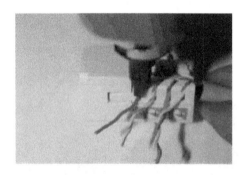

图 3-27 排序、预固定

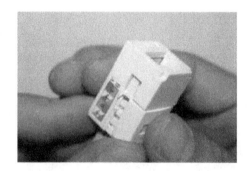

图 3-28 用打线工具压接

图 3-29 盖上保护帽

（6）重复（1）～（5）步骤，完成另一端模块的端接。

（7）采用两条跳线连接两个模块，在操作台跳线测试模组上进行测试。

5）结果检验

（1）确认跳线测试模组性能正常。

（2）检查链路模块端接标准的一致性。

（3）检查线缆开绞的距离是否小于 5 mm。

（4）检查线缆屏蔽层与模块屏蔽层是否充分接触。

（5）将两根跳线分别接到链路两端、插到跳线测试模组 RJ45 接口上。

（6）观察跳线测试模组指示灯的闪亮顺序（测试模组的 S 灯亮，表示屏蔽通过测试）。若指示灯按顺序闪亮，则链路通断测试通过，否则需重新检查链路两端的模块并查找故障，重新端接相应的模块。

3.4.2　大对数线缆与 110 跳线架的端接

竖井综合布线属于干线铺设，涉及大对数线缆与 110 跳线架的端接。大对数线缆与 110 跳线架端接所用的工具和材料有 25 对室内大对数线缆、扎带（4 mm×150 mm）、110 跳线架、110 连接块、剥线器、110 打线钳等。

大对数线缆与 110 跳线架的端接步骤如下。

（1）将大对数线缆绑扎到机架理线处，用剥线器在离线端 25 cm 处将大对数电缆外套切开，然后将大对数线缆穿过配线架进线孔，将大对数线缆外套去掉并把撕裂绳剪掉。

（2）将 25 对线芯按标准排序：先进行主色分线（见图 3-30），再进行副色分线卡接。大对数线缆排序标准规定，线缆主色为白、红、黑、黄、紫，线缆副色为蓝、橙、绿、棕、灰。例如，25 对线芯排法如下：白蓝、白橙、白绿、白棕、白灰；红蓝、红橙、红绿、红棕、红灰；黑蓝、黑橙、黑绿、黑棕、黑灰；黄蓝、黄橙、黄绿、黄棕、黄灰；紫蓝、紫橙、紫绿、紫棕、紫灰。

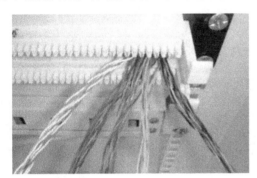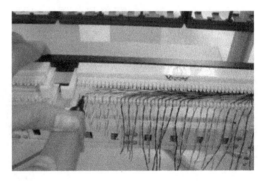

图 3-30　进行主色分线

（3）用 110 专用打线钳将线卡接在模块上，110 打线钳要保持与模块垂直，倾斜角度应不大于 5°。用力向下压至听到清脆的响声，以保证卡接到位。

（4）将所有线缆依次打入，直到全部完成。

3.4.3　PVC 线槽线管成型制作

PVC 线槽线管成型制作需要了解槽、管、桥架的安装技术，掌握线缆在槽里和梯级桥架上的敷设、预埋管中的穿线技术、垂直子系统中的拉线技术。PVC 线槽线管成型制作用到的主要器材有线槽剪刀、线管剪、铅笔、直角尺、弯管器、卷尺、槽、管、双绞线缆及各种辅件等。

线槽也称为塑料槽，其规格有多种。线槽的铺设类似于金属槽的铺设。在线槽内布线时要留有 30% 以上的空间。PVC 管一般在工作区暗埋线槽，具体操作时要注意以下 2 点。

（1）管转弯时，弯曲半径要大，以便于穿线。

（2）管内穿线不宜太多，要留有 50% 以上的空间。

1）PVC 线槽成型制作

（1）在 PVC 线槽上沿长度方向测量 300 mm，并沿宽度方向并垂直于长度方向画一条直线（直角成型），测量线槽的宽度为 39 mm。

（2）每隔 39 mm 画一条线，确定直角的方向，画出等腰直角三角形，如图 3-31 所示。

（3）采用线槽剪刀裁剪画线三角形，形成线槽直角弯。

（4）在槽的两个侧面画直线，以该线为直角边画等腰三角形，把这两个三角形剪去（见图 3-32），将 PVC 线槽内弯角成型。

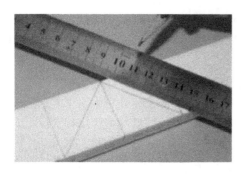

图 3-31　画出等腰直角三角形

图 3-32　剪去两个三角形

（5）在槽的两个侧面，画一根垂直线，用剪刀剪开并弯曲线槽，得到外弯角。

PVC 线槽的直角、内弯角和外弯角如图 3-33 所示。

(a) 直角

(b) 内弯角

(c) 外弯角

图 3-33　PVC 线槽的直角、内弯角和外弯角

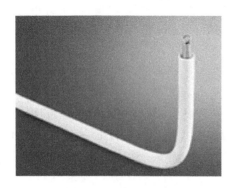

图 3-34　PVC 线管成型

2）PVC 线管成型制作

（1）裁剪长为 1 m 的 PVC 线管，制作直角弯。

（2）在 PVC 线管上沿长度方向测量 300 mm，并沿直径方向并垂直于长度方向画一条直线。

（3）用绳子将弯管器绑好，并确定好弯管的位置。

（4）将弯管器插入 PVC 线管内，用力将 PVC 管弯曲。注意控制弯曲的角度。

（5）最终完成 PVC 线管的成型制作，如图 3-34 所示。

线管成型制作完成后，按图 3-35 所示模拟敷设管槽。

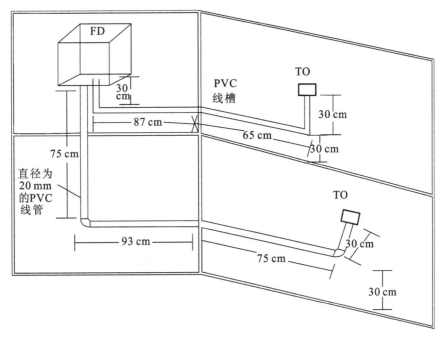

图 3-35　敷设管槽模拟图

思考与练习

（1）综合布线系统工程包含哪几个部分？

（2）简述综合布线线缆的分级与组成。

（3）简述跳线制作和信息模块端接。

（4）简述大对数线缆与 110 跳线架的端接。

（5）简述 PVC 线槽线管成型制作。

（6）实训任务 1：设备与材料的认识。

【任务要求】

① 在实训室或到综合布线工地参观，认识本项目涉及材料在工程中的使用。

② 认识综合布线各类产品包括线缆、链路接插件及布线工具，了解水平布线的规范及工程布线的知识，了解智能楼宇中心设备间的安装规范、标识规范、运作模式。

【任务内容】

认识以下综合布线设备和材料。

① 五类 UTP、超五类 UTP 和六类 UTP，大对数（25 对、50 对、100 对）双绞线，STP 和 FTP 双绞线，室外双绞线。

② 视频线、射频线、电梯专用控制线。

③ 单模光纤和多模光纤，室内光纤与室外光纤，单芯光纤与多芯光纤。

④ RJ45 水晶头、免打式模块、信息插座底盒、面板，24 口 RJ45 配线架、110 配线架、电话配线架。

⑤ ST 头，SC 头，FC 头，光纤耦合器，光纤终端盒，光纤收发器，交换机光纤模块，光电转换器。

⑥ 镀锌线槽及配件,PVC 线槽及配件,管,梯形桥架。

⑦ 立式机柜,壁挂式机柜,多媒体配线箱。

⑧ 膨胀螺栓,标记笔,捆扎带,木螺钉,膨胀胶等。

⑨ 专用工具部分:压线工具、剥线工具,打线工具等器材。

(7) 实训任务 2:RJ45 配线架的端接与安装。

【任务要求】

① 认识 RJ45 配线架的结构、色标和线序。

② 认识多对模块打线器,掌握其正确操作方式。

③ 掌握 RJ45 配线架的安装方法,培养正确端接和安装 RJ45 配线架的技能。

【任务器材】RJ45 标准配线架模块打线器,UPT 线缆,剥线器,跳线。

【任务内容】

① 通过不同产品的介绍,认识各种 RJ45 配线架,观察色标,按照标准进行排线。

② 认识多对模块打线器的结构,使用多对模块打线器进行 RJ45 配线架的安装。

③ 配线架的端接。

第一步,在配线架上安装理线架。理线架用于支撑和理顺过多的电缆。

第二步,利用压线钳将线缆剪至合适的长度。

第三步,利用剥线钳剥除双绞线的绝缘层外皮。

第四步,依据所执行的标准和配线架的类型,将双绞线的 4 对线按照正确的颜色顺序一一分开。注意,不要将线对拆开。

第五步,根据配线架上所指示的颜色,将导线一一置入线槽。

第六步,利用打线器进行打线,端接配线架与双绞线。

第七步,重复第二步至第六步的操作,端接其他双绞线。

第八步,将线缆理顺,并利用尼龙扎带将双绞线与理线器固定在一起。

第九步,利用尖嘴钳整理扎带。

④ 结果检验。

第一,确认跳线测试模组性能正常,准备好两根跳线。

第二,检查链路模块端接标准的一致性。

第三,检查线缆开绞的距离是否小于 5 mm。

第四,检查线缆屏蔽层与模块屏蔽层是否充分接触。

第五,将两根跳线分别接到链路两端、插到跳线测试模组 RJ45 接口上。

第六,观察跳线测试模组指示灯的闪亮顺序(测试模组 S 灯亮,表示屏蔽通过测试)。若指示灯按顺序闪亮,则链路通断测试通过,否则需重新检查链路两端模块及查找故障,重新端接相应的模块。

项目 ④ 　可视门禁对讲系统

4.1　教学指南

4.1.1　知识目标

（1）了解智能楼宇可视门禁对讲系统的功能、用途、工程技术规范。

（2）了解智能楼宇可视门禁对讲系统的基本类型、工作原理、组成及主要设备的功能特点。

（3）了解智能楼宇可视门禁对讲系统的功能检查验收与性能测试方法及评价方法。

（4）掌握智能楼宇可视门禁对讲系统设备选型方法、配置方法、安装与调试方法。

4.1.2　能力目标

（1）能够根据具体智能楼宇可视门禁对讲系统的总体要求，进行设备选型。

（2）掌握智能楼宇可视门禁对讲系统相关的安装与调试方法。

（3）具有设计智能楼宇可视门禁对讲系统初步方案的能力。

4.1.3　任务要求

通过对厦门狄耐克电子科技有限公司（以下简称狄耐克公司）的可视门禁对讲系统的学习，掌握智能楼宇可视门禁对讲系统的设计方法、选型方法、安装与调试方法。

4.1.4　相关知识点

（1）智能楼宇可视门禁对讲系统的组成及工作原理。

（2）狄耐克公司产品的组成介绍。

（3）狄耐克公司产品的安装与调试方法。

4.1.5　教学实施方法

（1）项目教学法。

（1）行动导向法。

4.2　任务引入

门禁系统与可视对讲系统是楼宇智能化技术不可或缺的组成部分，也是智能楼宇实现智能化管理的重要系统。门禁系统可实现远程控制，可视对讲系统通过联网能实现与用户实时连接视频和通话。门禁系统与可视对讲系统能够对不同人员任何时间进出不同场所进行各种权限分配并实时监控。

为了保障住宅安全，人们对住宅安防系统提出的基本要求是控制好住宅出入门管理，既要方便居住者的出入，又要方便来访客者的进入，同时阻止无关人员进入。根据这个要求，早期安全防范措施是门上安装窥视镜、对讲门铃、电控防盗门。目前智能楼宇采用可视门禁

对讲系统进行住宅安防。可视门禁对讲系统具有以下功能：呼叫室内分机、呼叫管理中心、密码开锁、门禁卡（IC/ID 卡）开锁、LCD 或 LED 显示。

4.3 相关知识点

4.3.1 可视门禁对讲系统概述

住宅小区的特点是用户集中、容量大、统一保安管理，住宅小区安防系统必须满足"安全可靠、经济有效、集中管理"的要求。可视门禁对讲系统具有连线少、户户隔离不怕短路、户内不用供电、待机状态不耗电、不用专用视频线、稳定性高、性能可靠、维护方便等特点。可视门禁对讲系统由各单元口安装的防盗门、小区总控中心的总机、楼宇出入口的对讲主机、电控锁、闭门器及用户家中的可视对讲分机通过专用网络组成。

在安装了可视门禁对讲系统的楼宇内，楼门平时总处于闭锁状态，避免非本楼人员在未经允许的情况下进入楼内。本楼内的住户可以用钥匙、密码、IC 卡开门自由出入。当有客人时，客人需要在楼门外的对讲主机键盘上按出被访住户的房间号，呼叫被访住户的对讲分机，接通后与被访住户进行双向通话或可视通话。通过对话或图像确认来访者的身份后，住户若允许来访者进入，就用对讲分机上的开锁按键打开大楼入口门上的电控门锁。来访者进入后，楼门自动锁好。同时，当住户在家遭遇抢劫或突发疾病时，可通过可视门禁对讲系统通知保安人员，以得到及时的支援和处理。

住宅小区的物业管理部门通过小区对讲管理主机，可以对小区内各住宅楼宇可视门禁对讲系统的工作情况进行监视。当有住宅楼入口门被非法打开、可视门禁对讲系统出现故障时，小区对讲管理主机发出报警信号并显示出报警的内容和地点。

楼宇可视门禁对讲系统主要由主机、分机、UPS 电源和电控锁等组成。

主机是楼宇可视门禁对讲系统的控制核心部分，可控制每一户分机的传输信号以及电控锁控制信号等。主机的电路板采用减振安装方式，进行了防潮处理。主机还带有夜间照明装置，外形美观、大方。

分机是一种对讲话机，一般用于与主机进行对讲，完成系统内用户的电话联系。分机可分为可视分机与非可视分机两种，具有电控锁控制功能和监视功能。

UPS 电源的功能主要是保证楼宇可视门禁对讲系统不掉电。

电控锁主要由电磁机构组成。用户只要按下分机上的电控锁键就能使电磁线圈通电，使电磁机构带动连杆动作，从而打开大门。

闭门器是一种特殊的自动闭门连杆机构，可以调节关门时的加速度和作用力度，使用方便、灵活。

楼宇可视门禁对讲系统主要可分为室内分机、室外分机及管理中心机三大板块。

（1）室内分机。室内分机主要有对讲分机及可视对讲分机两大类产品。室内分机的基本功能为对讲/可视对讲、开锁。有的室内分机开发有监控、安防报警及布/撤防、户户通、信息接收、远程电话报警、留影留言提取、家电控制等功能。可视对讲分机所用的显示器有彩色液晶显示器及黑白 CRT 显示器两大类。室内分机根据设计原理可分为带编码的室内分机和编码由门口主机（或分支器）完成的室内分机两种。

（2）门口主机。门口主机是楼宇可视门禁对讲系统的关键设备。门口主机除具备呼叫住户这一基本功能外，还需要具备呼叫管理中心、红外辅助光源、夜间辅助键盘背光、各种语音提示等功能。

（3）管理中心机。管理中心机具有接收住户呼叫、报警提示、开单元门、呼叫住户、与住户对讲的基本功能，是小区联网系统的基本设备。一般使用计算机作为管理中心机，通过计算机实现信息发布、小区信息查询、物业服务、呼叫及报警、记录查询、布/撤防记录查询等功能。有的管理中心机还集成有三表、巡更等系统。

楼宇可视门禁对讲系统可分为单户型可视门禁对讲系统、单元型可视门禁对讲系统和联网型可视门禁对讲系统三种。单户型可视门禁对讲系统也称为别墅型可视门禁对讲系统，其特点是每户一个门口主机，可连带一个或多个可视室内分机。单元型可视门禁对讲系统的特点是单元楼有一个门口主机，可根据单元楼层的多少、每层多少单元住户来决定室内分机的数量。联网型可视门禁对讲系统通过小区内专用总线与管理中心连接，形成小区各单元楼宇可视门禁对讲网络。

4.3.2 狄耐克安保型楼宇可视门禁对讲系统总览

狄耐克安保型楼宇可视门禁对讲系统总览如图 4-1 所示。

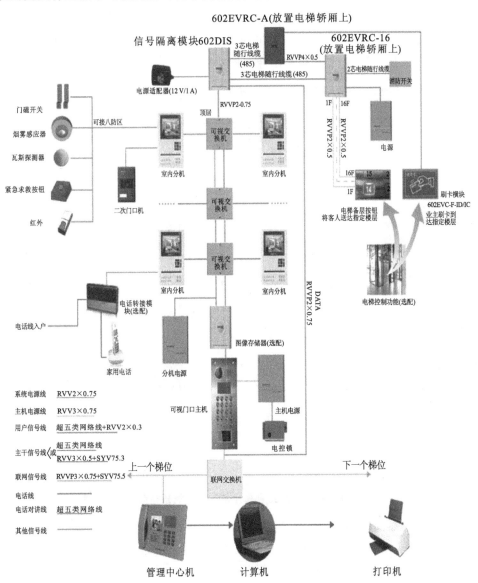

图 4-1 狄耐克安保型楼宇可视门禁对讲系统总览

43

狄耐克安保型楼宇可视门禁对讲系统采用微控制器技术、数字通信技术、语音技术、视频技术和智能保护技术,为住宅小区的出入口控制、周界报警、视频监控、楼宇对讲与防盗门控制、住户报警、门禁一卡通、信息发布等提供完整的解决方案,设计有门口主机、联网交换机和楼层交换机提供的三重分级隔离保护,从根本上真正做到了户户隔离,确保了系统中任何一点发生故障,都不会影响整体系统的正常运作。

狄耐克安保型楼宇可视门禁对讲系统的功能如下。

(1)集可视对讲、小区信息发布和门禁刷卡功能于一体。

(2)可实现四方呼叫通话功能。

(3)管理中心机可存储32条报警记录,并可显示报警类别,分机可区分4种警情。

(4)智能小区管理软件具有全中文友好操作界面,可发送中文电子短信息,可显示报警时间、警情类别、处理结果及相关住户信息,并可任意编辑公共信息和个人短信息,进行单个发送或群发至用户分机。

(5)住户分级具备四防区接口,连接煤气泄漏、火警、紧急求救按钮等探测器,并可根据住户需要配置各种探测器,用户可在分机上通过密码键盘、钥匙、控制器进行布/撤防操作。

(6)可配置图像存储器,实现访客图像存储功能。

4.3.3　狄耐克可视门禁对讲系统硬件组成

下面以典型的狄耐克可视门禁对讲系统项目为例来进行可视门禁对讲系统的深入学习。狄耐克可视门禁对讲系统拓扑图如图 4-2 所示。

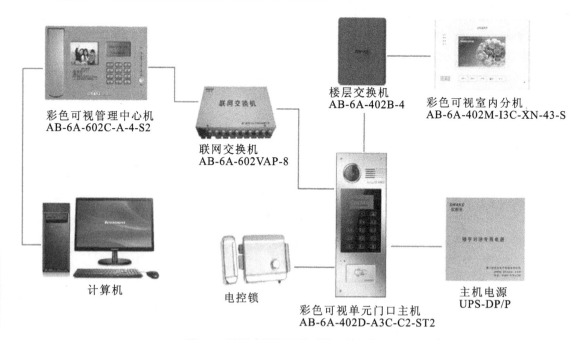

图 4-2　狄耐克可视门禁对讲系统拓扑图

狄耐克可视门禁对讲系统由彩色可视管理中心机(AB-6A-602C-A-4-S2)、彩色可视室内分机(AB-6A-402M-I3C-XN-43-S)、彩色可视单元门主机(AB-6A-402D-A3C-C2-ST2)、联网交换机(AB-6A-620VAP-8)、楼层交换机(AB-6A-402B-4)、主机电源(UPS-DP/P)、电控锁、计算机等设备组成。

1. 彩色可视单元门口主机

彩色可视单元门主机如图 4-3 所示。

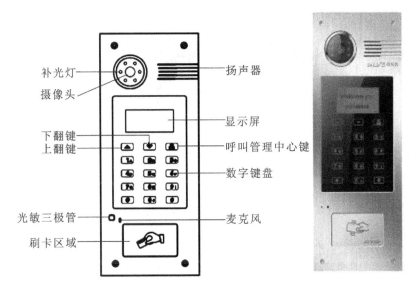

图 4-3　彩色可视单元门口主机

彩色可视单元门口主机的技术参数如下。

(1) 产品型号：AB-6A-402D-A3C-C2-ST2。

(2) 材质及加工工艺：铝合金面板，表面拉丝工艺。

(3) 显示屏：4 行点阵屏，3.5 英寸显示屏。

(4) 摄像头：SONY 1/3″ CCD，红外夜视补偿。

(5) 按键：触摸按键。

(6) 开锁方式：远程开锁/密码开锁/感应卡开锁。

(7) 防护等级：IP 65，具备防拆报警。

(8) 工作电压：DC12 V。

(9) 基本功能：防水防潮功能；带红外夜视功能；支持远程遥控开锁、密码开锁、感应开锁（预留门禁位）。

2. 彩色可视室内分机

彩色可视室内分机如图 4-4 所示。

彩色可视室内分机的技术参数如下。

(1) 产品型号：AB-6A-402M-I3C-XN-43-S。

(2) 材质：ABS 外壳。

(3) 显示屏：4.3 英寸彩色 TFT 液晶屏。

(4) 分辨率：480×272 像素分辨率。

(5) 操作方式：机械按键。

(6) 防区：紧急防区。

(7) 工作电压：DC18V。

(8) 基本功能：彩色高清显示；呼叫、对讲、监视、开锁等功能，可外接煤气探头、紧急求救按钮。

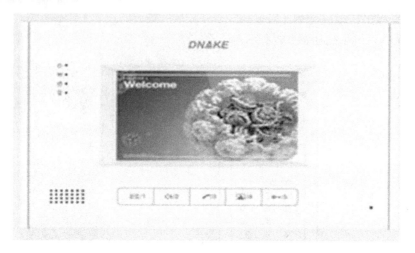

图 4-4   彩色可视室内分机

3．彩色可视管理中心机

彩色可视管理中心机如图 4-5 所示。

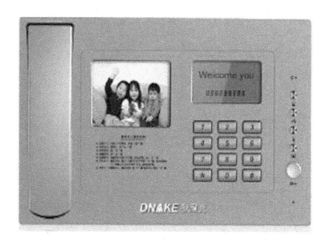

图 4-5   彩色可视管理中心机

彩色可视管理中心机的技术参数如下。

（1）产品型号：AB-6A-602C-A-4-S2。

（2）材质：ABS 外壳底壳，铝拉丝面板。

（3）显示屏：4 英寸彩色 TFT 液晶屏，320×240 像素分辨率。

（4）操作方式：按键式。

（5）功能：可呼叫小区内任一用户分机，并进行双向对讲；自动识别门口主机、用户分机，发出不同的振铃声；自动显示报警信息（楼号、层号、房号）、醒目报警信号灯提示；按 FIFO 原则自动记录最新 32 组报警信息、管理 9 999 个单元门口主机、连接 99 个管理中心。

4．联网交换机

联网交换机如图 4-6 所示。

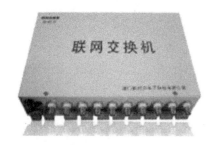

图 4-6   联网交换机

联网交换机的技术参数如下。

（1）产品型号：AB-6A-602VAP-8。

（2）功能：带视频分配及信号中继功能，主要应用于联网主干线信号的切换。

5．楼层交换机

楼层交换机如图 4-7 所示。

楼层交换机的技术参数如下。

（1）产品型号：AB-6A-402B-4。

（2）功能：音、视频信号交换，户户隔离保护。

6．主机电源

主机电源如图 4-8 所示。

主机电源的技术参数如下。

（1）产品型号：UPS-DP/P。

（2）功能：给单元门主机、楼层交换机、室内分机、中心管理主机、电控锁等供电。

图 4-7　楼层交换机

图 4-8　主机电源

4.3.4　狄耐克可视门禁对讲系统接线原理图

1．门口主机接线图

门口主机接线图如图 4-9 所示。

注意：最多可级联 3 台门口主机。

2．围墙机接线图

围墙机接线图如图 4-10 所示。

3．楼内系统图

楼内系统图如图 4-11 所示。

4．联网配置图

联网配置图如图 4-12 所示。

5．门口主机与室内分机的连接图

门口主机与室内分机的连接图如图 4-13 所示。

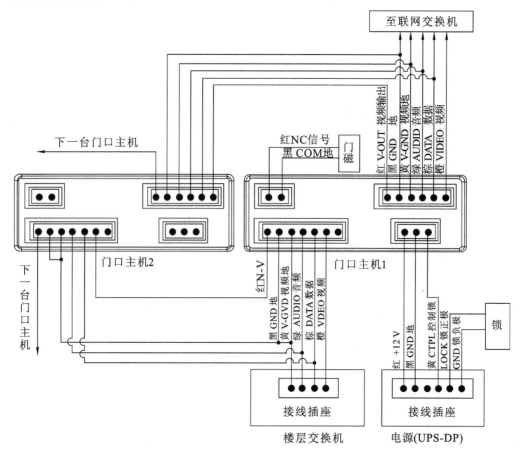

图 4-9　门口主机接线图

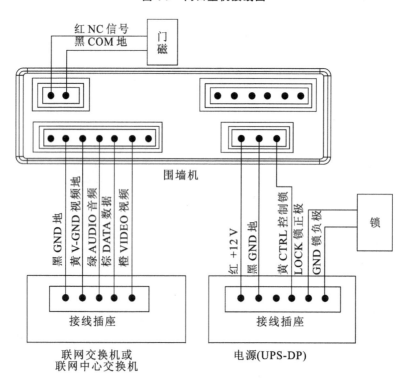

图 4-10　围墙机接线图

48

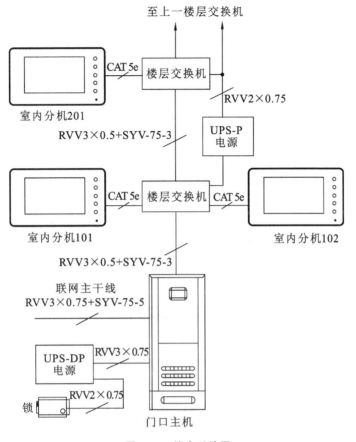

图 4-11 楼内系统图

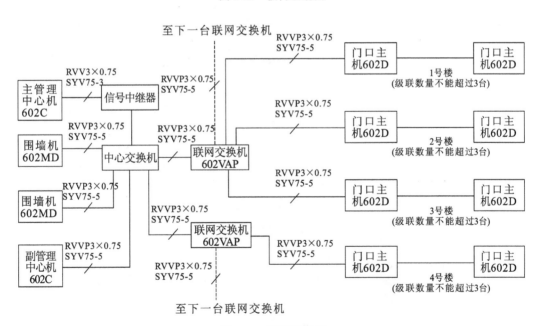

图 4-12 联网配置图

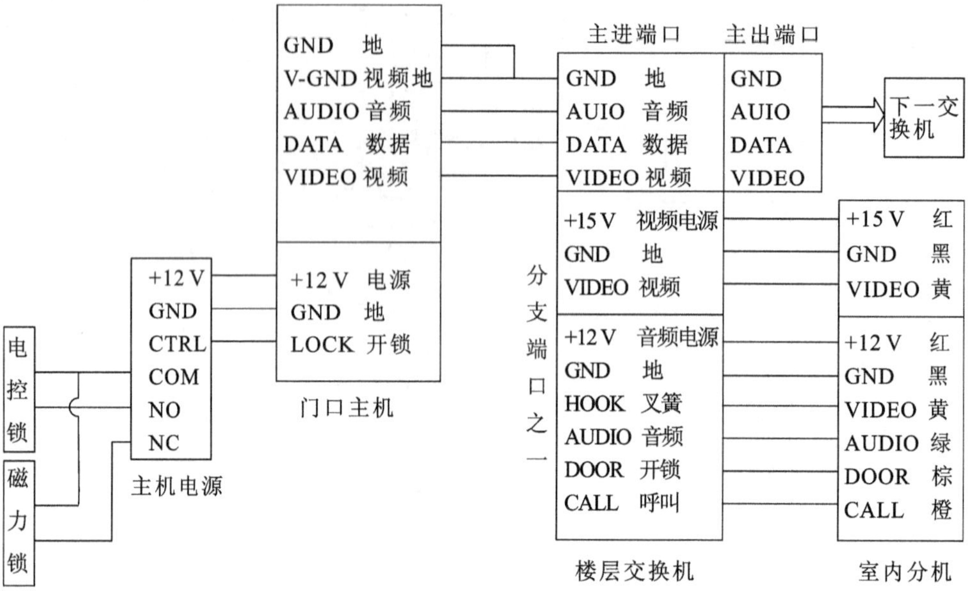

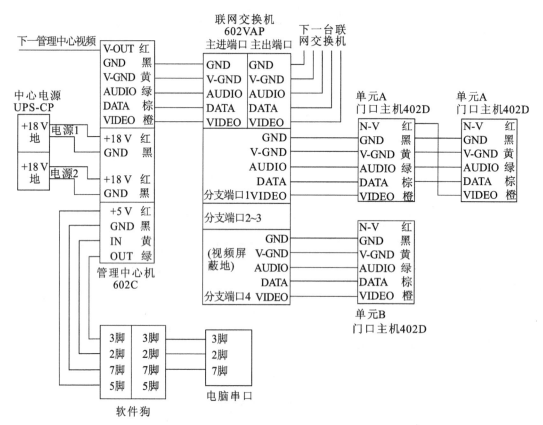

图 4-13   门口主机与室内分机的连接图

6. 管理中心机与门口主机的接线图

管理中心机与门口主机的接线图如图 4-14 所示。

图 4-14   管理中心机与门口主机的接线图

4.4 知识拓展

4.4.1 狄耐克可视门禁对讲系统的安装与调试

狄耐克可视门禁对讲系统各部件的安装说明如表 4-1 所示。

表 4-1 狄耐克可视门禁对讲系统各部件的安装说明

器 材 类 型	安 装 方 式	安 装 高 度
门口主机	嵌入式安装在门体上或墙体上	1.5 m
室内分机	壁挂式安装在墙体上	1.5 m
楼层交换机	可以明装（挂墙），推荐使用工程箱预埋	明装时高于 1.5 m
不间断电源	可以明装（挂墙），推荐使用工程箱预埋	明装时高于 1.5 m
管理中心机	放置于桌面	—
信号中继器	可以明装（挂墙），推荐使用工程箱预埋	明装时高于 1.5 m

调试狄耐克可视门禁对讲系统设备的要求如下。

（1）安装前请仔细阅读《使用说明书》，按系统连接图接好信号线，按要求将门口主机设置在主门处或侧门处，根据需要将门口主机设置为 1～5 位显示，将分机的房号设置好，检查是否有错接、漏接及短路等情况，在连线正确无误的情况下，加电调试。

> **备注**：单门系统（一个单元只有一台门口主机）中，门口主机都应设置为主门口主机；多门系统（一个单元有多台门口主机）中，应将一台门口主机设置为主门口主机，其余门口主机设置为副门口主机；主门口主机和副门口主机都可主动呼叫分机，分机也能显示相应门口主机的图像，但按分机监视键时，只能显示主门口主机的图像；管理中心机只能监视主门口主机。

（2）调试时先设置好门口主机的门号，然后在门口主机处拨分机号码，分机应能正常振铃、显示图像、摘机、通话、开锁、挂机等。

（3）视频信号调试。若在系统中加接视频分配器 602VB 或 602SR，则一般情况下应将 602VB 或 602SR 上的视频匹配开关都拨到"ON"位置，将所有分机 402M 背后的视频匹配开关拨到"OFF"位置。若分机出现重影，则应将分机的视频匹配开关拨到"ON"位置。户外主干联网线上的视频同轴电缆的屏蔽地不能与数据信号和音频信号的地相连接。

（4）管理中心端口说明。602C 有 2 个视频 BNC 端子，所有门口主机的视频信号接入"视频输入"，而"视频输出"接往副管理中心。端子"接主机"时为信号输出端子，可参照系统连接图与 AB-6A-401/402 产品使用手册正确连接。端子"接电脑"时为计算机通信接口（与计算机的串行口连接），配合狄耐克公司的系统管理软件，可实现小区智能化管理。

（5）调试及维修时应注意以下事项：不得在加电的情况下更换系统中的设备及线路；每次加电前都应先检查接线头，不得有短路、接错等现象，若系统有异常现象，则应立即断电，检查原因；数据信号线、音频信号线采用屏蔽线时，屏蔽层应与信号地即"GND"可靠连接，主干联网线中视频屏蔽线的屏蔽层不能与信号地即"GND"相连；电源 UPS-P、UPS-CP、UPS-

DP 内部带有备用电池,当市电断电时,内部备用电池自动向室内分机、管理中心及门口主机提供电源,UPS-P、UPS-CP、UPS-DP 线路板上的熔断器控制直流输出(接线时请先将熔断器卸下),检查接线无误后,先接通交流 220 V 外电源,然后将熔断器装上;电源 UPS-P、UPS-CP、UPS-DP 的交流变压器的过流熔断器规格为 0.5 A,UPS-P、UPS-CP 线路板上的直流熔断器规格为 2 A,UPS-DP 的线路板上的直流熔断器规格为 1 A,不得随意将熔断器更换成其他规格的熔断器,否则将造成严重后果;当备用电池供电时,管理中心机、室内分机都不会显示图像,但其他操作(如通话、开锁等)都应正常工作。

4.4.2　狄耐克可视门禁对讲系统故障分析

在此将狄耐克可视门禁对讲系统经常出现的一些故障现象及其排除方法列出来,供读者参考。

1) 门口主机不能呼叫分机

(1) 数据线是否连接正确。

(2) 数据线是否有 +5 V 电压。

(3) 分机号码是否设置正确。

(4) 分机显示长度是否设置正确。

2) 门口主机呼叫分机无图像

视频线是否连接好。

3) 分机或管理中心机不能监视门口主机

(1) 门口主机地址是否设置正确。

(2) 主/副门口主机是否设置正确。

4) 门口主机或围墙机不能呼叫管理中心机

系统类别是否设置一致。

5) 围墙机不能呼叫分机

分机显示长度是否设置正确。

思考与练习

(1) 可视门禁对讲系统类型有哪些?

(2) 可视门禁对讲系统应用于哪些场所?由几个部分组成?其相应功能是什么?可由哪些设备实现其功能?

(3) 分析管理中心机与门口主机、室内分机的工作过程。

(4) 简述安装与调试狄耐克可视门禁对讲系统的过程。

(5) 实训任务:楼宇可视门禁对讲系统使用情形模拟。

【任务要求】

① 初步了解对讲门禁及室内安防系统实训装置的功能和使用方法。

② 了解对讲门禁及室内安防系统实训装置的工作方式。

【任务器材】

① 智能楼宇通用实训台。

② 对讲门禁及室内安防控制单元,小区模块、大楼模块、住户模块各一个。

③ 便携式万用表,一字螺丝刀,十字螺丝刀。

【任务内容】

① 小区门区模拟。小区门区使用小区门口主机模拟,小区门口主机安装在小区大门的入口处,实现对小区的统一管理。该小区门口主机集成了门禁控制器,实现可视对讲功能和对小区门口的门禁管理。用和小区门口主机相连的电控锁的开启与闭合,来模拟小区门的开与关。

② 单元楼门区模拟。单元楼门区使用室外主机模拟,每栋单元楼都配置两个室外主机,分别监控单元楼的两个入口处,实现对单元楼的统一管理。该室外主机集成了门禁控制器,实现可视对讲功能和对单元楼的门禁管理。用和室外主机相连的电控锁或电磁锁的开启与闭合,来模拟单元楼门的开与关。

③ 值班室模拟。管理中心机用来模拟小区的值班室,监视小区门口处人员的活动,实现与访客的对讲。

④ 监视窗模拟。住户房间内的免提式室内分机可以监视门前铃和室外主机;管理中心机可以监视小区门口机,模拟监视小区门口处的情况。

项目⑤ 防盗报警系统

5.1 教学指南

5.1.1 知识目标

（1）了解防盗报警系统的功能、用途。
（2）了解防盗报警系统的基本系统类型、工作原理、组成及主要设备的功能与特点。
（3）了解智能防盗报警系统工程技术规范。
（4）掌握防盗报警系统设备的选型方法、配置方法、安装与调试方法。
（5）了解防盗报警系统功能检查验收与性能测试方法及评价方法。

5.1.2 能力目标

（1）学会根据具体防盗报警系统的总体要求，选择合适的防盗报警系统设备。
（2）学会防盗报警系统相关的安装与调试方法。
（3）具有设计防盗报警系统初步方案的能力。

5.1.3 任务要求

通过对艾礼安防盗报警系统的学习，掌握防盗报警系统的设计方法、选型方法、安装与调试方法。

5.1.4 相关知识点

（1）防盗报警系统的工作原理、组成。
（2）艾礼安防盗报警系统的组成。
（3）艾礼安防盗报警系统的安装与调试方法。

5.1.5 教学实施方法

（1）项目教学法。
（2）行动导向法。

5.2 任务引入

随着社会的进步和科学的发展，人类进行现代化管理、安全防范的技术水平不断提高。目前，我们基本上摆脱了"手持武器、瞪大眼睛"的人力机械防守手段，靠现代技术武装自己，提高了安全防范的可靠性和效率。其中，防盗报警系统是安防系统中应用最广泛的手段之一。其独特的功能是其他安防手段所无法比拟的。目前已被广泛应用于部队、公安机关、金融机构、现代化综合办公大楼、工厂、商场等领域。

防盗报警系统是指在一个单位或多个单位构成的区域范围内，采用无线、专用线或借用线的方式将各种防盗报警探测器、报警控制器等设备连接构成集中报警信息探测、传输、控制和声、光响应的完整系统。它能及时发现警情,并将报警信息传送至有关部门,达到及时发现警情、迅速传递、快速反应的目的。组建一套合理、适用的防盗报警系统,将会起到预防、制止和打击犯罪的重要作用,能使损失减少到最低程度。

防盗报警系统的特点是:性能可靠,功能强大,安装简单。

 ## 5.3 相关知识点

5.3.1 防盗报警系统概述

1. 防盗报警系统的概念

防盗报警系统是利用各类功能的探测器对住户房屋的周边、空间、环境及人进行整体防护的系统。当窃贼从大门进入时,门磁探测到异常立即发送信号到主机。当窃贼从窗户进入时,幕帘式红外探测器探测到异常立即发送信号到主机。当窃贼打破玻璃入室盗窃时,玻璃破碎探测器将发送信号到主机。当窃贼进入客厅,广角红外探测器探测到异常立即发送信号到主机。当主机接到信号后,启动警铃,震慑罪犯,同时防盗报警系统可以立即拨打用户事先设置的接警中心号码和几组报警电话或发送短信给用户。窃贼在听到警号响后一般都会从原路返回。

在防盗报警系统中,可燃气体探测器和烟感探测器同样重要:可燃气体探测器可以在燃气泄漏时发送信号并启动机械手关闭燃气管道防患于未然;烟感探测器主要用于火灾发生初期的预警,以把火灾控制在最小状态,减少损失。

2. 防盗报警系统的工作原理

防盗报警系统的结构原理图如图 5-1 所示。

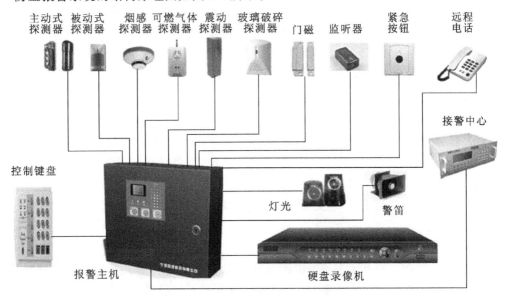

图 5-1 防盗报警系统的结构原理图

防盗报警系统通过控制键盘启动报警主机后,进入防范状态。如果有人非法进入防区,那么会触发室内的探测器,防盗报警系统会检测到异常并发出报警信号(即发出警报),并将报警信号送到控制主机,发出警报可达到防范作用。工作人员进入时只需要通过控制键盘解除防盗报警系统(即撤防),可暂时关闭防区内的探测器。遇到不法之徒打劫时,按紧急按钮或启动相应的紧急装置,向保安监控中心求援,保安监控中心使用报警主机将原设定的地址代码及报警类别经电话线发到报警中心。接警中心计算机检测到送来的数据并对其进行识别,从数据库调出相关资料、显示警情信息和位置的相关资料。

另外,报警主机自动不定时地检测前端各防盗报警系统的工作情况,若信号中断或控制系统有故障,则报警主机可自动提示故障发生在哪个区域的系统。防盗报警系统可全天24小时无故障运行。同时,报警信息联动闭路监控系统将报警现场附近摄像机图像切换到监视器,并联动录像机进行录像。

3. 防盗报警系统的分类

防盗报警系统主要分为周界防范系统和巡更系统两类。

1)周界防范系统

周界防范系统又称为边界报警系统。它又可细分为红外型周界防范系统、微波型周界防范系统、地埋式周界防范系统、震动式周界防范系统等。此处以红外型周界防范系统为例。红外型周界防范系统采用远距离红外对射探头,利用接口与布线接连实现对小区的周边防范。一旦小区周边有非法侵入,小区管理处的管理机和计算机就会发出警报,并指出报警的编码、时间、地点等。红外型周界防范系统主要由红外对射探头、边界接口、边界信号处理器、管理机或计算机组成。边界接口主要用来捕捉红外对射探头的报警信号,并及时地将其送给边界信号处理器,边界信号处理器一方面对每一个边界接口进行查询,监督其运行情况,另一方面将边界接口送来的报警信号传给管理机或计算机。

周界防范系统用于防止非入口处未经允许的擅自闯入,避免各种潜在的危险。周界防范系统常采用主动式远红外多光速控制设备,可与闭路电视监控系统配合使用,以达到性能好、可靠性高的要求。周界防范系统具有如下特点。

(1)系统的感应器能自动侦测非入口处侵入之人或物并同时发出警报声,不需要值班人员长时间监看屏幕。系统也可利用值班人员随身携带的呼叫器告知其发出警报,可早期发现预先防范。

(2)系统可用低照度彩色摄像机,无须加装照明设备。

(3)下雨、下雪、多云的天气与太阳光的变化,鸟、猫、老鼠与树叶、荧光灯等都不会引发错误的警报。

2)巡更系统

巡更系统是一种在小区内部使用的安全防范系统,可监督小区保安人员兢兢业业地履行其职责,以确保小区内部的安全。

本项目介绍周界防范系统,巡更系统在后面的章节中单独进行介绍,此处不赘述。

5.3.2 防盗报警系统的硬件组成

一个完整的防盗报警系统主要由引起报警的装置(报警探测器)、防盗报警控制器、信号传输装置、报警控制中心、验证设备、警卫力量等设备和人员组成。此处简单介绍一下报警探测器、防盗报警控制器和信号传输装置。

1. 报警探测器

报警探测器是由探测入侵者的移动或其他动作的电子及机械部件所组成的,在需要防范的场所安装的能感知出现的危险情况的设备。报警探测器包括震动探测器、玻璃破碎探测器、门磁、运动探测器和红外探测器等。其中,安装在楼内的运动探测器和红外探测器可感知人员在楼内的活动,可以用来保护财物、文物等珍贵物品。

报警探测器通常按其传感器种类、工作方式和警戒范围来区分。常用入侵探测器可分为点型入侵探测器、直线型入侵探测器、面型入侵探测器和空间入侵探测器等。入侵探测器由传感器和前置放大器组成,下面介绍常用入侵探测器的构造及原理。

(1)点型入侵探测器。点型入侵探测器是指警戒范围仅是一点的报警探测器。如门、窗、柜台、保险柜等警戒的范围仅是某一特定部位,当这些警戒部位的状态被破坏时,点型入侵探测器即能发出入侵信号。

(2)直线型入侵探测器。直线型入侵探测器是指警戒范围是一条线的报警探测器,当这条警戒线上的警戒状态被破坏时,直线型入侵探测器发出报警信号。直线型入侵探测器又可分为主动红外入侵探测器和激光入侵探测器两种。直线型入侵探测器的发射极发射出一串红外光或激光,经反射或直接射到接收器上,若中间任意处被遮断,则直线型入侵探测器即发出报警信号。

(3)面型入侵探测器。面型入侵探测器的警戒范围为一个面。当警戒面内出现危害时,面型入侵探测器发出报警信号。面型入侵探测器有震动式面型入侵探测器和电磁感应式面型入侵探测器两种。

(4)空间入侵探测器。空间入侵探测器用于警戒一个空间范围。当警戒空间出现入侵危害时,空间入侵探测器发出报警信号。常用的空间入侵探测器有声入侵探测器和微波入侵探测器两种。

2. 防盗报警控制器

防盗报警控制器是一台控制主机,用于实现对有线信号、无线信号的处理,系统本身故障的检测,信号输入、信号输出、内置拨号器等的控制。

防盗报警控制器与闭路监控系统、多媒体计算机、中央报警控制主机及其控制管理软件联动操作,集成了闭路电视监控、入侵报警监视等安防系统管理和控制功能平台系统,可通过标准的计算机网络通信手段与巡更系统、通信联络系统、火灾报警与消防联动系统等诸多系统的控制主机联网,进行必要的数据交流与共享,进行多等级、分范围、分功能、分优先权的保密管理和控制,协调各系统的运行,构成综合安全防范体系。

防盗报警控制器是防盗报警系统的心脏部分,它具有如下功能。

(1)能够直接或间接接收入侵探测器发出的报警信号,并发出声光报警,同时具有手动复位功能或远程计算机复位控制功能,具有系统自检功能。

(2)具有防破坏功能,能识别传输线路发生的断路、短路及并接其他负载。

(3)在额定电压和额定负载电流下进行警戒、报警、复位。

3. 信号传输装置

探测信号的传输主要有有线传输和无线传输两种方法。

传输距离比较近且频率不高的开关信号,一般采用双绞线传输。传输距离比较远且频率不高的开关信号,一般采用公共电话网传输。声音信号或图像信号一般采用音频屏蔽线和同轴电缆传输。音频屏蔽线和同轴电缆传输具有传输图像精度高、保密性好、抗干扰能力强等优点。对于远距离传输和要求传输速度比较高的场合,则采用光纤传输。此外,随着网络技术应用的深入,可利用局域网、城域网或 Internet 实现远程系统监控信号传输。

无线传输是指探测器输出的探测信号经过调制后,用一定频率的无线电波向空间发送,由防盗报警控制器接收,防盗报警控制器将接收信号进行解调处理后,发出报警信号并判断报警部位。

5.3.3　艾礼安红外防盗报警系统硬件组成

艾礼安红外防盗报警系统拓扑图如图 5-2 所示。

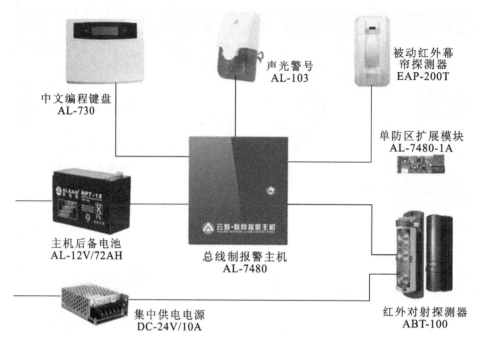

图 5-2　艾礼安红外防盗报警系统拓扑图

1．总线制报警主机 AL-7480

总线制报警主机 AL-7480 的技术参数如下。

（1）输入电源为 DC13.8 V,输出电源为 DC12 V。

（2）报警状态:输出电流 850 mA。

（3）通信端口总线总长度:每个接口总线总长度不得大于 1 200 m,两个接口之间的总线总长度最大可达 2 400 m。

（4）功能特点:最多可接 2 042 个防区,自身带有 2 个接口,通过通信接口 1 可以外接最多 127 个总线扩展模块或者总线主机,通过通信接口 2 可以外接最多 128 个总线扩展模块或者总线主机,每个扩展输入设备最多可接 8 个防区;所有防区以分区的形式管理,最多有 2×128 个分区;可最多接入 15 个键盘,其中 1 个为主键盘,其余 14 个为从键盘。通信总线上的设备都可以带有 1~64 个输出,其中报警模块最多带有 1 个输出,联动输出设备最多可带 64 个输出。每个防区可以联动最多 3 个输出(防区报警联动输出、防区布/撤防联动输出、防区异常联动输出);通过键盘密码、遥控器、中心计算机、电话进行布/撤防。

2．中文编程键盘 AL-730

中文编程键盘 AL-730 可用于各种编程操作、显示报警信息,可对所管辖的所有分区独立同时进行布防、撤防等操作。

3．单防区扩展模块 AL-7480-1A

单防区扩展模块 AL-7480-1A 用于将设备连接到总线上。

4．红外对射探测器 ABT-100

红外对射探测器 ABT-100 的技术参数如下。

(1) 电源输入：AC/DC12～24 V。

(2) 探测方式：对射式红外线射束被切断探测。

(3) 警报输出：继电器接点输出，IC 接点容量为 AC/DC30 V、0.5 A。

(4) 防拆开关：常闭，当外壳被移去时打开。

5. 声光警号 AL-103

声光警号 AL-103 的技术参数如下。

(1) 工作电压：12 V。

(2) 声压指数：108 dB。

(3) 声调频率：3.8 kHz。

6. 被动红外幕帘探测器 EAP-200T

被动红外幕帘探测器 EAP-200T 的技术参数如下。

(1) 工作电压：DC9～16 V。静态电流：≤20 mA(DC12 V 时)。

(2) 安装方式：壁挂或吸顶，安装高度为 2 m 左右。

(3) 探测角度：15°。探测距离：6 m。探测范围：6×0.7 m(安装高度为 3.6 m 时)。

(4) 报警输出：常闭。

(5) 数字抗白光强度：6 500 Lux。

5.3.4 艾礼安红外防盗报警系统接线原理

AL-74 系列通信主机接线端口说明如图 5-3 所示。AL-7480 报警主机端口示意图如图 5-4 所示。

1. 防盗报警系统用电源的安装

(1) 安装固定电源外壳。

(2) AL-7480 出厂时会配备一个直流 13.8 V/2 A 的开关电源。开关电源输入电压为交流 220 V，当交流市电发生故障断电时，可自动切换到备用蓄电池供电，建议使用大容量的蓄电池(如 12 V/7 AH)。

(3) AL-7480 本身会输出一组 12 V/800 mA 左右的直流辅助电源，用来给 AL-7480 本身所带的探测器供电，同时作为警号的电源。注意：当 AL-7480 本身探测设备的总体功耗超过 800 mA 时，应该另外配备电源。

(4) 键盘地址具体设置请参考"地址设置表""地址拨码开关"。

2. AL-74 系列通信主机与主键盘、打印设备的连接

AL-74 系列通信主机与主键盘、打印设备的连接示意图如图 5-5 所示。

AL-7480 通过键盘接口与主键盘、打印设备连接。键盘总线和电源均从主板的标有"键盘接口"的四芯端口引出。键盘接口四芯端口的定义如下。

(1) 红色端口：电源+12 V。

(2) 绿色端口：扩展总线 A。

(3) 黄色端口：扩展总线 B。

(4) 黑色端口：电源地。

3. 防区接入端口与探测器的连接

防区接入端口与探测器的连接如图 5-6 所示。

AL-74 系列通信主机是一种大型的报警主机，它本身留有 8 个有线防区输入接口。普通的探测器通过常开触点或常闭触点输入。

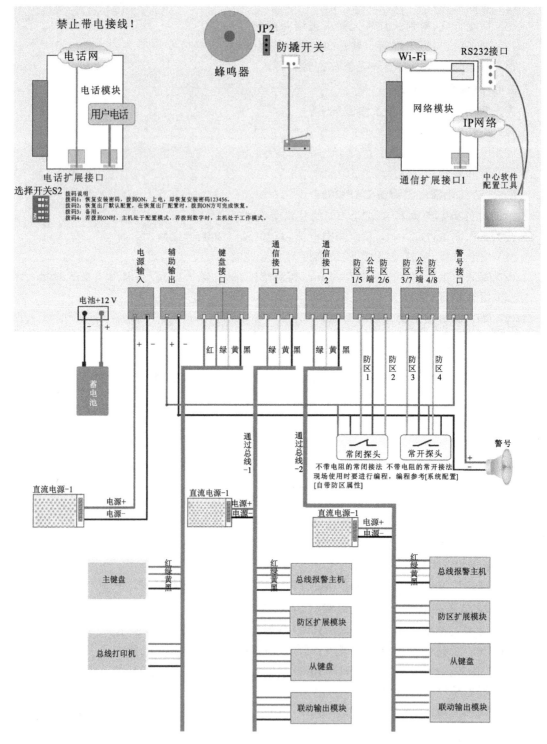

图 5-3　AL-74 系列通信主机接线端口说明

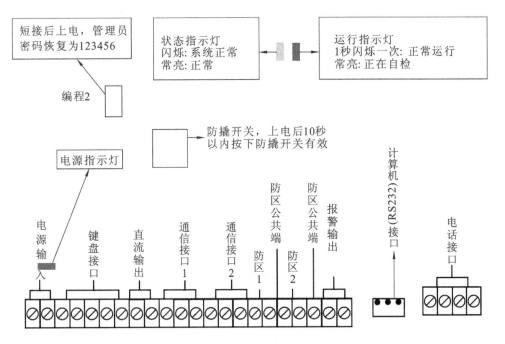

图 5-4　AL-7480 报警主机端口示意图

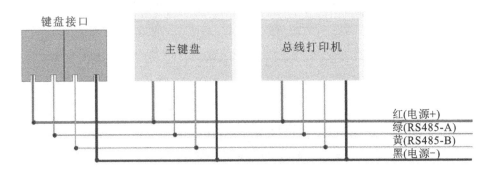

图 5-5　AL-74 系列通信主机与主键盘、打印设备的连接示意图

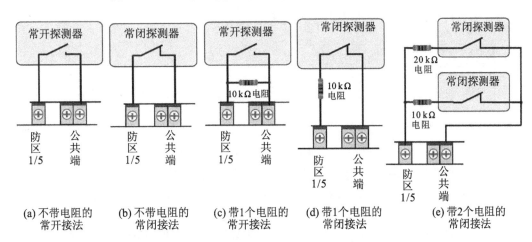

(a) 不带电阻的　(b) 不带电阻的　(c) 带1个电阻的　(d) 带1个电阻的　(e) 带2个电阻的
常开接法　　　常闭接法　　　常开接法　　　常闭接法　　　常闭接法

图 5-6　防区接入端口与探测器的连接

61

4. AL-7480 与总线设备的连接

AL-7480 与总线设备的接线示意图如图 5-7 所示。

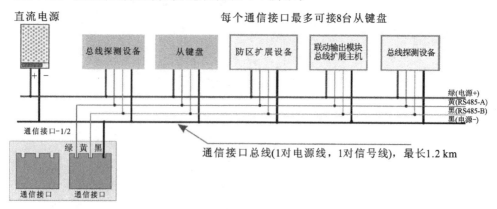

图 5-7 AL-7480 与总线设备的接线示意图

5. AL-7480 与警号的连接

AL-7480 与警号的接线示意图如图 5-8 所示。

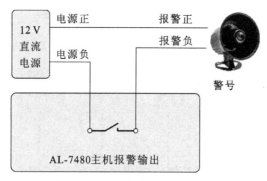

图 5-8 AL-7480 与警号的接线示意图

6. 红外对射探测器的连接

红外对射探测器连接示意图如图 5-9 所示。

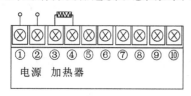

(a) 发射器

▶注：（1）电源输入为DC/AC 12~24 V；
（2）加热器需要选购，出厂标配中无加热器。

62

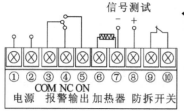

(b) 接收器

▶注：（1）电源输入为DC/AC 12~24 V；
（2）继电器接点1C 24 V 0.5 A；
（3）加热器需要选购，出厂标配中无加热器；
（4）信号测试用于测试光轴对准度，调试时信号电压不小于1.5 V，第⑦为信号负端，和加热器一端共用，第⑧为信号正端；
（5）防拆开关独立于其他电路，当外壳被移去时，打开。

图 5-9 红外对射探测器连接示意图

（1）一组红外对射探测器的安装：平行连接供电电源，如图 5-10 所示。

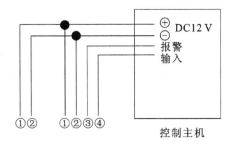

图 5-10　一组红外对射探测器安装接线示意图

（2）多组红外对射探测器的安装：平行连接供电电源，如图 5-11 所示。

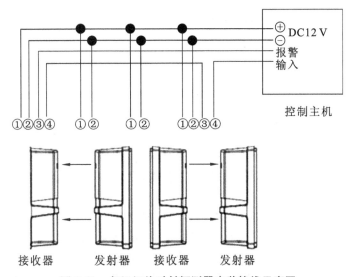

图 5-11　多组红外对射探测器安装接线示意图

7．被动红外幕帘探测器 EAP-200T 的连接

被动红外幕帘探测器 EAP-200T 的连接示意图如图 5-12 所示。

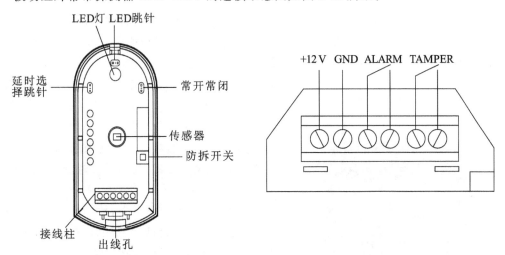

图 5-12　被动红外幕帘探测器 EAP-200T 的连接示意图

+12 V—外接直流电源 DC12 V；GND—外接直流电源负极；TAMPER—报警输出常闭，报警时开路；

ALARM—防拆开关常闭，盒盖被拆除时开路

8. AL-74 系列通信主机与中心管理软件的连接

AL-7480 与中心管理软件的连接示意图如图 5-13 所示。

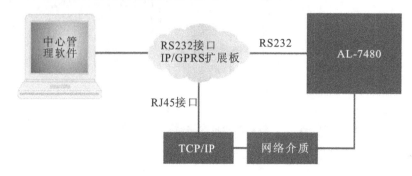

图 5-13　AL-7480 与中心管理软件的连接示意图

5.4　知识拓展

5.4.1　联网报警系统的需求

商铺、连锁店是当今社会大众购物的主流,但其安保有别于大商场的统一管理式安保。商铺、连锁店因散布广、缺少安防措施,常遭不法分子"光顾",造成商家重大的财产损失,严重扰乱了社会治安环境。要解决这一问题,除了实施人力防范、实体防范(即物防,如围墙、大门等)外,还要增加科技防范,而传统有线监控产品存在以下缺陷。

(1) 布线复杂,安装需要专业指导,安装好后不能随意移动。

(2) 成本高且浪费严重,小商铺店主因为资金有限难以负担。

(3) 一旦发生警情不能在第一时间预警,无法与公安机关形成联动,易错过办案最佳时间。根据商铺监控的特殊要求,市场上推出了一套可以互通、互连,并且联动报警的联网报警系统。

5.4.2　联网报警系统的工作原理

联网报警系统一般由用户报警控制核心设备(防盗报警系统)、防盗报警器、防盗报警配件和电源适配模块组成。防盗报警主机通过无线通信方式或有线通信方式实现与各种报警探测器的信号交互,主机接收到报警探测器的报警信号后,通过报警模块自动呼叫或网络上传联网报警系统上报报警信息。此外,防盗报警主机本身集成或通过专门接口与声光报警器相连,实现现场报警。当客户端报警主机(包括红外探测器、门磁、烟感探测器、红外对射探测器等各种探测器和摄像机、紧急按钮)发生报警时,迅速将警讯或现场视频图像通过公用 PSTN、GPRS、Internet 方式传输到联网报警系统服务器,数据处理终端的电子地图上会自动弹出警情信息,由联网报警接警中心人员派出巡防员或联动联网报警指挥中心出警。

艾礼安联网报警系统主机外形图如图 5-14 所示。

图 5-14　艾礼安联网报警系统主机外形图

艾礼安联网报警系统是运用成熟稳定、覆盖面广的手机 GPRS 网络和广泛普及的互联网网络,以单、双通道报警为系列的联网报警系统。它具有安全可靠、适用面广、易安装、运营费用低等优点。同时,该报警系统还具备实时在线、发送短信到客户、远程喊话、远程设置与控制等特有功能,是小区、门店、大型超市、酒店、学校、银行等安全防盗的理想选择。

艾礼安联网报警系统的具体特点如下。

(1) 数据传输方式:以太网、GPRS。

(2) 支持 20 个无线防区,根据客户的要求,可进一步扩展。

(3) 最多可连接 7 个无线遥控器。

(4) 具有实时在线、发送短信到客户、远程喊话、远程设置与控制功能。

(5) 中心平台自动记录布/撤防类别。

(6) 具有语音播报、催费、警示功能。

(7) 可设置 1 组用户电话号码,用以进行接收短信及远程布/撤防控制,用户可根据需要通过用户手机自行添加 2 组电话号码用以布/撤防控制。

艾礼安联网报警系统功能图如图 5-15 所示。

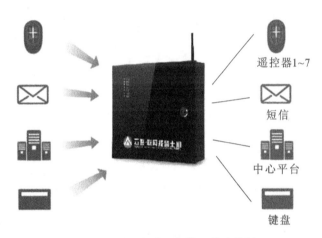

图 5-15　艾礼安联网报警系统功能图

艾礼安联网报警系统网络示意图如图 5-16 所示。艾礼安联网报警系统支持通过 TCP/IP(有线网线和无线 Wi-Fi)、GPRS 等方式上传报警数据到接警平台。

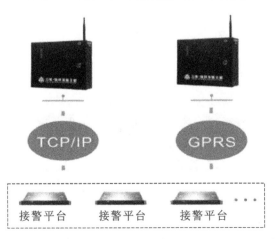

图 5-16　艾礼安联网报警系统网络示意图

5.4.3 艾礼安联网报警主机主板接线图

艾礼安联网报警主机主板接线图如图 5-17 所示。

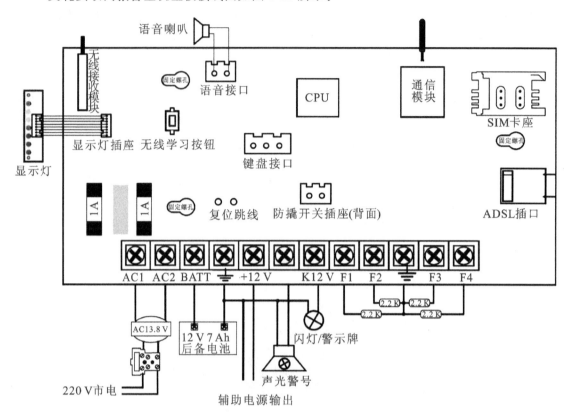

图 5-17 艾礼安联网报警主机主板接线图

思考与练习

（1）简述防盗报警系统的基本概念。

（2）防盗报警系统的基本组成有哪些？各自的作用分别是什么？

（3）探测器的核心是什么？其主要作用是什么？

（4）如何选择报警探测器？

（5）简述红外对射探测器的工作原理。

（6）实训任务 1：防盗报警设备认知实训。

【任务要求】

① 理解并掌握防盗报警系统中的设备性能指标、工作原理。

② 掌握防盗报警系统中各设备参数和型号的选择。

③ 对设备有整体的认识，掌握设备的型号和工作原理。

【任务器材】

完成实训任务 1 所需器材如表 5-1 所示。

表 5-1　完成实训任务 1 所需器材

	1	2	3	4	5	6	7	8	9
设备	总线制报警主机	中文编程键盘	单防区扩展模块	红外对射探测器	对射支架	声光警号	主机后备电池	对射集中供电电源	被动红外幕帘探测器
数量	1台	1个	6个	6对	6对	6个	6个	6个	6个

（7）实训任务 2：防盗报警系统的安装实训。

【任务要求】

① 理解并掌握防盗报警系统各设备的安装方法和安装技巧。

② 掌握防盗报警系统中各设备的接线要领。

③ 熟悉设备的安装步骤和安装方法。

【任务器材】

完成实训任务 2 所需器材同实训任务 1。

项目 ⑥　　智能巡更系统

6.1 教学指南

6.1.1 知识目标

(1)掌握智能巡更系统的组成和工作原理。
(2)掌握智能巡更系统及软件的安装与调试方法。
(3)掌握智能巡更系统及软件的管理方法。
(4)掌握智能巡更系统的功能检查与评价方法。

6.1.2 能力目标

(1)学会安装与调试智能巡更系统。
(2)具有设计智能巡更系统方案的能力。

6.1.3 任务要求

通过对智能巡更系统的学习,掌握智能巡更系统的常用设计方法、管理方法。

6.1.4 相关知识点

(1)智能巡更系统的组成和工作原理。
(2)智能巡更数据库管理系统。
(3)智能巡更系统的安装与调试方法。

6.1.5 教学实施方法

(1)项目教学法。
(2)行动导向法。

6.2 任务引入

防盗报警系统主要分为周界防范系统和巡更系统两大类。前面介绍的红外防盗报警系统就属于周界防范系统,本项目介绍巡更系统。

巡更系统是一种在小区内部使用的安全防范系统,可监督小区保安人员兢兢业业地履行其职责,以确保小区内部的安全。巡更系统的工作原理是:在小区内合理规划出保安巡逻路线,在巡逻路线的关键地点设立巡更点,在每个巡更点的建筑物上安装巡更定位装置(巡更签到器),一般是巡更读卡机(或巡更钮);保安人员手持巡更手持机(或巡更棒)巡逻,每经过一个巡更点必须在签到器处签到(用手持机读卡或用巡更棒轻触巡更钮),将巡更点的编码、时间记录到手持机中(或巡更棒内);交班时通过相应连接设备将存储在手持机中(或巡更棒内)的巡更签到信息转存到计算机中,以便系统管理员对各个保安人员的巡更记录进行统计、分析、查询和考核。

保安人员在规定的巡逻路线上,在指定的时间和地点向中央控制中心发回信号以表示正常。若在指定的时间内,信号没有发到中央控制中心,或没按规定的次序出现信号,则认为出现异常。这样可及时发现问题或险情,从而提高安全性。

6.3 相关知识点

6.3.1 蓝卡智能巡更管理系统

智能巡更管理系统是监督考核巡逻人员工作情况的智能管理系统,由感应式智能巡更管理系统软件、巡检器和各种射频卡构成。蓝卡智能巡更管理系统如图6-1所示。

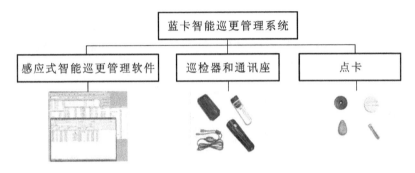

图 6-1 蓝卡智能巡更管理系统

蓝卡智能巡更管理系统基本的工作原理就是:在巡逻线路上安装一系列代表不同地点的射频卡(又称为感应卡),当巡逻到各点时,巡逻人员用手持式巡检器(相当于刷卡机)读卡,把代表该点的卡号和读卡时间同时记录下来;巡逻完成后巡检器通过通信线将数据传给计算机软件处理,从而对巡逻情况(地点、时间等)进行记录和考核。

蓝卡智能巡更管理系统是一个综合性软件系统,由数据采集、数据管理、数据处理、查询及统计等多个方面组成,可采用通用数据库管理系统或独立数据流文件做后台数据支持平台。

蓝卡智能巡更管理系统由点卡、巡检器、通讯座和管理软件组成。

(1)点卡。点卡是在系统中用于标示巡逻地点的射频卡。在使用中,每个点卡都有唯一的卡号。将点卡安装在需要巡逻的地点,同时在管理软件中,将点卡的卡号与安装地点一一对应。在点卡的选型上,目前比较流行的是采用EM感应卡。EM感应卡是EM微电子公司推出的一款工作频率为 $100\sim150$ kHz,具有读写功能的非接触式RFID射频芯片,它能够以较低的功耗提供多种数据传输速率和数据编码方式。

(2)巡检器。巡检器主要用于采集数据。巡逻员在巡检过程中,每到达一处,把巡检器靠近点卡进行刷卡操作,巡检器会自动记录并保存卡号和刷卡时间。

(3)通讯座。通讯座主要用于接收巡检器采集的数据并把数据上传到计算机中。巡检结束后,将通讯器放在通讯座上,通过专用的USB数据线将数据上传到计算机中。

(4)管理软件。蓝卡智能巡更管理系统采用V7.3.1版管理软件进行系统管理。

6.3.2 蓝卡智能巡更管理系统平台软件概述

蓝卡智能巡更管理系统平台软件一般由系统登录管理、系统设置管理、系统功能设置、巡逻线路设置、巡逻人员线路排班和巡逻点的班次设置构成。

1. 系统登录管理

系统在安装完成后运行"智能巡更管理系统"的运行程序,进入软件主界面,选择身份登录。登录身份一般设置一般用户、管理员、超级用户三级权限。不同身份登录拥有不同的功能。

(1)一般用户。一般用户只有使用权限和查询权限,没有更改系统设置权限。

(2)管理员。管理员有使用权限和查询权限,有更改系统设置权限,有"输出基础信息""输出原始刷卡记录""输入原始刷卡记录"权限,没有"输入基础信息"权限。

(3)超级用户。超级用户有最大权限,拥有一般用户和管理员所具备的所有权限,有取消一般用户与管理员的权限。

2. 系统设置管理

系统设置主要涉及主界面的显示设置、数据备份和一些功能性的设置。

系统设置主要分为系统标识、数据库备份文件夹、当前库保留、历史库文件夹等内容。以超级用户的身份登录到系统后点击"系统设置"会出现系统设置窗口,在该窗口可以设置系统的各项功能,设置完后点击"确认",系统设置就会生效。

3. 系统功能设置

在系统中,系统功能设置主要是对系统各部分功能进行基本的使用参数设置,是对系统主要功能模块进行的基本使用设定,如图 6-2 所示。

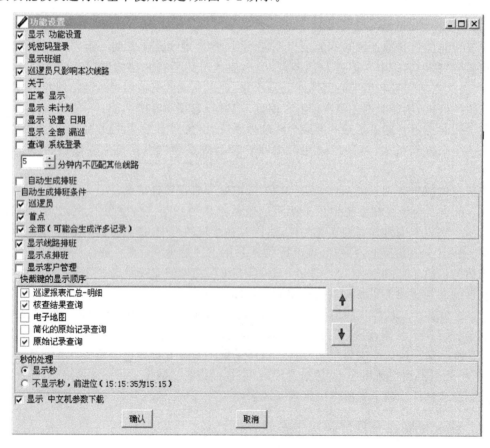

图6-2 系统功能设置

从图 6-2 中可以看出,系统功能设置可对显示、密码、班组、线路、日期、界面显示等进行设置。例如:选中"正常 显示"时,线路信息的显示如图 6-3 所示。

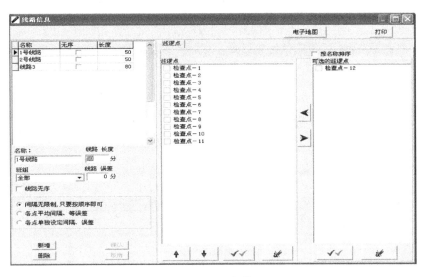

图 6-3　线路信息的显示

4. 巡逻线路设置

巡逻线路设置就是对巡逻线路上所安装的巡检点进行编排,以便在核查结果里能够清楚地查看每个巡逻点的巡逻信息。巡逻线路在线路信息窗口进行设置。在系统下拉菜单里点击"线路"或者选中软件界面的线路图标都可以打开线路信息窗口,如图 6-4 所示。

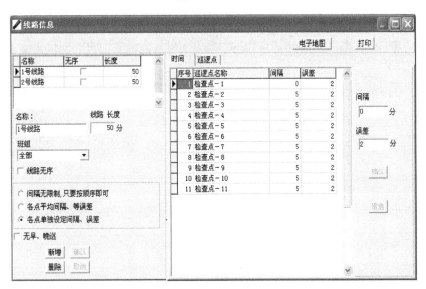

图 6-4　线路信息窗口

巡逻线路可以分为有序线路和无序线路两种不同的线路。有序线路上的巡逻点设置分为三种类型:一是间隔无限制,只要按顺序即可;二是各巡逻点平均间隔、等误差;三是各巡逻点单独设定间隔、误差。无序线路上的巡逻点没有次序要求。无序线路上的巡逻点设置主要分为"全无序""首点限线路开始时间刷卡,其他无序"和"首尾限线路开始时间和结束时间刷卡,其他无序"三种不同的数据处理设置方式。

5. 巡逻人员线路排班

巡逻人员线路排班是在线路设置好后给线路排班。巡逻人员线路排班在巡逻班次信息窗口完成。巡逻班次信息窗口如图 6-5 所示。

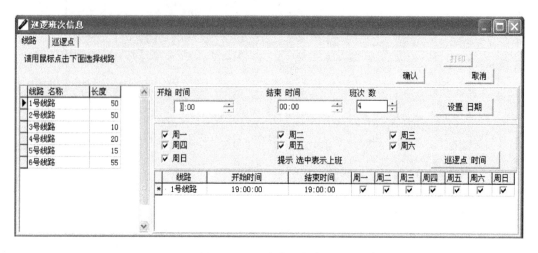

图 6-5 巡逻班次信息窗口

如图 6-5 所示,选中要设置班次的线路后点击"新增"按钮,输入开始时间与结束时间、班次数,确认后即新增一个班次。

6. 巡逻点的班次设置

在图 6-6 所示的窗口中选中要设置班次的巡逻点,后点击"新增"按钮,输入开始时间和结束时间以及班次,在开始时间和结束时间之间平均分配班次,即完成了巡逻点的班次设置。

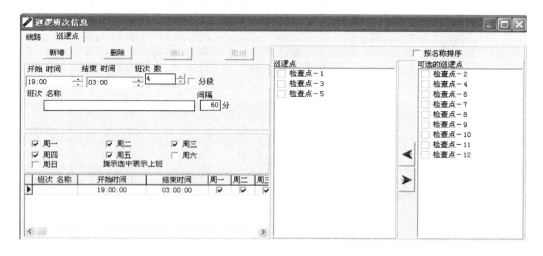

图 6-6 巡逻点的班次设置

6.3.3 巡检器以及点卡管理

1. 巡检器通讯

在软件主界面点击"巡检器通讯"菜单,进入软件的巡检器通讯界面,将随机佩带的专用 USB 通信线的一端接到计算机的 USB 口上,另一端接到通讯座(数据采集器)上,将巡检器放入通讯座(数据采集器)中,软件会自动检测并查找巡检器,查找到巡检器后,系统将自动进行数据上传,软件提示数据处理完成,此时数据上传已经完成。巡检器通讯窗口如图 6-7所示。

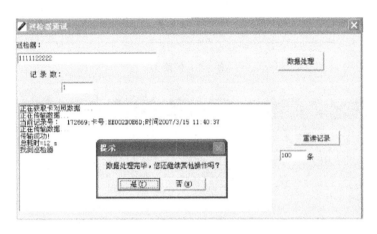

图 6-7　巡检器通讯窗口

(1)重读记录。本功能用于从巡检器或通讯座(例如 BS-2000)中重新读取已经上传过的数据。

(2)数据处理。此功能同系统设置中的"自动数据处理"的选择与否相联系。

2.巡检器设置

通过巡检器设置,可以把巡检器和线路及巡逻员进行绑定设置。巡检器设置窗口如图 6-8所示。

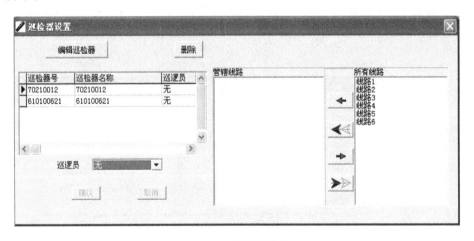

图 6-8　巡检器设置窗口

在巡检器设置窗口,可以进行新增巡检器、更改及绑定巡逻员、编辑巡检器、删除巡检器、绑定线路、删除线路等操作。

3.初始化

初始化功能中包括校时、巡检器初始化和初始化通讯座,如图 6-9 所示。

4.巡逻点设置

巡逻点设置在线路巡逻点信息窗口进行,如图 6-10 所示。

图 6-9　初始化

图 6-10　巡逻点设置

5. 巡逻员设定

点击主界面中的"巡逻员"按钮,系统会自动选择连接的硬件设备。当系统找到硬件设备后就可以进入巡逻员信息窗口,如图 6-11 所示。也可点击"跳出",直接进入巡逻员信息窗口。

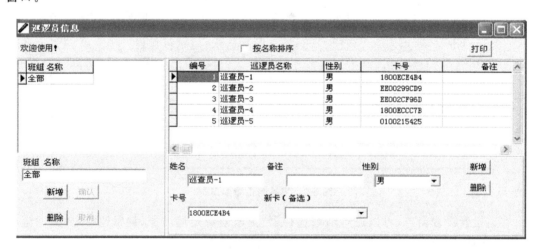

图 6-11　巡逻员信息窗口

巡逻员设定中有一个设置班组项,它是用来给每个巡逻员编排班组的。

巡逻员与卡号的对应有两种方法:第一种是先把信息钮按照一定顺序读入巡检器中,再将巡检器中的数据通过巡检器通讯传到计算机软件中,最后在巡逻员设定项目中的卡号中选定;第二种是通过专用数据线,同通讯座(数据采集器)或巡检器和计算机连接,打开软件进入软件主界面,点击"巡逻员"按钮打开巡逻员信息窗口,在该窗口进行设定。

6. 事件设定

打开软件,在软件主界面点击"事件"按钮,系统会自动地寻找连接的硬件设备。也可以点击"跳出",直接到事件卡窗口。在事件卡窗口中,在"名称"栏目中输入事件名,在"备注"栏目中输入事件的简单说明,并为这个事件选择一张卡。

7. 读卡及卡管理

读卡功能是为了识别卡在软件中被设置为何种类型的卡,用户在遗忘时可以通过此功能对卡进行识别。打开"卡管理"菜单下的"读卡"模块,将要识别的卡放在通讯座(数据采集器)的读卡部位(四个指示灯的中央部位),此时读卡窗口(见图 6-12)中显示卡类型。

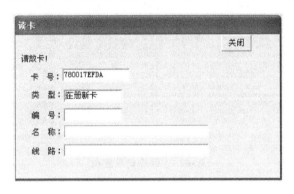

图 6-12 读卡窗口

在上传的刷卡记录中,有些可能是新卡的,新卡是没有设置巡逻点、巡逻员或者事件的卡,其卡号会显示在无用卡窗口中,对于无用卡可以从数据库中删除。

 6.4 知识拓展

6.4.1 原始记录查询

在这里,原始记录是指巡检器上传的原始数据信息。

在软件主界面点击"原始记录查询"按钮,打开原始记录查询窗口,可根据自身需要在该窗口中查找相关信息。查询时,可以按照不同类型(如巡逻点、巡逻员、事件等)查询原始记录,如图 6-13 所示。

6.4.2 简化的原始记录查询

在软件主界面点击"简化的原始记录查询",打开简化的原始记录查询窗口。

在此窗口中,我们可以根据自己的需要来选择以巡逻点、巡逻员或事件为条件来查看具体某一点的巡检记录。选择完成后,点击"生成报表"按钮,可将选中的记录生成报表。我们可以通过点击"打印预览"按钮来查看生成的报表。在生成的报表中,巡检记录的显示方式是按点将所有巡检记录时间统一列出,如图 6-14 所示。

上传完数据后,要对数据进行核查,也就是对巡逻结果进行核查。当然,用户还可以把巡逻结果以 Excel 方式输出或者打印出来备案。下面详细介绍各查询功能。

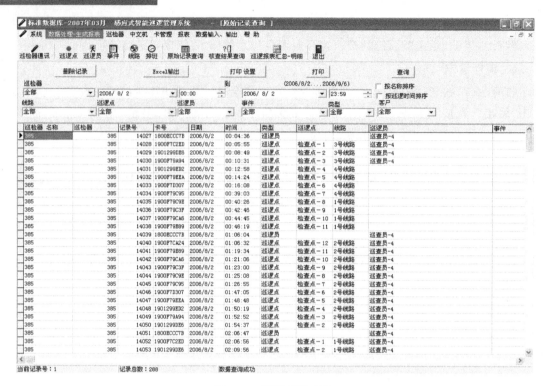

图 6-13　原始记录查询

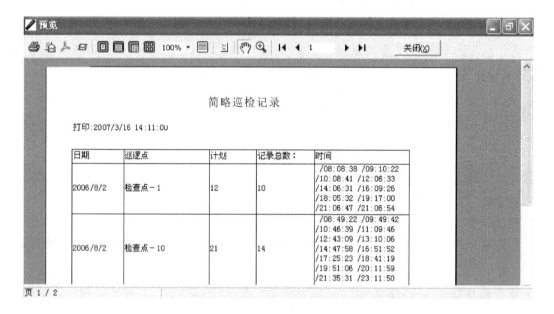

图 6-14　生成的报表

6.4.3　核查结果查询

　　核查结果查询就是查看数据处理之后的详细结果。核查结果默认的类型是"全部",我们可以在类型中选择不同的类型情况来进行准确查询。也可以选定某一个时间段来进行数据核查。在软件主界面点击"查询"按钮,进入查询窗口(见图 6-15),软件默认的数据类型是"全部",点击"查询"按钮,可以查看所有类型的核查结果。

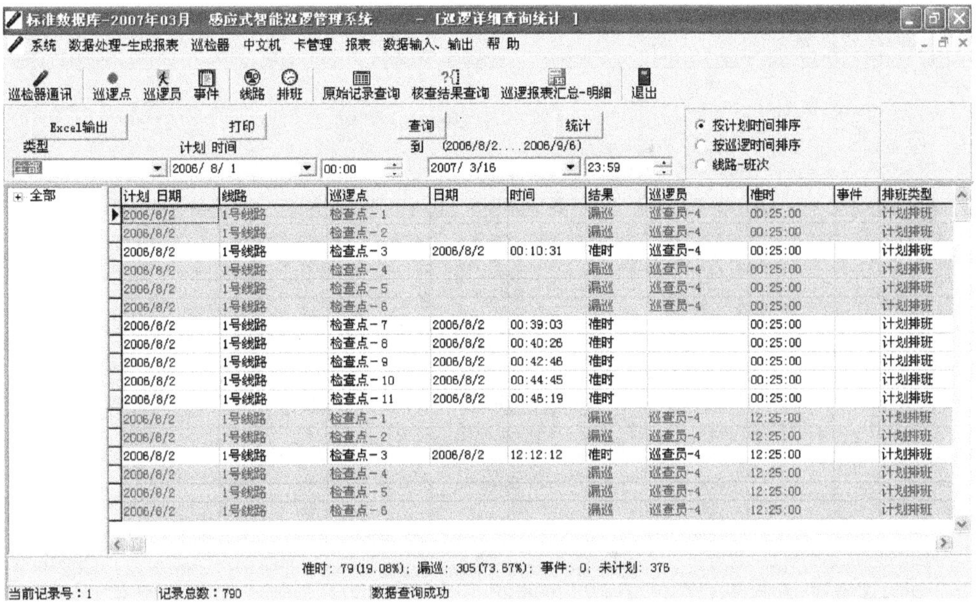

图 6-15 查询窗口

这里的核查结果与我们前面讲过的线路设置和排班设置相关联,详细见线路设置、排班设置。其中,结果列包括"准时""早巡""晚巡"和"漏巡",类型包含"全部""所有不合格""准时""漏巡""早巡""晚巡"和"未计划"等七项。我们可以根据不同的类型和设定时间段来查询我们想要的结果。

统计功能是把所有核查信息做统计得出一个准确结果和每条线路巡逻结果的准确率。选中我们想要查询的某一时间段或某一类型数据,点击"查询"按钮查看结果后,点击"统计"按钮,就可以对核查的详细信息进行统计。

可以统计一条线路的具体情况,如图 6-16 所示。

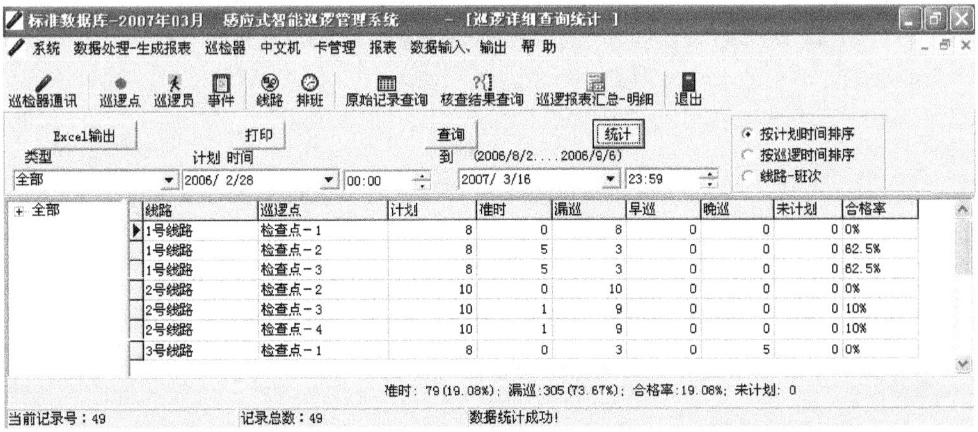

图 6-16 统计一条线路

也可以统计一个巡逻点的情况。通过 Excel 输出与打印,查询结果可以通过 Excel 形式输出,方便以书面形式查看。在查询界面查询到我们想要的结果后,点击左上方的"Excel 输出"按钮,可以把核查结果以 Excel 形式输出。可以将查询显示的结果直接打印,如图 6-17所示。

图 6-17 打印功能

6.4.4 巡逻报表汇总-明细

在巡逻报表汇总-明细中,上半部分可以统计出各个排班的信息,下半部分可以查看排班的明细记录,如图 6-18 所示。

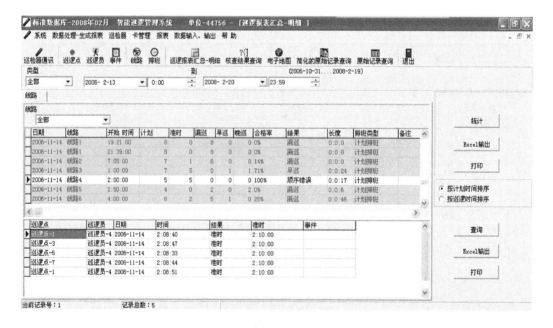

图 6-18 巡逻报表汇总-明细

点击"Excel 输出"按钮可实现输出,点击"打印"按钮可查看打印预览,实现打印功能。

思考与练习

(1) 简述智能巡更系统的组成与工作原理。

(2) 简述智能巡更数据库管理系统的功能及构成。

(3) 简述智能巡更系统的安装方法与调试方法。

(4) 实训任务:智能巡更系统模块安装调试。

【任务要求】

① 理解并掌握智能巡更系统模块设备的性能指标和工作原理。

② 掌握智能巡更系统模块软件的操作、参数设置和管理。

【任务材料】

完成实训任务所需的材料如表 6-1 所示。

表 6-1 完成实训任务所需的材料

智能巡更系统模块				
序号	名称	型号	单位	数量
1	巡检器	BlueCard BP-2012S	个	1
2	通讯座(离线数据传输器)	BlueCard BS-1000	个	1
3	点卡(信息钮)	BlueCard BLC-30N	个	4
4	管理软件	BlueCard V7.3.1	只	1
5	加密狗	BlueCard XG	只	1

【任务步骤】

① 了解智能巡更系统的概念、组成、应用。

② 安装点卡,设置巡逻顺序。

③ 排班,设置巡逻顺序。

④ 模拟巡逻,使用巡检器在安装了点卡的地方刷卡。

⑤ 将巡检器放到通讯座上,将刷卡记录上传到计算机。

⑥ 在系统中查询实际巡逻情况,统计并输出结果。

项目 **7** 视频监控系统

7.1 教学指南

7.1.1 知识目标

（1）了解基本概念：电视监控、安全防范、视频传输、射频传输、光缆传输等。

（2）掌握基本理论：电视监控技术、防盗报警技术、闭路电视技术、智能小区综合布线、施工管理等。

（3）熟悉电视监控与报警系统以及闭路电视系统的规划和设计、安装工程的设计标准、设计要点、工程管理等。

（4）掌握楼宇安防技术和视频监控技术的基础知识。

7.1.2 能力目标

（1）具备进行楼宇安防和视频监控小型项目设计、施工、监理、检验和维护的能力。

（2）具备一定的项目管理能力、一定的分析和解决实际工程问题的能力。

（3）具备一定的语言和文字表达能力，具备获取、分析、归纳、交流和使用信息及应用新技术的能力。

（4）具有良好的思想品德与团队精神，及协调人际关系的能力。

（5）具有从事专业工作安全生产、环保等意识。

7.1.3 任务要求

通过对视频监控系统的学习，掌握视频监控系统的设计方法、选型方法、安装方法、调试方法。

7.1.4 相关知识点

（1）视频监控系统的组成和工作原理。

（2）视频监控系统的设备及器材。

（3）视频监控系统设备及器材的安装方法与调试方法。

7.1.5 教学实施方法

（1）项目教学法。

（2）行动导向法。

7.2 任务引入

视频监控系统是安防领域中的重要组成部分，是所有安全系统中最关键的子系统。视频监控系统通过遥控摄像机，适时、清晰、真实地反映被监视控制对象，同时可以对被监视场所的情况进行同步录像。另外,视频监控系统还可以与防盗报警系统等其他安全技术防范体系联动运行,使用户的安全防范能力得到整体提高。视频监控系统已成为在现代化管理中最为有效的观察工具。

根据图像处理技术,视频监控系统可分为模拟图像视频监控系统和数字化视频监控系统两大类。模拟图像视频监控系统多以摄像机、视频矩阵、分割器、录像机为核心,采用手动方式对监视点进行切换,其存储会耗费大量的存储介质,查询、取证十分烦琐,系统的功能简单、可靠性差。有线模拟视频信号的传输对距离十分敏感,布线工程量大。模拟图像视频监控系统的控制和切换大多采用单片机方式,难于统一通信协议,所以很难利用模拟图像视频监控系统组建大型的监控系统。

计算机处理能力的提高、网络技术的快速发展、数字信息抗干扰能力的增强,为组建大规模远程视频监控系统创造了条件,网络用户可通过浏览器对信息进行远程监控和管理,系统的稳定性和安全性也大大提高。视频监控系统逐渐转向数字化,不仅能提供各类数据、文本、图形信号,还能通过视频、图像、声音等更加丰富的多媒体信息来支持生产和管理活动。

近年来,随着"平安城市""平安校园"等安防项目在全国范围内的开展和深入,机场、地铁以及景区等对于视频监控覆盖范围、监控点数以及网络传输等的要求的不断提升,网络监控逐渐成为中国视频监控市场炙手可热的拉动因素。网络监控设备生产厂商的视频监控整体解决方案,受到越来越多用户的认可,视频监控系统趋向平台化、智能化、IP 化。

7.3　相关知识点

7.3.1　视频监控系统绪论

现代社会对信息的需求量越来越大,信息传递速度也越来越快,二十一世纪是信息化的世纪,目前推动世界经济发展的主要技术有信息技术、生物技术和新材料技术。其中,信息技术对人们的经济生活、政治生活和社会生活影响最大,信息业正逐步成为社会的主要支柱产业,人类社会的进步依赖于信息技术的发展和应用。

众所周知,随着社会发展以及生活水平的逐步提高,人们对自身安全的关注程度也在逐步加强。因此,在提高管理人员的管理素质以及服务意识的同时,通过拥有一套技术先进、高度智能化的视频监控系统,实现物防、人防、技术防范三者之间的协调统一,是提高居住小区物业管理水平的重要措施之一。监控技术是一门新兴的技术,它是自动控制技术、计算机科学、微电子学和通信技术有机结合、综合发展的产物,它的出现使人类的工作环境和生活环境发生了深刻的变化。

1. 视频监控系统的起源

二十世纪八十年代末到九十年代中,随着国外各种新型安保观念的引入,我国各行各业及居民小区纷纷建立起了各自独立的网络视频监控系统或联网报警系统,特别是在国家重点部门银行金融系统,联网报警系统已基本形成,联网报警系统的形成对预防和制止犯罪、维护社会稳定起到了巨大作用。

然而,由于传统的模拟图像视频监控系统受到当时技术发展水平的限制,网络视频监控系统大多只能在现场进行监视,联网报警系统虽然能进行较远距离的报警信息传输,但是传输的报警信息简单,不能传输视频、图像,无法使安保人员及时、准确地了解事发现场的状况,报警事件确认困难,系统效率较低,无形中加重了安保人员的工作负担。

在银行等采用分布式管理方式的行业,远距离监控是行业管理的必要手段。在传统的模拟图像视频监控系统中,图像一般采用专门光缆或微波进行远距离传输,容易受到地形和线路的限制,且造价极高,一般用户难以接受。因此,传统的模拟图像视频监控系统不易推广应用。

2. 视频监控系统的发展

我国安防行业经过几十年的发展,从早期的模拟监控阶段进入数字监控阶段。现今,随着计算机技术、存储容量技术、视频编解码技术的发展及宽带覆盖率和网络带宽的不断提高,安防行业中的视频监控系统正逐步进入网络化的全数字阶段。网络视频监控系统正以直观、方便、内容丰富等特点日益受到各届关注,同时也引发了监控技术的一场革命。从2005年开始,各地视频监控系统纷纷开始采用网络化、数字化布局,但其地域覆盖面较小,无法真正实现网络化监控。纵览全国,能够很好地推进视频监控系统网络化进程的企业非拥有丰富网络资源的电信运营商莫属。据权威部门统计,国内网络化视频监控行业每年的平均增幅为15%~30%,因此视频监控行业正面临着良好的发展机遇。

视频监控系统的发展经历了三代。

1)第一代视频监控系统:传统模拟闭路监控系统

传统模拟闭路监控系统依赖摄像机、录像机和监视器等专用设备及电缆。例如:摄像机通过专用同轴电缆输出视频信号;系统通过电缆连接专用模拟视频设备,如视频画面分割器、切换器、卡带式录像机(VCR)及视频监视器等。

(1)系统特色:视频采用同轴电缆传输,图像信息传输采用模拟方式,信息存储采用模拟方式(磁带等)。

(2)系统缺点:传输距离有限,通常只有几百米范围;模拟信号受干扰程度大,稳定性不够;模拟存储信息量巨大,存储费时、费力、费钱。

2)第二代视频监控系统:"模拟-数字"监控系统

"模拟-数字"监控系统以硬盘录像机(DVR)为核心,从摄像机到DVR仍采用同轴电缆输出视频信号,通过DVR支持录像和回放,并可支持有限IP网络访问。由于DVR产品五花八门,没有标准,所以这一代视频监控系统是非标准封闭系统,如图7-1所示。

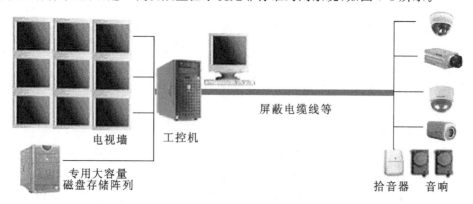

图7-1 "模拟-数字"监控系统

(1)系统特色:图像信息传输依旧采用模拟方式,以电缆为传输介质、以本地存储为主要功能,网络传输功能没有或较弱;图像显示为模拟视频或无损压缩视频,较清晰;图像存储为数字化存储,管理手段极为丰富;存储不同于显示,图像采用有损压缩,清晰度较差;多采用MJPEG、MPEG1、MPEG2压缩方式。

（2）系统缺点：受传输介质电缆的限制，监控范围局限于几百米；数字化程度不够，远程观看、管理、交流资料功能有限；扩展性受限、稳定性不足。

3）第三代视频监控系统：全数字化网络视频监控系统

第三代视频监控系统——全数字化网络视频监控系统（见图 7-2）以网络为平台，采用全新的设计理念，集成了当今最先进的网络技术、计算机技术以及数字处理技术。全数字化网络视频监控系统以 IP 地址来标识所有的监控设备，采用 TCP/IP 协议来进行图像、语音和数据的传输、切换，真正实现了远程综合监控，做到了"天涯若比邻"。全数字化网络视频监控系统的两个最大的特点就是全数字化和网络化。

（1）系统特色。

① 采用的是最先进 MPEG4/H.264 压缩方式，具有超低码流、高保真画质。

② CIF 格式运动图像的典型码流只有 300 kbit/s，利于网络传输。

③ 设备内置 OS 系统和标准网络协议栈，提供 Web 浏览服务。

④ 嵌入式系统设计，集中组网，分级管理，系统安全、可靠。

⑤ 数字化网络传输、数字化存储、数字化观看。

⑥ 完全突破地域、空间限制，极大地丰富了监控手段，真正做到了随时、随地、随意监控，开创了全新的安防监控理念。

⑦ 存储方式丰富，可以前端设备存储，可以中心统一存储；存储容量扩展容易，实现了真正海量存储，中心平台可以添加数个存储服务器站点。

⑧ 监控，绝不仅仅只是看图像；全数字化视频信息，可听、可控、可交流，使监控成为一种享受。

⑨ 分散监控、集中管理、组网灵活，适合大区域大规模监控。

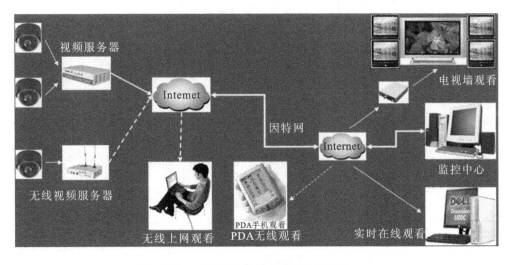

图 7-2　全数字化网络视频监控系统

（2）系统缺点：电梯监控目前仍处于模拟监控阶段，故对于电梯，全数字化网络视频监控系统的使用性不强；兼容原有模拟监控系统时，对于模拟球机不能控制其云台转向和音频，必须加视频服务器和云台服务器。

3. 视频监控系统的比较

视频监控系统的比较如表 7-1 所示。

表 7-1　视频监控系统的比较

	传统模拟闭路监控系统	"模拟-数字"监控系统	全数字化网络视频监控系统
系统稳定性	技术含量不高、系统功能少,但相对成熟、工作稳定、不易死机	稳定性一般	具有高性能服务器,结合冗余备份、UPS电源、稳定的传输网络,实现了7×24小时稳定运行
系统安全性	传输电缆易受环境破坏及遭人为破坏;操作界面无认证功能,任何人都可以使用	有用户认证功能,但操作系统漏洞易造成网络攻击,数据包没有加密措施	用户登录经过多次认证,同时可限制或允许特定人员登陆IP;有硬件防火墙或网闸,前端设备对媒体数据做AES 128位加密,数据传输过程安全
系统容量	适用于小型、本地监控,设备可达到 16×64 路	适用于中小型、网络监控,支持64路接入,级联扩容可达200路	适用于大规模、有远程访问需求的大型监控;前端设备一般采用单路输入,平台设备接入前端能力可达到数千路
接入方式	基本不涉及网络,前端监控点与中心控制室通过模拟视频线直接连接,接入方式单一	局限于小型化局域网内使用,局域网内副控主机接受广播码流	具有强大的线路适应能力,前端监控点可通过 LAN、WAN、E1、光纤、ADSL 等多种线路方式接入平台,客户端登录支持公网IP登录(ADSL)、私网IP登录(NAT转换、Socket5穿越)
存储方式	模拟磁带存储	硬盘存储	超大容量磁盘阵列设备存储
设备网管	无网管功能	简单网管	统一网管
传输距离	同轴电缆的传输距离在数百米内,光纤的传输距离可达百千米	基本与传统模拟闭路监控系统的一致	距离不限
系统功能及操作	功能单一,主要涉及对监控点图像的调看及手动操作录像,相关操作烦琐	具有简单的图像浏览、语音呼叫、自动录像、录像检索及调用、叠加文字时间、操作日志记录及查看等功能,有较友好的界面接口	具有图像监控、抓拍、双向音频对讲、外接告警设备、告警联动、权限管理、电子地图、预案管理、图像处理等功能;系统预留二次开发接口,方便添加新兴功能;操作界面人性化,适合不同层次的人群使用
外接告警	通常无此功能	可外接告警传感器,接入告警传感器的数量视中心设备系统的能力而定,一般与前端接入能力对应,即一个监控点接一个告警传感器	可外接几乎所有的告警传感器,告警传感器的接入数量可大于监控点的数量;前端发生告警,将同步在客户端显示,并且联动相关操作(录像、摄像头转动、电视墙显示等)
日志检索	无	提供用户登录时间、账号、图像调用及录像等相关操作信息并进行记录;日志简单地按照日期进行保存,检索条件只支持日期字段	提供用户调看图像的相关操作信息,对设备自动注册、上下线、运行异常等实时状态进行记录;日志检索支持多种字段,包括操作账户、日期、操作类型、设备名称、文件名等

7.3.2 视频监控系统的设计原则

1. 先进性

所设计的视频监控系统总体上应充分考虑信息技术迅速发展和信息需求日益高涨的趋势,技术上应采用国家标准或国内通行的先进技术,在保证系统的稳定性的同时做到技术领先,具有一定的超前性。

2. 成熟性和实用性

所设计的视频监控系统应管理功能全面,能充分满足项目自身各种业务的管理要求,操作界面应简练、友好,应采用成熟和实用的技术和设备,最大限度地满足项目现在和将来的业务发展需要,确保耐久、实用。

3. 开放性

为了保证系统所选用的技术和设备协同,满足系统投资的长期效应和项目发展系统功能不断扩展的需求,必须追求系统的开放性,采用开放的技术标准。各子系统均要求提供标准化和开放性的接口协议,以保证各子系统之间网络化与集成化的实现。

4. 集成性和可扩展性

设计视频监控系统时,应充分考虑弱电智能化系统所涉及的各子系统的集成和信息共享,保证系统总体上的先进性和合理性,采用集中管理、操作和分散控制的模式。

视频监控系统的总体结构应具有兼容性和可扩展性,即可以包容不同类型的产品,便于升级换代,使整个系统可以随着技术的发展与进步,不断得到充实、完善、改进和提高,并应在预埋和主干敷设上留有冗余,以便于将来扩展。

5. 安全性和可靠性

所设计的视频监控系统应满足以下要求:须具有高度的安全性、可靠性和稳定性,应能保证系统自身安全和信息传递的安全,以及运行的可靠性;对模拟系统、数据系统的数据交换、存储和访问等应有有效的安全措施,防止数据被破坏、被窃取、丢失等事故发生;安全级别控制功能应健全,防止截取操作,能有效审计用户操作,以便追查事故原因;计算机网络系统的软件设备、硬件设备应运行稳定,故障率低,容错性强,可采取有效措施,保证系统无故障连续运行。

6. 服务性和便利性

所设计的视频监控系统应强调以人为本的设计思想,能提供安全、舒适、方便、快捷、高效、节约的工作环境和办公环境,为项目的使用者和管理者提供有效的信息服务和充分的决策依据。

7. 可维护性

所设计的视频监控系统应具备故障诊断和分析工具,能帮助维护人员迅速判断故障原因,并具备有效的维护工具和系统自恢复工具,以保证及时、准确地排除故障。

8. 经济性

在实现先进性和可靠性的前提下,所设计的视频监控系统应达到较高的性能价格比,具有经济的优化设计。对于设备选型和系统设计,要在确保用户需求、系统集成要求的前提下具有良好的性价比,充分考虑各类产品的性能价格比,对关键性的产品应以性能的先进性为主要考虑因素,以提高系统的整体水平,对非关键性产品则以实用性为主要考虑因素。

9. 规范性

视频监控系统规划设计应按照国家和本地区的有关标准和规范要求进行。

7.3.3 模拟视频监控系统

经典模拟视频监控系统拓扑图如图 7-3 所示。

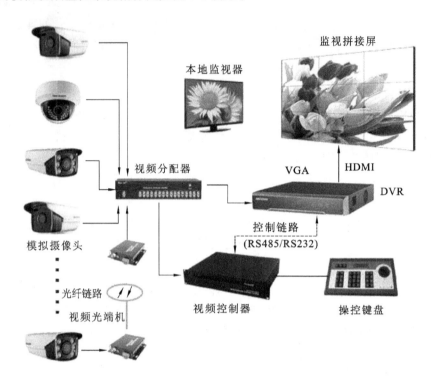

图 7-3 典型模拟视频监控系统拓扑图

1. 模拟视频监控系统的组成

模拟视频监控系统主要由前端设备、传输部分和监控中心组成。

1）前端设备

模拟视频监控系统前端设备是指安装在现场的摄像装置，包括摄像机、镜头、云台和防护罩等。其任务是采集现场的图像信号。

对于摄像机，应充分考虑现场实际情况进行选型，并按照被监控对象的布防要求进行布置和安装。模拟视频监控系统所用的摄像机包括室内外球型摄像机（球型摄像机可简称为球机）、室内外枪式摄像机、室外宽动态摄像机、电梯飞碟等，以确保摄像机的有效监视范围，尽量保证无监视盲区。

摄像机在正式使用之前或使用之中，应按照不同的环境因素和摄像机的种类进行调试，正确调整摄像机的镜头焦距、聚焦、光圈、白平衡、视频增益、同步方式以及电子快门、背景光补偿等，以使摄像机工作在最佳状态，保证最佳的监视效果。

云台是摄像机进行水平和垂直两个方向转动的承载装置。防护罩是保护摄像机的装置，分为室内防护罩和室外防护罩两种。室内防护罩结构简单，价格便宜，其主要功能是防止摄像机落灰且起一定的安全防护作用，如防盗、防破坏等。室外防护罩具有降温、加温、防雨、防雷等功能，以保证无论何种天气，摄像机均能正常工作。

2）传输部分

传输部分用于视频信号和控制信号的传输，其施工重点是电源线和视频线的敷设。

视频监控系统中的电源线一般单独敷设。宜在监控室安置总开关,以对整个监控系统的通断电直接控制。在一般情况下,电源线按交流 220 V 布线,交流 220 V 在摄像机端经适配器转换成直流 12 V,这样做的好处是可以采用总线式布线且不需要很粗的线,当然这样做时在防火安全方面要符合规范(电源线穿钢管或阻燃 PVC 管),并使电源线与信号线相距一定距离。

有些小的视频监控系统也可采用 12 V 直接供电的方式,即在监控室内用一个大功率的直流稳压电源对整个系统供电。在这种情况下,电源线就需要选用线径较粗的线,且距离不能太远,否则就不能使系统正常工作。

电源线一般选用:RVV 2×0.5、RVV 2×0.75 和 RVV 2×1.0 等。视频电缆选用电阻值为 75 Ω 的同轴电缆,通常使用的同轴电缆的型号为 SYV-75-3 和 SYV-75-5。它们对视频信号的无中继传输距离一般为 300～500 m,当传输距离更远时,可相应选用型号为 SYV-75-7、SYV-75-9 或 SYV-75-12 的粗同轴电缆(在实际工程中,粗同轴电缆的无中继传输距离可达 1 km),当然也可考虑使用视频放大器。一般来说,传输距离越远则信号的衰减越大,信号的频率越高则信号的衰减也越大,但线越粗则信号衰减越小。当采用远距离无中继传输时,视频信号的高频成分过多地衰减而使图像变模糊(表现为图像中物体边缘不清晰,分辨率下降),而当视频信号的同步头衰减得不足以被监视器等视频设备捕捉到时,图像便不能稳定地显示了。

视频同轴电缆的外导体用铜丝编织而成。不同质量的视频同轴电缆的编织层的密度(所用的细铜丝的根数)是不一样的。

为了减少视频同轴电缆对模拟视频信号的衰减,采用光纤的传输方式,即摄像机至视频光端机用同轴电缆传输,光端机至监控中心用光纤传输。

在各监控点相对集中的位置设置视频光端机,可将附近的各摄像机视频信号集中,通过光纤传送至监控中心。对于室内外快球有控制信号的摄像机,可同时传输一路反向控制信号,实现对前端快球的控制。

3)监控中心

监控中心由主机部分、显示部分、录像部分组成。

(1)主机部分:监控中心以 DVR 和视频矩阵(解码器)控制为主,DVR 负责视频信号的存储,视频矩阵负责视频信号的输出和输入,输出配置余量大于 10%;提供球型摄像机控制;支持主流控制码协议。

(2)显示部分:采用 42 英寸专业液晶彩色监视器与 24 英寸 LCD 监视器。

(3)录像部分:采用 256 进 16 出视频矩阵(共有 239 个摄像监控点),能全实时录像/回放,同时具有密码控制等必要的安全措施;录像存储时间大于等于 30 天(每天 24 小时录像)。

2. 模拟视频监控系统的功能

(1)自检功能。模拟视频监控系统的监控中心具有自检功能。发生故障时,它提示操作人员及时进行检修。监控中心的主要设备采用功能模块化设计、插板式结构,支持不断电热插拔,便于系统维护,尽可能避免了系统因局部故障造成的停机检修,使整个系统的可靠性得到提高。

(2)联网控制功能。若干独立的模拟视频监控系统可联网构成庞大的监控体系,通过模/数转换器将模拟信号转换成数字信号,便于安保人员及物管中心人员查看、管理。该监控体系内的操作者不但可以操作、控制本地的前端摄像机,还可在系统设置许可的前提下,通过建立的数据/视频双向通道,调用并控制异地的前端摄像机。如果不用数据/视频双向通道传送有关控制与报警信号,那么可降低监控体系造价。

（3）系统报警管理与控制功能。模拟视频监控系统可与消防、安防报警、出入口控制等系统联网，对监视区域内发生的非正常事件的报警信号进行响应，跟踪监视并记录非正常事件的发生过程。通过编程，模拟视频监控系统自动识别并响应报警信号，启动设定的多功能调用程序，完成诸如声光电报警、启动录像设备、切换视频图像到指定监视器、调整前端摄像机监视报警点（预置摄像点）和启动自动巡游路径监视报警区域等一系列特殊功能，并自动生成报警日志，以备日后查询或打印。授权用户可对发生的报警信号进行处理（清除、复位等），模拟视频监控系统自动生成与处理相关的日志文件。模拟视频监控系统中的子系统报警管理系统具有布/撤防功能，并可界定白天工作或夜间工作，根据设定的时间界限自动切换工作模式。当办公地处于正常的工作和午休时间时，设定为白天模式，模拟视频监控系统将忽略处于公共场所的自动报警信号，当办公地处于夜间模式时，模拟视频监控系统随时响应任何报警信号。

（4）视频处理功能。在模拟视频监控系统中，子系统模拟硬盘录像系统中央控制主机（含视频图像处理卡），与视频矩阵切换器的输出相连，可通过软件调用或显示视频、图像。在平面图上摄像机图标处点击鼠标，即可切换到该摄像机的图像，操作起来非常直观，无须记忆摄像机的编号和所在位置。视频窗口可全屏显示或任意缩放，可放置在屏幕任何位置。在视频窗口可随时进行视频、图像存储，用鼠标点击工具栏中"抓拍"的快捷键，即可将当前视频窗口的图像以图片的方式压缩后存储在计算机硬盘中，以备日后查询或打印输出。

（5）编程控制功能。在模拟视频监控系统中，利用模拟硬盘录像系统中央控制主机提供的功能菜单，可实现多功能调用、预置摄像点、自动巡游路径、开闭式辅助输出控制等一系列编程设置，实现视频顺序切换、视频分组切换、调用前端摄像机监视预置摄像点、启动自动巡游路径、调用多功能调用程序启动录像机等一系列自动功能。模拟硬盘录像系统也可以采取手动操作方式，利用鼠标实现前端球形一体化无级变速高速云台，以及其他常规云台的控制，跟踪被监视对象，达到实时跟踪监视可疑目标的目的。在操纵控制窗口上用鼠标点击模拟操纵杆的不同位置，即可控制该云台向相应的方向转动，且云台转动的速度与鼠标点击的位置距中心点的距离成正比，点击的位置距中心点越远，前端云台转速越高（适用于球形一体化无级变速高速云台）。

（6）系统的保密性和用户管理功能。模拟视频监控系统中央控制主机的全部管理和控制工作，能够以多任务的方式在后台运行，无须人为干预，非授权用户无法进入系统操纵控制界面。授权的合法用户可对系统配置进行修改，包括系统平面图的绘制和修改、视频分组的设置、操纵控制杆控制级别的设置、日志文件的维护、报警信号的处理、系统通信参数的配置等，用于改变每个操作者对系统资源的使用范围和权限，改变其可监视和控制的范围。以上操作只有合法用户使用合法口令登录后方可进行，可绝对禁止或防止其他非法用户操作，具有极好的保密性。

（7）系统控制管理功能。每台多媒体计算机中央控制主机可外接和管理15个操纵控制杆，操纵控制杆可分别配置在若干分控室。模拟视频监控系统可以设定每个分控室中操纵控制杆对前端摄像机的控制范围，任意一个分控室的操纵控制杆均可切换调用、操纵控制设定范围内的任意一台前端摄像机，可以实现系统资源的共享和合理利用。特定分控室的操纵控制杆只能切换调用各自相关区域内的前端摄像机。模拟视频监控系统可以设定每个操纵控制杆监视器输出的控制范围，保证每个操纵控制杆只能切换调用各自分控室内监视器的视频图像。模拟硬盘录像系统中央控制主机具有操纵控制级别判定和管理的功能，可以针对每一台前端摄像机灵活地设定操纵控制级别序列，对于整个系统而言，中心控制室的操纵控制杆具有相对较高的控制级别,但在特定的区域,系统仍可根据需要设定分控室的操纵控制杆具有最高的控制级别,以满足特定区域监视的需要。当2个或2个以上的用户试图同时控制同1个前端云台时,对于该前端云台控制级别相对较高的操纵者自然获得该云台的控制权。

(8)系统扩展功能。模拟视频监控系统可通过开闭式辅助输出扩展器,灵活地控制包括灯光、警号、录像机等设备(包括其他录像设备),进行多路视频、图像的检索、回放。

3. 模拟视频监控系统的设备组成

1)红外半球摄像机

海康威视红外半球摄像机 DS-2CE5582P 如图 7-4 所示。

该红外半球摄像机的主要特性如下。

(1)低照度,0.01 Lux @(F1.2,AGC ON),0 Lux with IR,支持 ICR 红外滤片式自动切换,具有自动彩转黑功能,可实现昼夜监控。

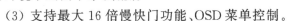

图 7-4　海康威视红外半球摄像机 DS-2CE5582P

(2)自适应数字降噪,2D-DNR 和 3D-DNR 可确保多种环境下画面干净、细腻。

(3)支持最大 16 倍慢快门功能、OSD 菜单控制。

(4)支持智能 SMART IR 功能,能有效防止近距离红外过曝问题。

(5)采用矩阵光斑透镜匹配传感器区域,大幅提高了光能利用率。

2)红外球机

海康威视红外球机 DS-2AF4262 如图 7-5 所示。

该红外球机的主要特性如下。

(1)采用高性能 CCD、精密电机驱动,精度偏差小于 0.1°,在任何速度下图像无抖动。

(2)支持 RS485 控制下对 HIKVISION、Pelco-P/D 协议的自动识别。

(3)支持三维智能定位功能,支持断电状态记忆功能,支持 3D-DNR 降噪。

图 7-5　海康威视红外球机 DS-2AF4262

(4)支持自动光圈、自动聚焦、自动白平衡、背光补偿和低照度(彩色/黑白)自动/手动转换功能,支持隐私遮蔽。

(5)云台功能:水平方向 360°连续旋转,垂直方向 −2°~90°自动翻转,无监视盲区;水平预置摄像点速度最高可达 200°/s,垂直预置摄像点速度最高可达 120°/s,水平键控速度为 0.1°/s~200°/s,垂直键控速度为 0.1°/s~120°/s。

(6)支持 256 个预置摄像点和守望功能、报警功能。

3)彩色转黑白摄像机

海康威视彩色转黑白摄像机 DS-2ZMA2304P(N)如图 7-6 所示。

该彩色转黑白摄像机的主要特征如下。

(1)采用 1/3 型行间转移 CCD,23 倍光学变倍,焦距为 4~92 mm;支持 ICR 红外滤片式自动切换,具有自动彩转黑功能,可实现昼夜监控;聚焦速度快,聚焦准确度高,变焦时间最短为 3 s;图像信噪比高,画面干净,画质好。

(2)采用完全自主知识产权的自动聚焦、自动曝光算法,支持中文/英文 OSD 菜单;采用标准接口,便于二次开发。

彩色转黑白摄像机主要用于地下停车场。

4)轿厢专用摄像机

海康威视轿厢专用摄像机 DS-2CS54A1P-IRS 如图 7-7 所示。

该轿厢专用摄像机的主要特征如下。

(1) 分辨率为 700 TVL,图像清晰、细腻,内置 microphone,支持 1 路音频输出。

(2) 低照度,0.1 Lux @ (F1.2,AGC ON),0 Lux with IR。

(3) 支持 ICR 红外滤片式自动切换,具有自动彩转黑功能,可实现昼夜监控。

(4) 支持 OSD 菜单控制,适合客户自定义设置。

(5) 三轴旋转,可靠性高。

图 7-6　海康威视彩色转黑白摄像机
DS-2ZMA2304P(N)

图 7-7　海康威视轿厢专用摄像机 DS-2CS54A1P-IRS

5)抗逆光枪式摄像机

海康威视抗逆光枪式摄像机 DS-2CC9A7P-A 如图 7-8 所示。

该抗逆光枪式摄像机的主要特性如下。

(1) 采用 SONY 公司生产的高性能 CCD,分辨率为 700TVL,图像清晰、细腻。

(2) 低照度。彩色:0.001 Lux@(F1.2,AGC ON),0.000 1 Lux@(F1.2,AGC ON,感光度×512)。黑白:0.000 1 Lux@(F1.2,AGC ON),0.000 0 1 Lux @(F1.2,AGC ON,感光度×512)。

图 7-8　海康威视抗逆光枪式摄像机
DS-2CC9A7P-A

(3) 支持 ICR 红外滤片式自动切换,具有自动彩转黑功能,可实现昼夜监控。

(4) 支持宽动态范围大于 75 dB,适合逆光环境监控。

(5) 支持 OSD 菜单控制,适合客户自定义设置,支持 3D-DNR 降噪。

(6) 支持 SMART IR 技术,支持数字防抖、放大、智能除雾功能。

(7) 支持同轴视控(Pelco-C 协议)功能,兼容标准 Pelco-C 同轴控制设备。

(8) 支持自动光圈功能(直流驱动)、方便的背焦调节方式。

6)红外一体枪式摄像机

海康威视红外一体枪式摄像机 DS-2CD864-E15(B) 如图 7-9 所示。

该款红外一体枪式摄像机的主要特性如下。

图 7-9　海康威视红外一体枪式摄像机 DS-2CD864-E15(B)

（1）采用 1/3″ Progressive Scan CMOS。

（2）采用第三代点阵红外技术，采用长晶工艺及封装方式，晶片的光电转换效率达到 99%；全铝基板设计，热电分离，散热好。

（3）发光均匀。

（4）采用韩国进口单板机 IR 小镜头，有立体感，不弯曲，不变形。

（5）采用精细制作的水晶滤光片，使图像噪声大幅度减小，白天色彩还原真实，夜晚红外灯开启，图像细腻；软件设计具有灵活性，方便客户定制；采用黏性超强的防水圈，外壳做工精细，完全解决了进水、起雾问题。

海康威视红外一体枪式摄像机 DS-2CD864-E15(B) 的具体参数如表 7-2 所示。

表 7-2　海康威视红外一体枪式摄像机 DS-2CD864-E15(B) 的具体参数

成像器件	1/ 3″ Progressive Scan CMOS		镜头	固定镜头 6.0 mm
图像像素	130 万像素		IR 红外灯规格	φ5 mm×36 个
水平解析度	540 线		红外照射距离	50 m
最低照度	0.01 Lux @(F1.2,AGC ON),0 Lux with IR			
信噪比	≥60 dB		防水等级	IP66
自动电子快门	1/25～1/100 000 s		电源供应	DC12 V;±10%/PoE
工作温度	−25～60 ℃			
尺寸	85.5 mm×83 mm×165 mm		质量	1 000 g(含支架)

7）视频矩阵

海康威视视频矩阵 DS-C50B1616H 如图 7-10 所示。

视频矩阵符合 SMPTE 标准，可以支持 SD/HD/3G SDI 信号的接入、传输和切换，如可以支持 720P/1080P 高清 SDI 视频信号的接入、传输和切换。单台设备的视频矩阵支持 256 进 16 出。

图 7-10 所示视频矩阵的主要特性如下。

（1）支持 720P、1080P、1080I 多种 SDI 视频信号的接入、传输和切换。

（2）支持灵活配置矩阵的输入/输出通道数量，输入通道数最大可支持 256 路，输出通道数支持 16 路；矩阵之间支持 SDI 信号级联，满足更大规模监控中心的需求。

图 7-10　海康威视视频矩阵 DS-C50B1616H

（3）支持 SDI 信号一对一和一对多的输入/输出关系。

（4）支持与计算机或各种远端控制设备配合使用，系统接受串口控制，配备了多套串口指令，兼容主流矩阵的串口指令集。

（5）支持多个场景模式的轮巡切换。

（6）支持网络控制、SADP 协议和网络升级；支持 RS232 双串口控制。对于 SDI 信号，串口控制、网络控制二选一。

（7）具有可靠性高的冗余电源,可确保视频矩阵持续稳定运行(冗余电源 8U 可选,7U 为标配)。

8）操作键盘

操作键盘如图 7-11 所示。

图 7-11　操作键盘

9）硬盘录像机

大华硬盘录像机 DS-DVR5816-S 如图 7-12 所示。

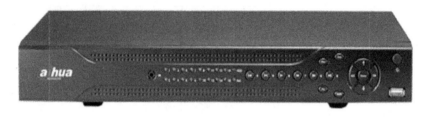

图 7-12　大华硬盘录像机 DS-DVR5816-S

该硬盘录像机的主要产品特征如下。

（1）支持 1080P 高清预览,支持 TV、VGA、HDMI 同步输出,支持配额录像、多路录像同步回放,支持标签回放,支持矩阵、环通输出,支持大华 DDNS 动态域名解析。

（2）采用嵌入式 Linux 操作系统。

（3）视频参数:图像编码标准为 H.264,编码分辨率为 960H/D1/2CIF/CIF/QCIF;实时视频帧率 PAL 为 1～25 帧/秒;视频码率为 32～2 048 kbit/s,可自定义,最大为 3 072 kbit/s。

（4）码流类型:视频流/复合流(双码流),支持音频参数,编码标准为 G.79A。

（5）音频采样率为 6 kHz;音频码率为 64 kbit/s;视频输入参数为 16 路 BNC 接口(电平:1 Vp-p,阻抗为 75 Ω)。

（6）视频输出:1 路模拟视频 BNC 接口(1 Vp-p,75 ohms);1 路 VGA 输出;1 路 HDMI 输出。

（7）支持矩阵输出,1 路 BNC 接口,支持多画面同时输出显示。

（8）音频输入:支持 16 路音频输入,BNC 接口(电平:200～3 000 mV。阻抗:10 kΩ)。音频输出:支持 1 路 BNC 接口(电平:200～3 000 mV。阻抗:5 kΩ)。

（9）语音对讲输入:1 路 BNC 接口(电平:200～3 000 mV。阻抗:10 kΩ)。

（10）录像方式:手动录像、动态检测录像、定时录像、报警录像,支持 4 路 960H 实时同步回放。

（11）存储和备份方式:支持使用硬盘、刻录机、U 盘存储和备份。

（12）报警。报警输入:16 路报警输入、低电平有效,绿色接线柱接口。报警输出:3 路报警输出(其中包含一个可控 DC+12 V 输出),DC30 V 1 A,AC125 V 0.5 A(联动输出)。

（13）硬盘:支持 8 个 SATA 接口,1 个 eSATA 接口;每个接口最大支持 4 TB 容量硬盘。

（14）接口。网络接口:1 个 RJ45 接口,10/100/1 000 M 自适应。RS485 接口:1 个标准 485 接口,绿色接线柱接口。RS232 接口:1 个标准 232 接口,DB9。USB 接口:3 个 USB 2.0 接口。

（15）电源:220 V±10%,50 Hz±2%。功耗:≤25 W(不带硬盘)。工作温度:0~+55 ℃。工作湿度:10%~90%。尺寸:440 mm(宽)×460 mm(深)×89mm(高)(2U 高度)。质量:6.5~7.5 kg(不含硬盘)。

（16）安装方式:台式安装、机架安装。

10）光端机

光端机一般是由发送端和接收端组成的。发送端与接收端配套使用。光端机 DS-3V16 如图 7-13 所示。

该光端机为一款增强型视频光端机,专为远距离光纤传输 HDTVI 高清复合视频而设计,采用非压缩数字编码和高速光电转换技术,支持同轴视控功能,使用单模单纤传输 16 路 720P 或 1080P 百万像素级 HDTVI 高清视频,具有传输无延时、画质无损伤、控制简便的优点。

11）视频分配器

16 路视频分配器如图 7-14 所示,它可实现一路视频输入,多路视频输出的功能,可在无扭曲或无清晰度损失的情况下观察视频输出。通常,视频分配器除提供多路视频输出外,还兼具视频信号放大功能,故也称为视频分配放大器。视频分配器的作用是将光端机接收端接收到的信号和发送端发送的信号分别送至硬盘录像机和视频矩阵。

图 7-13　光端机 DS-3V16

图 7-14　16 路视频分配器

12）机柜

机柜(见图 7-15)根据实际情况计算容量。

13）操作台

操作台前面板可安装显示器,台面上部可安装键盘、鼠标、电话等设备,台面下部可放置主机和其他设备。操作台可根据用户需求增加转角设计。图 7-16 所示操作台是应客户方需求而设计的三联操作台。

图 7-15　机柜

图 7-16　操作台

7.3.4　网络视频监控系统的组成及工作原理

IP 网络视频监控系统拓扑图如图 7-17 所示。

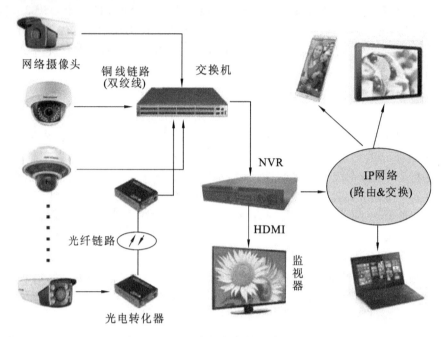

图 7-17　IP 网络视频监控系统拓扑图

1. 网络视频监控系统的组成

网络视频监控系统是运用现代化科学技术建设的小区安全防范体系,是一种主要以预防和监视为主的内部封闭型监控管理网络。它可在规定范围内通过有线方式传输各种图像信号,实行远距离监控,及时发现并处理问题。

网络视频监控系统主要由前端数字信息采集压缩处理设备、网络传输部分、后端控制和处理设备三个部分构成。网络视频监控系统的工作流程如图 7-18 所示。

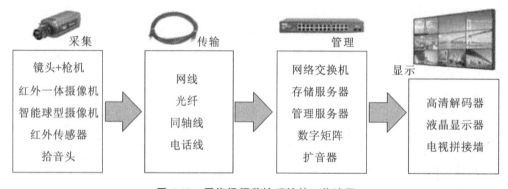

图 7-18　网络视频监控系统的工作流程

前端数字信息采集压缩处理设备包括:PC 式 DVR、嵌入式 DVR、视频服务器和网络摄像机等。

网络传输部分主要包括各种不同的电信数据传输介质,如 ADSL、专用光纤等。

后端控制和处理设备主要有控制服务器、管理中心软件、存储服务器、流媒体转发服务器、系统客户端等。

前端数字信息采集压缩处理设备主要完成信息的编码,网络传输部分对系统功能没有太大的影响,只会对传输效果产生影响,而所有对前端数字信息采集压缩处理设备的操作、参数设置、报警上报处理,包括后期的分析处理都是由后端控制和处理设备完成的。后端控制和处理设备体现整个系统功能最主要的方面,一些增值服务大多数都是由后端软件来实现的,所以后端软件是整个系统中非常重要的核心元素。

在信息传输中,图像信息是占用带宽的最主要的元素。近年来,视频服务器、网络摄像机等绝大多数都采用了先进的数字压缩技术,可使传输带宽更小、存储要求更低,以弥补因网络带宽不足和存储要求过高而导致的缺陷。网络视频监控系统由于具有开放性的特点,布线简便,性能可靠,近年来逐渐受到安防工程商的青睐,特别是在一些环境条件较为恶劣和开阔的地方(如油库、电力、边防、城区、智能大楼、智能小区、学校等),更显示了它独特的魅力。

从硬件方面来讲,各生产厂商均采用一些传统的压缩芯片作为网络摄像机的核心元件,各家的网络摄像机没有太大的区别,而外部的网络环境也不是各生产厂商可以左右的。因而从某种意义上说,与网络摄像机产品配套的网络视频监控系统管理软件在很大程度上体现了网络摄像机产品的整体性能。

2. 网络视频监控系统的应用特点

从目前的后端控制和处理设备来看,基于网络架构的网络视频监控系统逐渐呈现以下的一些特征。

(1)具有人性化、易于操作的用户界面及接口。

我们发现,在以往的一些安防系统中专业术语较多,影响了一部分普通用户的使用。所以设计网络视频监控系统时需要简化用户操作,使用户的操作图形化更直观,应确保即使是从未接触过的用户都能快速上手。例如:采用一些操作向导模式、采用友好的提示、用快捷工具栏替代鼠标右键、减少菜单的级数等,都可以在很大程度上增强系统的友好度。

(2)具有灵活、适应性强、易于升级扩展的模块化结构。

(3)网络视频监控系统管理软件具有较强的灵活性,既可满足小型监控项目的简单需求,又可轻松地使系统升级为大中型集中网络视频监控系统。网络视频监控系统管理软件通过不同功能模块的组合可以适应不同规模的网络视频监控系统。例如:根据实际应用需求在管理视频控主程序的基础上增加集中资源管理、数字矩阵(电视墙)、网络电话、报警服务、集中存储或流媒体转发等组件,即可将网络视频监控系统升级为全功能大型网络视频监控系统。另外,网络摄像机产品支持 QCIF 到 D1 的不同分辨率的录像格式,也可满足不同行业对不同画质的需求。

(4)具有强大的集中管理功能。

网络视频监控系统通过系统管理软件可以对网络中的数字硬盘录像机、嵌入式 DVR、视频服务器、网络摄像机等产品进行远程统一的参数配置、远程视频控制、远程主机工作状态检测、报警上报等集中管理(如远程布/撤防、多级电子地图以及网络虚拟矩阵等),真正做到"坐镇于中心,掌控千里之外"。

(5)具有完善的用户管理系统。

网络视频监控系统采用完善的集中用户验证管理模式,采用优先级及冲突检测机制,以满足多用户的监控、管理需求。此外,网络视频监控系统可通过流媒体视频转发这样的服务来解决带宽、内外网和多用户访问的冲突,有效地利用网络带宽。

（6）集中存储与检索功能。

录像文件资料的集中存储和分散存储对于不同的监控应用来说各具优势。就网络摄像机产品来讲,集中存储是必不可少的,而对于存储介质、存储方式、存储容量及可靠性来说,集中存储也是目前各存储设备供应商面临的一个问题。另外,录像数据资料的安全、冗余备份等问题也是各存储设备供应商必须考虑的。

网络视频监控系统管理软件可以根据实际需求实现集中存储和分散存储,对集中存储和分散存储的数据进行统一检索,对重要数据集中进行再次备份,在完成系统内所有数据统一检索的同时还可以对数据进行智能搜索、标注、分析和处理。

（7）兼容性及扩展功能。

用户的项目中往往存在不同时期装备的多种监控系统平台,而由于每个硬件生产厂商没有标准统一的接口,压缩格式也互不相同,这就要求网络视频监控系统管理软件能够尽可能地兼容多家生产厂商的硬件,从而最大限度地利用客户现有资源减少重复投资。不同的行业对于网络视频监控系统管理软件应用功能扩展的需求也是不同的。例如:公安城市监控要求它具备人像识别功能;金融行业监控通常可能要求它具备卡号识别或计数叠加等功能;超市卖场监控可能又会要求它具备人流量统计等功能。此外,网络视频监控系统往往需要同用户的门禁、对讲、考勤和报警等系统联动。所以网络视频监控系统管理软件应提供完备的扩展功能接口,以供用户二次开发或多系统的联动。

专业化、人性化的网络视频监控系统管理软件从软件功能、可操作性、兼容性等方面直接影响集中网络视频监控系统的应用。我国对软件产业的战略意义认识不足,长期以来软件的重要性被社会忽略,在各个安防行业的信息化建设中,普遍存在着"重硬轻软"的现象。加之安防行业的不良性竞争,导致大量的安防软件行业人才流失。一些项目由于没有专业化的系统软件支持,白白浪费硬件资源,牺牲功能,出现达不到设计要求的尴尬情景,使投资回报大打折扣。

3．网络视频监控系统的工作原理图

网络视频监控系统的工作原理图如图 7-19 所示。

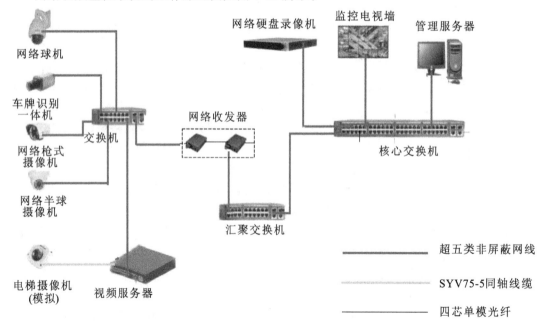

图 7-19　网络视频监控系统的工作原理图

7.3.5　网络视频监控系统的设备

1. 红外筒型网络摄像机

海康威视红外筒型网络摄像机 DS-2CD2T10D 如图 7-20 所示。用于安装红外筒型网络摄像机 DS-2CD2T10D 的短壁装支架 DS-1292ZJ 如图 7-21 所示。

图 7-20　海康威视红外筒型网络摄像机　　　图 7-21　用于安装红外筒型网络摄像机 DS-2CD2T10D
　　　　　　DS-2CD2T10D　　　　　　　　　　　　　　　的短壁装支架 DS-1292ZJ

红外筒型网络摄像机 DS-2CD2T10D-I5/I8/D 的主要特征如下。

(1) 为 130 万 1/3″CMOS 红外防水 ICR 日夜型红外筒型网络摄像机。

(2) 最高分辨率可达 1 280×960@ 30 fps,在该分辨率下可输出实时图像。

(3) 支持双网口,一进一出,实现最多 4 个摄像机串联组网。

(4) 支持根据 GB/T 28181—2016 接入,支持 EHOME 平台接入,支持 EZVIZ 平台接入。

(5) 支持 NAS、Email、FTP、NTP 服务器测试。

(6) 支持 HTTPS、SSH 等安全认证,支持创建证书。

(7) 支持用户登录锁定机制,及密码复杂度提示。

红外筒型网络摄像机适用于道路、仓库、地下停车场、酒吧、管道、园区等光线较暗或无光照且要求高清画质的场所。

2. 日夜型半球网络摄像机

日夜型半球网络摄像机 DS-2CD2310F 如图 7-22 所示。

日夜型半球网络摄像机 DS-2CD2310F(D)-I(S)的主要特征如下。

(1) 采用 70 万 1/3″CMOS-ICR,最高分辨率可达 1 280×960 @ 30fps。

(2) 采用 EXIR 点阵式红外灯技术,照射距离可达 30 m。

(3) 内置麦克风,支持 Micro SD/SDHC/SDXC 卡(64 GB)本地存储。

(4) 支持 3D-DNR 降噪,支持 PoE 供电,支持多种智能报警功能。

(5) 支持走廊模式、背光补偿、数字宽动态、自动电子快门功能。

日夜型半球网络摄像机适用于室内光线较暗或无光照且要求高清画质的场所。

3. 电梯摄像机

电梯摄像机 DS-2CS54A1P-IRS 如图 7-23 所示。

该款电梯摄像机的主要特征如下。

(1) 分辨率:700 TVL。低照度:0.1 Lux@(F1.2,AGC ON),0 Lux with IR。

(2) 支持 ICR 红外滤片式自动切换,具有自动彩转黑功能,可实现昼夜监控。

(3) 支持 OSD 菜单控制、三轴旋转、内置麦克风。

图 7-22　日夜型半球网络摄像机 DS-2CD2310F　　图 7-23　电梯摄像机 DS-2CS54A1P-IRS

图 7-24　红外网络高清球机
DS-2DC5120IW-A

4. 红外网络高清球机

红外网络高清球机 DS-2DC5120IW-A 如图 7-24 所示。

红外网络高清球机 DS-2DC5120IW-A 的功能如下。

(1) 支持最大 1 280×960@60fps 高清画面输出。

(2) 支持 H.265 高效压缩算法,可节省存储空间。

(3) 支持 20 倍光学变倍、16 倍数字变倍。

(4) 采用高效红外阵列,低功耗,照射距离达 150 m。

(5) 水平方向 360°连续旋转,垂直方向-15°～90°自动翻转;支持 300 个预置摄像点、8 条巡航扫描、4 条花样扫描。

(6) 支持最大 128 GB 的 Micro SD/SDHC/SDXC 卡存储。

5. 出入口一体机

出入口一体机 EVU-271-TK(M)如图 7-25 所示。

该出入口一体机的主要特性如下。

(1) 采用 140 万 1/3″逐行扫描 CCD 出入口补光抓拍单元,最大分辨率可达 760×1 024,帧率高达25 帧/秒;外置 3 颗 LED 补光灯,集补光、抓拍于一体。

(2) 具有丰富的接口类型,可直接控制道闸开/关、外接报警设备、LED 显示屏、音频输入/输出等。

图 7-25　出入口一体机 EVU-271-TK(M)

(3) 内置车牌识别、车型识别算法,且准确率高。

(4) 支持线圈触发、视频触发、线圈结合视频触发等多种触发模式。

(5) 低照度,色彩还原度高。

出入口一体机布局如图 7-26 所示。

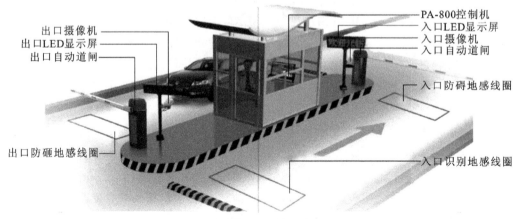

出口摄像机
出口LED显示屏
出口自动道闸

PA-800控制机
入口LED显示屏
入口摄像机
入口自动道闸
入口防碍地感线圈

出口防砸地感线圈

入口识别地感线圈

图 7-26　出入口一体机布局图

6. 高清网络录像机

高清网络录像机 DS-8608/8616/8632N-E8 如图 7-27 所示。

图 7-27 高清网络录像机 DS-8608/8616/8632N-E8

新一代高清网络摄像机融合了多项专利技术,采用了多项 IT 高新技术,如视音频编解码技术、嵌入式系统技术、存储技术、网络技术和智能技术等。

DS-8600N-E8 系列高清网络录像机可广泛应用于金融、公安、部队、电信、交通、电力、教育、水利等领域的安全防范。其功能特性如下。

(1) 可接驳符合 ONVIF、PSIA、RTSP 标准及众多主流生产厂商的网络摄像机。

(2) 最大支持 600 万像素高清网络视频的预览、存储与回放。

(3) 支持 IPC 集中管理,包括 IPC 参数配置、信息的导入/导出、语音对讲等功能。

(4) 支持 HDMI 与 VGA 同源输出,输出分辨率最高均可达 1 920×1 080。

(5) 全新的 UI 操作界面,支持一键开启录像功能。

(6) 支持冗余录像和假日录像。

(7) 支持 SMART IPC 越界、进入区域、离开区域、区域入侵、徘徊、人员聚焦、快速移动、非法停车、物品遗留、物品拿取、人脸、车牌、音频输入异常、声强突变、虚焦以及场景变更等多种智能侦测接入与联动。

(8) 支持智能搜索、回放及备份功能,有效提高了录像检索与回放的效率。

(9) 支持即时回放功能,在预览画面下对指定通道的当前录像进行回放,并且不影响其他通道预览。

(10) 支持最大 16 路 4CIF 实时同步回放和多路同步倒放。

(11) 支持标签定义,录像文件查询、回放。

(12) 支持重要录像文件加锁保护功能。

(13) 支持硬盘配额和硬盘盘组存储模式,可对不同通道分配不同的录像保存容量或周期。

(14) 支持 8 个 SATA 接口。

(15) 支持远程零通道预览,使用 1 路零通道编码视频,预览多通道分割的视频画面,在充分获取监控图像信息的同时节省网络传输带宽。

(16) 支持网络检测(网络流量监控、网络抓包、网络资源统计)功能。

(17) 支持海康威视 DDNS 域名解析系统。

7. 视频服务器

视频服务器 DS-6410HD-T/RTH 如图 7-28 所示。

视频服务器 DS-6410HD-T/RTH 的视音频解码器是专为高清网络视频监控系统的部署与管理而设计的网络解码器。视频服务器 DS-6410HD-T/RTH 基于 TI Netra 处理器,采用嵌入式 Linux 操作系统,运行稳定、可靠。

图 7-28　视频服务器 DS-6410HD-T/RTH

　　视频服务器 DS-6410HD-T/RTH 支持高清 800 万及以下分辨率的网络视频的解码,支持 DVI-I、VGA、HDMI、BNC 接口解码输出,支持多种网络传输协议、多种码流的传输方式,可为大型电视墙解码服务提供强有力的支持。

　　海康威视主流视频服务器的功能特性如下。

　　(1) 具有强大的解码显示能力。

　　(2) 支持畅显功能。

　　(3) DS-6401HD-T 支持 HDMI、VGA、BNC3 种输出接口。

　　(4) DS-6404HD-T、DS-6408HD-T、DS-6410HD-T/RTH、DS-6412HD-T、DS-6416HD-T 支持 DVI(可以转 HDMI 或者 VGA)、BNC2 种输出接口。

　　(5) DVI、HDMI、VGA 输出分辨率最高均支持 1 920×1 080。

　　(6) 支持 H.264、MPEG4、MPEG2 等主流的编码格式。

　　(7) 支持 PS、RTP、TS、ES 等主流的封装格式。

　　(8) 支持 H.264 的 baseline、main、high-profile 编码级别。

　　(9) 支持 G.722、G.79A、G.726、G.79U、MPEG2-L2、AAC 音频格式的解码。

　　(10) DS-6401HD-T 支持 1 路 800 万,或 2 路 500 万,或 3 路 300 万,或 4 路 1080P,或 8 路 720P,或 16 路 4CIF 及以下分辨率。

　　(11) DS-6410HD-T/RTH 支持 5 路 800 万,或 10 路 500 万,或 15 路 300 万,或 20 路 1080P,或 40 路 720P,或 80 路 4CIF 及以下分辨率。

　　(12) DS-6416HD-T 支持 1×2、1×3、1×4、2×1、2×2、2×3、2×4、2×5、3×2、3×3、3×4、3×5、4×2、4×3、4×4、5×2 的大屏拼接。

　　(13) 支持接入 VGA、DVI 信号实现上墙显示(仅 DS-6404HD-T、DS-6408HD-T、DS-6410HD-T/RTH、DS-6412HD-T、DS-6416HD-T 支持)。

　　(14) 支持主动解码和被动解码两种解码模式。

　　(15) 支持远程录像文件的解码输出。

　　(16) 支持 HiDDNS 功能;支持语音对讲。

　　(17) 支持通过直连前端设备的方式解码上墙和通过流媒体转发的方式解码上墙。

　　(18) 支持零通道解码、本地源、流 ID 模式取流解码、HiDDNS 取流解码。

　　(19) 支持使用 URL 方式从编码设备取流解码。

　　(20) 支持透明通道传输,可远程控制 DVR 或 DVS 上连接的云台。

　　(21) 支持智能模式。

8. 核心交换机

核心交换机如图 7-29 所示。

9. 液晶监视器

液晶监视器 DS-D5022FL 如图 7-30 所示。

图 7-29　核心交换机

图 7-30　液晶监视器 DS-D5022FL

该款液晶监视器的功能特性如下。

(1) 支持 8 bit/10 bit 双 LVDS(1 920×1 080)高清显示。

(2) 采用 3D 数字梳状滤波器。

(3) 支持真彩色 OSD 菜单控制,操作菜单人性化。

(4) 采用 Mstar ACE-5 自动彩色及图像增强引擎,改善了图像的对比度、细节、肤色、边缘等。

(5) 采用可编程 12 bit RGB Gamma 校正技术。

(6) 具有完善的工厂设置模式。

(7) 一路 HDMI 1.3 输入接口,HDCP 支持到 1.2。

(8) 支持软件展频技术,可降低 EMI 辐射。

(9) 采用 3D 降噪技术。

(10) 具有专业监视标准 BNC 接口,支持一路 BNC 监控视频输入。

(11) 支持文本、图片、音频、视频等多种格式多媒体播放。

(12) 支持自动亮度调节。

7.3.6　网络视频监控设备的选型

1. 镜头的选配原则

镜头选配表如表 7-3 所示。

表 7-3　镜头选配表

镜 头 大 小	3.6 mm	6 mm	8 mm	12 mm	16 mm	25 mm
监 控 角 度	75.7°	50°	38.5°	26.2°	19.8°	10.6°
监 控 距 离	6 m 左右	10 m 左右	20 m 左右	30 m 左右	50 m 左右	80 m 左右

镜头选配图如图 7-31 所示。

2. 分辨率的选择

高清是指视频的垂直分辨率大于等于 720 线、视频宽纵比为 16∶9 的视频格式。高清视频信号分高清(720P,专业称谓为 HD)和全高清(1080P,专业称谓为 FULL HD)两个级别。720P 以下级别称为标清。

标清是物理分辨率在 720P(1 280×720)以下的一种视频格式 D1/DCIF/CIF。具体来说,标清是指垂直分辨率在 400 线及以下的 VCD、DVD、电视节目等的视频格式,即标准清晰度。

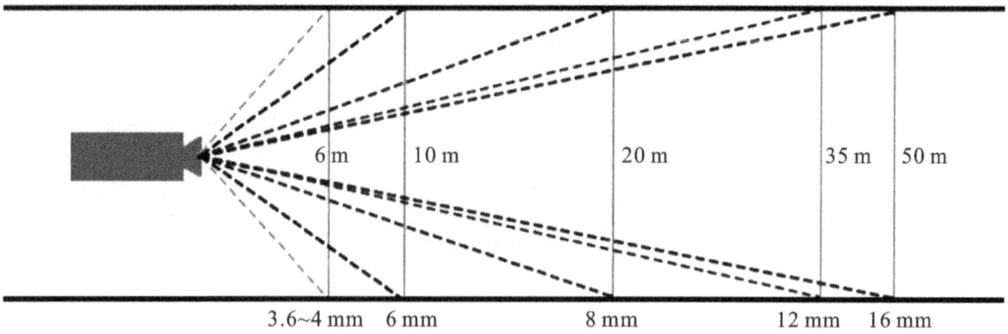

图 7-31　镜头选配图

高清的物理分辨率达到720P(1 280×720) 以上,简称 HD。720P 是指视频的垂直分辨率为 720 线,是高清的入门级标准,720P 电视信号的分辨率相当于 2.5 个 D1 的分辨率。

全高清的物理分辨率最高可达 1 920×1 080,简称 Full HD,分 1080P 和 1080I 两种。全高清显示设备水平分辨率达到 1 080 线。从视觉效果来看,1080P 电视信号为最高规格的电视信号,其图像质量可达到或接近 35 mm 宽银幕电影的水平。1080P 电视信号的图像分辨率相当于 6 个 D1 的分辨率。

(1) 1080P:实际是指分辨率 1 920×1 080,一般都会叫 1080P 或 1080I 为 200 万像素分辨率。

(2) 720P:实际是指分辨率 1 280×720,一般都会叫 720P 或 720I 为百万像素分辨率。

(3) 高清摄像机的规格如下。

① IP(720P)百万像素高清网络半球摄像机。

② IP(1080P)两百万高清网络半球摄像机。

③ IP(720P)百万像素高清网络摄像机。

④ IP(1080P)两百万像素高清网络摄像机。

7.3.7　网络视频监控系统的功能

1. 实时监控

(1) 支持 1/4/6/8/9/7/16/20/25/36/64 多分屏画面显示。

(2) 支持客户端抓图。

(3) 支持客户端本地录像。

(4) 支持实时监视流畅/实时模式切换。

(5) 支持音频监听开关。

(6) 支持从设备树上拖动摄像头到视频窗口打开一个画面。

(7) 支持拖动设备或组织节点打开其所属的所有通道。

(8) 支持关闭当前窗口/关闭摄像头/关闭所有窗口操作。

(9) 支持将当前监视保存为任务。

(10) 支持将当前监视计划任务发送到电视墙。

(11) 支持鼠标模拟键盘摇杆。

2. 监控任务/计划

(1) 支持监视任务/计划的创建、编辑、修改。

（2）支持按计划执行任务。

（3）支持暂停/恢复计划/任务。

（4）支持计划/任务的导入、导出。

（5）支持程序启动、自动执行计划/任务。

3. 录像回放

（1）支持录像查询/回放；支持从前端设备/中心平台，查询一天的录像，提供图像化和列表两种方式显示查询结果；支持单路回放；支持多路回放，最大可以同时四路回放；支持在时间条上双击回放；支持录像列表中选择多个文件连续回放。

（2）支持报警录像查询/回放。

（3）支持指定报警源、类型和时间段，查询出报警信息列表回放界面；支持单击报警信息查询出关联的录像；支持选择报警录像进行回放，支持依次在窗口上打开报警录像，最大支持四路同时回放。

（4）支持录像下载。

（5）支持显示下载列表；支持按时间下载；支持取消下载操作；支持下载文件自动命名。

（6）支持播放控制。

（7）支持暂停操作；支持播放操作；支持停止播放操作；支持 2/4/8 倍速快放；支持 1/2、1/4、1/8 倍速慢放；支持本地录像播放；支持播放过程中抓图；支持播放前一帧（本地录像文件回放有效）；支持播放下一帧；支持播放下一个文件（当录像文件连续回放时有效）；支持播放本地录像文件；支持静音切换；支持音量控制。

（8）支持在下载列表与回放窗口之间切换。

（9）支持打开录像下载路径。

（10）支持录像类型选择显示。

（11）支持图像化界面。

4. 报警预案配置

（1）支持报警预案配置、修改、删除。

（2）支持同时 6 条报警预案配置和自动执行。

（3）支持单个报警预案配置。

（4）支持全局报警预案配置。

（5）支持自定义报警预案名称；支持循环播放提示音；支持将信息窗口中的信息转为已读；支持新报警自动覆盖前一个报警；支持报警联动视频是否自动选择窗口；支持配置报警提示音和是否在信息窗口显示。

（6）支持按类型布/撤防，在对某种类型撤防的情况下，所有该类型的报警都将被忽略；支持按设备布防，支持对设备指定通道进行布防，在对应类型布防的情况下，此布防才有效；支持联动策略；支持指定报警源，可以选择不在报警信息窗口显示报警源，支持禁用提示音，支持选择自身独有的提示音。

5. 本地设置

（1）支持语言显示，可显示当前版本语言。

（2）支持本地设置。

（3）支持起始画面选择；支持恢复上次运行的监控任务；支持启动后进入最小化模式；支持开机自动运行；支持设备树上隐藏没有设备节点的组织结构节点的功能（重启后生效）；

支持选择媒体数据传输协议；支持录像和抓图的存放路径设置；支持切换是否直连设备进行监视和回放（重启后生效）。

(4) 支持密码修改。

(5) 支持系统退出。

6. 设备树

(1) 支持按组织结构、IP地址、名称显示设备列表。按IP地址或名称显示的设备树不显示解码器节点。

(2) 支持设备节点控制,支持右键菜单提供打开/关闭语音对讲功能。打开对讲后,节点字体呈红色。

(3) 支持右键菜单提供矩阵输出和关闭矩阵输出功能(仅适用于解码器节点)。

(4) 支持矩阵输出、列出当前配置的监控计划和任务,可以将其输出到解码器指定通道,也可以将其输出到解码器的所有通道。

(5) 支持矩阵输出的关闭,可单屏关闭,也可关闭所有通道。

(6) 点击IP地址显示的分页,可以对显示IP地址的设备树进行正序或倒序排列。

(7) 点击设备名称显示的分页,可以对显示设备名称的设备树进行正序或倒序排列。

(8) 支持按组织结构显示设备的报警输出列表。

(9) 支持只显示设备的报警输出通道。

(10) 支持报警输出节点控制、右键提供打开/关闭操作。

7. 云台控制

(1) 支持云台控制锁定功能。

(2) 支持高级用户直接抢夺低级用户的云台控制权。

(3) 支持平级用户或低级用户通过协商方式向云台使用者请求控制权。

(4) 支持鼠标模拟云台控制方向键(视频窗口上的右键菜单也提供此操作)。

(5) 支持三维定位功能。

(6) 支持八方向控制(↑、↓、←、→、↖、↙、↗、↘)。

(7) 支持步长选择。

(8) 支持变倍/聚焦/光圈。

(9) 支持预置摄像点设置、定位。

(10) 支持巡航线设置、启用、停止。

(11) 支持辅助功能,包括灯光、雨刷。

8. 画面分割

(1) 支持1/4/6/8/9/7/16/20/25/36/64画面分割。

(2) 支持全屏切换功能。

9. 电子地图

(1) 支持多级地图。

(2) 支持报警时地图节点闪烁提示。

(3) 支持右键菜单提供即时布/撤防功能。

(4) 支持点击节点打开监视。

(5) 支持前一张/后一张/根地图操作。

(6) 支持缩放地图。

(7) 支持地图移动(可以用鼠标移动地图,也可以使用方向按钮移动地图)。

(8) 支持地图居中显示。

(9) 支持略图,可显示整幅地图,并用矩形框表示当前显示的区域位置(可以隐藏)。

(10) 支持树形展示整个地图的层次结构(可以隐藏)。

10. 颜色调节

支持调整选定窗口的图像参数。

11. 报警联动

(1) 支持界面提供报警输出控制,在显示视频的同时,可以控制其报警输出。

(2) 支持语音对讲控制(上级版本无此功能),在语音对讲打开的情况下,该窗口视频不会被覆盖。

(3) 支持报警排队或覆盖机制。

(4) 点击"下一个"按钮,可以查看下一个报警联动视频。

(5) 支持 9 画面分割切换。

12. 消息提示框

(1) 支持按类别显示报警消息和系统消息(每种类别保留最新的 100 条消息)。

(2) 支持报警发生时用红色字体显示报警消息。

(3) 支持滚动显示最新的未读消息。

(4) 支持右键菜单提供报警确认操作(上级版本无此功能)。

(5) 支持点击一条报警消息进行单条确认。

(6) 支持多选报警消息时进行同时确认。

(7) 支持操作结果可以在管理员端的报警消息中查询。

13. CPU、网络状态

(1) 支持 CPU 占用率状态显示(由低到高分三级,绿/黄/红)。

(2) 支持网络状态(由低到高分三级,绿/黄/红;检测的是操作员与 CMS 之间的网络状态)。

 7.4 知识拓展

云台控制信号线、数据采集器通信信号线或其他监控信号线一般都是 485 线。各信号线在控制柜内都有相应的接线端子。在接线端子前先串入控制信号避雷器再接设备,可以有效地防止浪涌电压对设备的损毁,控制信号避雷器每路加装 1 支。

(1) 等电位连接。监控室内设置一等电位连接母排,该等电位连接母排应与 PE 线、设备保护地等连接到一起,防止危险的电位差。各种控制信号避雷器的接地线应以最直和最短的距离与等电位连接母排连接。

(2) 防雷电波侵入。所有进入监控室的电缆均应埋地引入。金属穿线管在进入机房前应与地网连接。若采用架空线引入室内,则金属吊线或金属物全要接地。

(3) 直击雷防护。监控室所在建筑物应有防直击雷的避雷针、避雷带或避雷网。监控室防直击雷措施应符合 GB 50057—2010 中有关直击雷保护的规定。

(4) 良好的接地是防雷至关重要的一环。接地电阻越小,过电压值越低。当监控中心采用专用接地装置时,接地电阻不得大于 4 Ω。当监控中心采用综合接地网时,接地电阻不得大于 1 Ω。

7.4.1 避雷器

图 7-32　迪舰 DJ-D-3/100M/T 三合一
视频监控避雷器

下面以迪舰 DJ-D-3/100M/T 三合一视频监控避雷器(见图 7-32)为例介绍避雷器。

迪舰 DJ-D-3/100M/T 三合一视频监控避雷器集摄像机电源、视频信号、控制信号、完全保护为一体(集成方式按型号定),采用高能防浪涌元器件,功率大,寿命长,以串联线路设计三级滤压保护,以进口 TVS 雪蹦钳位线路确保低残压,采用特殊的生产工艺、先进的报警技术,外观大方新颖,安装方便,成本低,效果好,性能高,可对各种新型交直流摄像机进行一体化精细 SPD 防浪涌/防雷/避雷/过流/过电压保护。

1) 产品特性

(1) 提供多功能防浪涌过电压精细保护。

(2) 大流量(15～30 kA)、低残压(TVS 雪蹦钳位线路)、高速反应。

(3) 采用视频信号切断技术,可实现全保护。

(4) 低损耗,采用进口插件线对线设计,可实现防线路出错保护。

(5) 交直流电源通用,可实现三级滤压串联保护。

2) 注意事项

(1) 避雷器输出端所有端口均连接被保护设备。

(2) 正负线路不要接反或接错。

(3) 避雷器安装在被保护设备前端 1 m 内,离被保护设备越近越好。

(4) 设备需要定期检查,产品劣化后必须立即更换。

(5) 切记不可带电作业,接地电阻不得大于 4 Ω。

(6) 安装避雷器是防雷工程中的一部分,为了确保安全,必须由具备国家防雷施工资质的工程单位设计、操作。

(7) 避雷器前端需要加装短路装置,以避免避雷器劣化后形成短路引起火灾。

7.4.2　前端设备的防雷

前端设备有室外安装和室内安装两种安装情况。安装在室内的前端设备一般不会遭受直接的雷击,但需要考虑防止雷电过电压对设备的侵害,而室外的前端设备则需要考虑防止直接的雷击。

为防止雷电波沿线路侵入前端设备,应在前端设备前的每条线路上加装合适的避雷器,如电源线(220 V 或 DC12 V)、视频线、信号线和云台控制线。摄像机的电源一般使用 AC220 V 或 DC12 V。摄像机是由直流变压器供电的,单相电源避雷器应串联或并联在直流变压器的前端,若直流电源传输距离大于 15 米,则摄像机端还应串接低压直流避雷器。信号线传输距离远,耐压水平低,极易感应雷电流而损坏设备,为了将雷电流从信号线传导入地,信号过电压保护器须快速响应,在设计信号线的保护时,必须考虑信号传输速率、信号电平、启动电压以及雷电通量等参数。

前端设备如摄像头应置于接闪器(避雷针或其他接闪导体)有效保护范围之内。当摄像机独立架设时,避雷针最好距摄像机 3～4 m。若有困难,则避雷针可以架设在摄像机的支撑杆上,引下线时可直接利用金属杆本身或选用 φ8 mm 的镀锌圆钢。为防止电磁感应,沿杆引上摄像机的电源线和信号线应穿金属管。室外的前端设备应良好地接地,接地电阻小于 4 Ω,高土壤电阻率地区可放宽至小于 10 Ω。

7.4.3 传输线路的防雷

室外摄像机的电源既可从终端设备处引入,也可从监视点附近的电源引入。控制信号线和报警信号线一般选用芯屏蔽软线,架设(或敷设)在前端与终端之间。GB 50198－2011 规定,当传输线路在城市郊区、乡村敷设时,可采用直埋敷设方式。当条件不允许时,可采用通信管道或架空方式。该国家标准还规定了传输线路与其他线路的最小间距和与其他线路共杆架设的最小垂直间距。

从防雷角度来看,采用直埋敷设方式敷设传输线路的防雷效果最佳,架空线缆最容易遭受雷击,并且破坏性强,波及范围广,为避免首尾端设备损坏,采用架空线缆传输时应在每一电杆上做接地处理,架空线缆的吊线和架空线缆线路中的金属管道均应接地。中间放大器输入端的信号源和电源均应分别接入合适的避雷器。传输线缆埋地敷设并不能阻止雷击设备的发生,大量的事实显示,雷击造成埋地线缆故障,大约占总故障的 30％左右,即使雷击在比较远的地方,仍然会有部分雷电流流入电缆。所以,采用带屏蔽层的线缆或线缆穿钢管埋地敷设,保持钢管的电气连通,对防止电磁干扰和电磁感应非常有效。若电缆全程穿金属管有困难时,则可在电缆进入终端和前端设备前穿金属管埋地引入,但埋地长度不得小于 15 m,并在入户端将电缆金属外皮、钢管同防雷接地装置相连。

7.4.4 接地系统的防雷

接地系统应综合考虑各摄像机、监控中心和直击雷防护的地电位反击问题,由于设备比较分散,接地装置可以利用建筑物的自然接地体防雷。对于比较小的安防系统,可以通过采用集中共地,用多股铜线或镀锌扁钢将中控室的地线或其他符合要求的地线引到前端设备处防雷,也可以通过利用传输缆线上的屏蔽钢管做地线防雷,要注意保持良好的电气导通。对于距离比较近的前端设备,可以采用共地等办法防雷。有的摄像机处根本不具备做接地的条件,这种情况也可以在传输缆线进入这个区域之前先加装 SPD 并接地,然后传输线缆穿金属管或用铠装电缆敷设至前端设备,若能埋地敷设,则防雷效果更好。

根据国家有关规范要求,设备单独电源接地电阻要小于 4 Ω,联合电源接地电阻要小于 1 Ω。

在视频监控系统方案设计初期,充分考虑到视频防雷技术的重要性,采取有效的措施,有效降低雷电对设备的损坏,提高系统的安全性,可以起到造福社会的作用。

思考与练习

(1) 视频监控系统由哪几部分组成?分别有什么作用?各自包含哪些设备和器件?
(2) 视频监控系统常用设备和器件有哪些?
(3) 为什么说摄像机是视频监控系统的眼睛?试说明摄像机的工作原理和功能。
(4) 简述视频监控系统的发展历程。为什么说网络视频监控系统是今后监控系统的发展趋势?

（5）详述硬盘录像机的主要功能和特点。

（6）视频监控系统的信号传输方法有几种？

（7）选用视频监控系统设备和器件时，应注意哪些问题？

（8）实训任务：视频监控系统的设计、安装及调试。

【任务要求】

① 理解并掌握视频监控系统设备的性能指标和工作原理。

② 掌握视频监控系统设备的软件操作、参数设置和管理。

【任务材料】

模拟摄像机、网络摄像机、云台、交换机、硬盘录像机、光纤收发器、同轴电缆、光纤等。

【任务步骤】

① 学习视频监控系统的概念、组成、应用。

② 学生分组，以组为单位进行视频监控系统设计论证。

③ 写出论证可行性报告。

④ 选型方案比较，确定方案。

项目 ⑧ 火灾报警与消防联动控制系统

8.1 教学指南

8.1.1 知识目标

（1）了解火灾的特点。

（2）熟悉各类火灾报警探测器的工作原理、特性和基本功能。

（3）掌握火灾报警探测网的组成方法及火灾报警控制器、输入/输出模块、火灾报警探测器等设备的选型方法、安装方法、调试方法。

（4）掌握火灾报警控制器的控制管理方法，初步掌握火灾报警控制器、输入/输出模块、火灾报警探测器等设备组成联动系统的方法。

8.1.2 能力目标

（1）具备进行火灾报警探测网的设计能力，以及选择、安装和调试火灾报警控制器、输入/输出模块、火灾报警探测器等设备的能力。

（2）初步具备设计和控制火灾报警与消防联动控制系统的能力。

8.1.3 任务要求

通过对海湾火灾报警和消防联动控制系统的学习，掌握火灾报警和消防联动控制系统的设计方法、选型方法、安装方法、调试方法。

8.1.4 相关知识点

（1）火灾报警系统工程技术规范。

（2）火灾报警系统常用的探测器、模块、主机等的应用。

（3）火灾报警与消防联动控制系统的组成与实现。

8.1.5 教学实施方法

（1）项目教学法。

（2）行动导向法。

8.2 任务引入

火灾是指由在时间和空间上失去控制的燃烧所造成的灾害。

火是人类从野蛮进化到文明的重要标志。但火和其他事物一样具有两重性：一方面，火给人类带来了光明和温暖，带来了健康和智慧，从而促进了人类物质文明的不断发展；另一方面，火给人带来一种具有很大破坏性的多发性的灾害。随着人们在生产、生活中用火、用电的不断增多，在人们用火、用电的过程中，由于管理不慎、设备故障或者放火等原因，火灾不断产生,火对人类的生命财产构成了巨大的威胁。

以传感器技术、计算机技术和电子通信技术等为基础的火灾报警与消防联动控制系统,是现代消防自动化工程的核心内容之一。该系统既能对火灾发生进行早期探测和自动报警,又能根据火情及时输出联动控制信号,启动相应的消防设施,进行灭火。对于各类高层建筑、宾馆、商场、医院、候机(车、船)楼、电影院、舞厅等人员密集的公共场所、银行、档案库、图书馆、博物馆、计算机房和通信机房和变电站等重要部门,安装火灾报警与消防联动控制系统是必不可少的消防措施。

8.3 相关知识点

8.3.1 火灾报警与消防联动控制系统概述

1. 火灾报警系统

在火灾报警系统(见图 8-1)中,用以发出区别于环境声光的火灾报警信号的装置称为火灾报警装置。火灾警报器就是一种最基本的火灾报警装置,通常与火灾报警控制器组合在一起,它以声光方式向报警区域发出火灾报警信号,以警示人们采取安全疏散、灭火救灾措施。

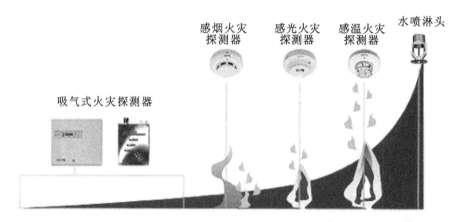

图 8-1 火灾报警系统

火灾报警系统是由探测器件、火灾报警装置以及具有其他辅助功能的装置组成的火灾报警联动系统。它能够在火灾初期,将燃烧产生的烟雾、热量和光辐射等物理量,通过感温、感烟和感光等火灾探测器转变成电信号,传输到火灾报警控制器,并同时显示出火灾发生的部位,记录火灾发生的时间。一般火灾报警系统和自动喷水灭火系统、室内消防栓系统、防排烟系统、通风系统、空调系统、防火门、防火卷帘、挡烟垂壁等联动,能自动或手动发出指令、启动相应的灭火装置。

2. 消防报警系统

在火灾报警系统中,当接收到火灾报警信号后,自动或手动启动相关消防设备及显示其状态的设备,称为消防联动控制设备。

消防联动控制设备主要包括火灾报警控制器,自动灭火系统的控制装置,室内消防栓系统的控制装置,防排烟系统、空调系统、通风系统的控制装置,常开防火门,防火卷帘的控制装置,电梯回降控制装置,以及火灾应急广播设备、火灾报警装置、消防通信设备,火灾应急照明与疏散指示标志的控制装置等控制装置中的部分或全部。

消防联动控制设备一般设置在消防控制中心,以便于实行集中统一控制。也有的消防联动控制设备设置在被控消防设备所在的现场,但其动作信号必须返回消防控制中心,以便实行集中与分散相结合的控制方式。

消防报警系统的基本职责为:消防控制中心对探测回路进行巡测,若某一探测区域内着火,则该处的火灾探测器采集到现场信号,并立即把信号发回消防控制中心的火灾报警控制器,火灾报警控制器对此信号进行判断,若确认着火,则火灾报警控制器向火灾现场发出声光报警信号和火灾应急广播,并有效地通过消防联动控制设备向需要联动的消防设备发出执行信号,并切断非消防电源,消灭初期火灾。

消防报警系统由消防控制中心、探测回路和消防联动控制系统组成。

1）消防控制中心

根据规范,要求消防控制中心采用双电源供电,以确保供电可靠。消防控制中心内的主要设备为火灾报警主机、多线消防联动控制器、总线消防联动控制器、消防电话总机、火灾广播设备、消防联动电源、自备电源等。

从原理上讲,无论是区域火灾报警主机还是集中火灾报警主机,均遵循一样的工作模式,即收集探测源信号→输入单元→自动监控单元→输出单元。火灾报警主机从职能上分为输入单元(即探测系统)和输出单元(即控制系统)两大部分。火灾报警主机的输入单元,是通过信号线与探测回路联络的,它不停地对建筑物里每一个探测区域进行巡测,读取现场信息,并进行数据分析,判断是否有火灾发生。

由于使用环境不同,各火灾探测器使用一段时间后所受污染不同,不可避免地产生了误报的因素。为减少甚至避免上述情况发生,配合智能火灾探测器,火灾报警控制器运用了模糊控制的相关技术,实现了自动测试功能,也就是火灾报警控制器并没有一个固定的报警预设阈值,系统能对探测回路送来的火灾探测参数进行分析、运算,自动去除环境影响,同时火灾报警控制器还具有存储火灾参数变化规律曲线的功能,并与现场采集的火灾探测参数比较,来确定是否报警。

2）探测回路

探测回路包括火灾探测器、手动火灾报警按钮、消火栓按钮、水流指示器和压力开关等。

手动火灾报警按钮在火灾报警系统中是火灾探测器的补充,当火灾报警系统失灵时,主要采用人工手动报警方式向消防控制中心报火警。

3）消防联动控制系统

消防联动控制系统就是前面提到的输出单元。它是向消防设备、非消防设备发出控制信号的,是在对火灾确认后的处理单元。消防联动控制系统的这一职能决定了工作可靠性对它而言是相当重要的。消防联动控制系统工作可靠性的高低,直接关系到消防灭火工作可靠性的高低,直接关系到消防工作灭火工作的成败。

8.3.2 火灾报警与消防联动控制系统硬件

1. 电子编码器

电子编码器 GST-BMQ-2 可对采用电子编码的火灾探测器或模块进行地址号、年号、批次号、灵敏度、类型号的读出和写入,对数字化总线从设备实现灵敏度级别、设备类型、逻辑地址的写入和年号、批次号、序列号、设备类型、灵敏度级别的读出,还可以实现对火灾显示盘地址、灯的总数及每个灯所对应的二次码的写入与读出。电子编码器 GST-BMQ-2 由电

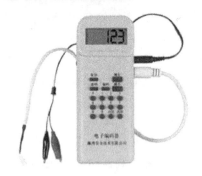

图 8-2 电子编码器 GST-BMQ-2 的外形

源开关、液晶屏、总线插口、显示盘接口（I2C）、操作按键组成。其外形如图 8-2 所示。

2. 点型光电感烟火灾探测器

点型光电感烟火灾探测器 JTY-GD-G3 如图 8-3 所示。它采用红外线散射原理探测火灾，在无烟状态下，只接收很弱的红外光；当有烟尘进入时，在散射的作用下，接收的光信号增强；当烟尘达到一定浓度时，可输出报警信号。

点型光电感烟火灾探测器 JTY-GD-G3 采用电子编码（范围:1～242）。现场编码时,可利用海湾公司的 GST-BMQ-1B 型或 GST-BMQ-2 型电子编码器进行,可以进行地址码的写入和读出。

当空间高度为 8～12 m 时,一个点型光电感烟火灾探测器 JTY-GD-G3 的保护面积,对一般保护场所而言为 80 m²。当空间高度在 8 m 以下时,点型光电感烟火灾探测器 JTY-GD-G3 的保护面积为 60 m²。

点型光电感烟火灾探测器通用底座示意图如图 8-4 所示。底座上有四个导体片,片上带接线端子,底座上不设定位卡,便于调整探测器报警确认灯的方向。布线管内的探测器总线分别接在任意对角的二个导体片上的接线端子上(不分极性),另一对导体片用来辅助固定探测器。待底座安装牢固后,将探测器底部对正底座顺时针旋转,即可将探测器安装在底座上。光电感烟火灾探测器的布线方式为采用穿金属管或阻燃管敷设。

图 8-3 点型光电感烟火灾探测器 JTY-GD-G3

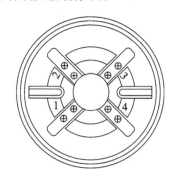

图 8-4 点型光电感烟火灾探测器通用底座示意图

3. 点型感温火灾探测器

点型感温火灾探测器 JTW-ZCD-G3N 采用无极性信号二总线技术,可与海湾公司生产的各类火灾报警控制器的报警总线以任意方式并接。点型感温火灾探测器 JTW-ZCD-G3N 采用热敏电阻作为传感器,当单片机检测到火警信号后,向火灾报警控制器发出火灾报警信息,并通过火灾报警控制器点亮火警指示灯。点型感温火灾探测器 JTW-ZCD-G3N 的外形如图 8-5 所示。

点型感温火灾探测器 JTW-ZCD-G3N 可利用 GST-BMQ-2 型电子编码器进行现场编码。编码时,将电子编码器与探测器的总线端子 Z1、Z2 连接,输入"编码号"后,按"编码"键即完成编码工作。若编码器显示"P",则说明编码成功,反之说明编码错误。

当空间高度在 8 m 以下时,一个点型感温火灾探测器的保护面积,对一般保护现场而言为 20～30 m²。点型感温火灾探测器的通用底座与点型光电感烟火灾探测器的相同。

4. 火灾显示盘 ZF-101

火灾显示盘 ZF-101 是用单片机控制的数字式火灾显示盘,用来显示火灾探测器部位编号并同时发出声光报警信号。火灾显示盘 ZF-101 的外形如图 8-6 所示。它通过总线与通用(集中)火灾报警控制器相连,处理并显示火灾报警控制器传送过来的数据。当用一台火灾报警控制器同时监控数个楼层或防火分区时,可在每个楼层或防火分区设置火灾显示盘以取代区域火灾报警控制器。

图 8-5　点型感温火灾探测器
JTW-ZCD-G3N 的外形

图 8-6　火灾显示盘 ZF-101 的外形

火灾显示盘 ZF-101 的特点如下。

(1) 显示容量:最多不超过 50 条报警信息。

(2) 显示范围:000000 00~999999 99 中任意报警编码点(例如:火灾报警控制器上 010001 03 设备报火警,火灾显示盘 ZF-101 上显示窗前六位显示 010001,后两位显示 03)。

(3) 线制:与火灾报警控制器采用有极性二总线连接;两根 DC24 V 电源供电线(不分极性)。

火灾显示盘 ZF-101 对外接线及端子和拨码开关如图 8-7 所示。

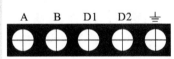
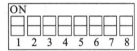

图 8-7　火灾显示盘 ZF-101 对外接线及端子和拨码开关

对端子和拨码开关做如下简要说明。

(1) A、B:与火灾报警控制器的通信总线连接。

(2) D1、D2:DC24 V 电源供电线,不分极性。

(3) 拨码开关"1~8":本机编号设置端,处于 ON 为 0,处于 OFF 为 1。

编码范围:1~83。

拨码开关"7":配接 GST2000 火灾自动报警系统为显示方式设置开关。

拨码开关"8":选择显示盘类型开关。

火灾显示盘 ZF-101 配接 GST2000 火灾自动报警系统,GST2000 火灾自动报警系统进入监控状态后,它将在后两位显示本机号码。当监控区内有火警时,首警灯及火警灯亮,前四位为首警地址码,后两位为本机号;十秒后循环显示报警信息,前四位为火灾探测器二次码,后两位为报警顺序。按点查键,可点查报警信息。

5. 手动火灾报警按钮

手动火灾报警按钮 J-SAM-GST9121 如图 8-8 所示。手动火灾报警按钮安装在公共场所。当确认火灾发生时,人工按下手动火灾报警按钮上的有机玻璃片,可向火灾报警控制器发出火灾报警信号,火灾报警控制器接收到火灾报警信号后,显示出手动火灾报警按钮的编码信息并发出报警声响。手动火灾报警按钮采用按压报警方式,通过机械结构进行自锁,可减少人为误触发现象。手动火灾报警按钮内置单片机,内含 EEPROM(用于存储单片机地址码、设备类型等信息),可完成报警检测及与火灾报警控制器通信功能。单片机地址码可通过GST-BMQ-1B 型或 GST-BMQ-2 型电子编码器进行现场更改。

手动火灾报警按钮的接线端子示意图如图 8-9 所示。Z1、Z2 是无极性信号二总线接线端子,K1 和 K2 是无源常开输出端子。当按下手动火灾报警按钮时,输出触点闭合信号。

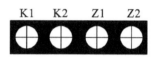

图 8-8 手动火灾报警按钮 J-SAM-GST9121   **图 8-9 手动火灾报警按钮的接线端子示意图**

图 8-10 消火栓按钮 J-SAM-GST9123

6. 消火栓按钮

消火栓按钮 J-SAM-GST9123 如图 8-10 所示。它采用按压报警方式,通过机械结构进行自锁,可减少人为误触发现象。消火栓按钮技术指标、接线端子和安装方法、测试与使用方法与手动火灾报警按钮的一致,这里不做详细介绍。

消火栓按钮与火灾报警控制器及泵控制箱的连接方式可分为总线制启泵方式和多线制直接起泵方式两种。

7. 输入模块

输入模块 GST-LD-8300 用于接收消防联动控制设备输入的常开开关量信号或常闭开关量信号,并将联动信息传回火灾报警控制器(联动型)。输入模块主要用于配接现场各种主动型设备(如水流指示器、压力开关、位置开关、信号阀等)及能够送回开关信号的外部联动设备等。这些设备动作后,输出的动作信号可由输入模块通过信号二总线送入火灾报警控制器,从而产生报警,并通过火灾报警控制器来联动其他相关设备动作。输入模块内嵌微处理器,微处理器负责对输入信号的逻辑状态进行判断,对该逻辑状态进行处理,并分别以正常、动作、故障三种形式传给火灾报警控制器。

输入模块 GST-LD-8300 外形图和端子图如图 8-11 所示。

输入模块 GST-LD-8300 采用电子编码方式,编码范围可在 1～242 之间任意设定;也可通过连线方式,与火灾报警控制器的信号二总线无极性连接。Z1 和 Z2(见图 8-11)接火灾报警控制器二总线,无极性,采用 RVS 型双绞线(截面积大于等于 $1.0\ \text{mm}^2$);I 和 G 采用 RV 线(截面积大于等于 $1.0\ \text{mm}^2$)。

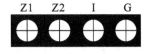

(a) 外形图   (b) 端正图

图 8-11　输入模块 GST-LD-8300 外形图和端子图

输入模块使用前应对手动火灾报警按钮进行编码操作和输入设定参数。输入方式有常开检线状态输入和常闭检线状态输入两种。若模块输入端设置为常闭检线状态输入,则模块输入线末端(远离模块端)必须串联一个 $4.7\ \text{k}\Omega$ 的终端电阻,如图 8-12 所示;若模块输入端如果设置为常开检线状态输入,则模块输入线末端(远离模块端)必须并联一个 $4.7\ \text{k}\Omega$ 的终端电阻,如图 8-13 所示。

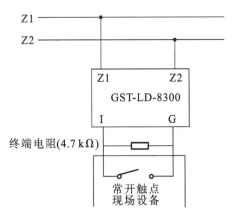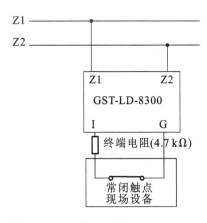

图 8-12　常开无源触点连接图　　　　**图 8-13　常闭无源触点连接图**

8. 输入/输出模块 GST-LD-8301

输入/输出模块 GST-LD-8301(见图 8-14)主要用于连接需要由火灾报警控制器控制的消防联动控制设备,如排烟阀、送风阀、防火阀等,并可接收设备的动作回答信号。输入/输出模块 GST-LD-8301 内嵌微处理器,通过微处理器实现与火灾报警控制器通信、电源总线掉电检测、输出控制、输入信号逻辑状态判断、输入/输出线故障检测、状态指示灯控制。输入/输出模块 GST-LD-8301 接到火灾报警控制器的启动命令后,吸合输出继电器,并点亮指示灯。输入/输出模块

图 8-14　输入/输出模块 GST-LD-8301

GST-LD-8301 接收到设备传来的回答信号后,将该回答信号传到火灾报警控制器。

1) 输入/输出模块 GST-LD-8301 的技术指标

输入/输出模块 GST-LD-8301 的技术指标如下。

（1）工作电压。

信号总线电压:24 V,允许范围为 18～28 V。

电源总线电压:DC24 V,允许为 DC20～28 V。

（2）工作电流。

总线监视电流小于等于 1 mA;总线启动电流小于等于 3 mA。

电源监视电流小于等于 5 mA;电源启动电流小于等于 20 mA。

（3）输入检线:常开检线状态输入时线路发生断路(短路为动作信号)、常闭检线状态输入时输入线路发生短路(断路为动作信号),模块将向火灾报警控制器发送故障信号。

（4）输出检线:输出线路发生短路、断路,模块将向火灾报警控制器发送故障信号。

（5）无源输出:输出容量为 DC24 V/2 A,正常时触点阻值为 100 kΩ,启动时闭合,适用于 12～48 V 直流或交流。

（6）有源输出:输出容量为 DC24 V/1 A。

（7）输出控制方式:脉冲、电平(继电器常开触点输出或有源输出,脉冲启动时继电器吸合时间为 10 s)。

（8）指示灯:红色(输入指示灯:巡检时闪亮,动作时常亮。输出指示灯:启动时常亮)。

（9）编码方式:电子编码,占用一个总线编码点,编码范围为 1～242。

（10）线制:与火灾报警控制器采用无极性信号二总线连接,与电源线采用无极性二线制连接。

安装设备之前,应切断回路的电源并确认全部底壳已安装牢靠且每一个底壳的连接线连接准确无误。若模块输入端设置为常开检线状态输入,则模块输入线末端(远离模块端)必须并联一个 4.7 kΩ 的终端电阻;若模块输入端设置为常闭检线状态输入,则模块输入线末端(远离模块端)必须串联一个 4.7 kΩ 的终端电阻。有源输出时,G 和 NG、V＋和 NO 应该短接,COM、S－有源输出端应并联一个 4.7 kΩ 的终端电阻,并串联一个 IN4007 二极管。具体接线方法参考图 8-12 和图 8-13。

输入/输出模块 GST-LD-8301 对外端子示意图如图 8-15 所示。

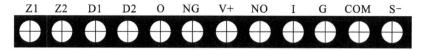

图 8-15　输入/输出模块 GST-LD-8301 对外端子示意图

2) 输入/输出模块 GST-LD-8301 的接线说明

对输入/输出模块 GST-LD-8301 的接线做如下说明。

（1）Z1、Z2:接火灾报警控制器二总线,无极性。

（2）D1、D2:接 DC24 V 电源线,无极性。

（3）O、NG、V＋、NO:DC24 V 有源输出辅助端子,将 O 和 NG 短接、V＋和 NO 短接(注意:出厂默认已经短接好,若使用无源常开输出端子,则将 O、NG、V＋、NO 之间的短接片断开),用于向输出触点提供＋24 V 信号以便实现有源 DC24 V 输出;无论模块启动与否,V＋、O 之间一直有 DC24 V 输出。

（4）I、G:与被控制设备无源常开触点连接,用于实现设备动作回答确认,也可通过电子编码器设为常闭输入或自回答。

(5) COM、S—：有源输出端子，启动后输出 DC24V，COM 为正极、S—为负极。

(6) COM、NO：无源常开输出端子。

3）输入/输出模块 GST-LD-8301 的测试说明

输入/输出模块 GST-LD-8301 的测试说明如下。

(1) 建议至少每个月对模块进行一次测试。

(2) 在进行模块测试之前，应通知有关管理部门，并对火灾报警控制器进行适当处理，防止出现不期望的报警联动。

(3) 在注册完成且监测状态下，模块正常运行时，通过火灾报警控制器直接启动或联动启动现场设备，现场设备动作正常、模块输出指示灯常亮，当现场设备有动作回答信号时，模块能正确接收，模块输入指示灯常亮，并将回答信息传到火灾报警控制器；当火灾报警控制器撤销启动命令后，模块输出指示灯熄灭，当现场设备撤销动作时，模块输入指示灯熄灭，模块上报正常信息。若上述情况均正常，则说明模块工作正常。

(4) 测试结束后，通过火灾报警控制器复位模块，并通知有关管理部门系统恢复正常。在测试过程中，对于不合格的模块，应检验其接线是否正常，然后再进行测试，若仍不能通过测试，则应返回维修。

4）输入/输出模块 GST-LD-8301 的使用及操作过程

输入/输出模块 GST-LD-8301 的使用及操作过程如下。

(1) 编码操作：可利用海湾公司的 GST-BMQ-1B 型或 GST-BMQ-2 型电子编码器进行现场编码，编码时将编码器与模块的总线端子 Z1、Z2 连接，在待机状态，输入模块的地址编码（1～242），按下"编码"键，若编码成功则显示"P"，若编码失败则显示"E"，按"清除"键回到待机状态。

(2) 输入/输出设定参数：当编码器处于待机状态时，输入开锁密码，按下"清除"键，此时锁被打开；按下"功能"键，再按下数字键"3"，屏幕上最后一位会显示一个"—"，输入设定参数，按下"编码"键，屏幕上将显示一个"P"字，表明相应的设定参数已被写入，按"清除"键可清除设定参数；输入加锁密码，按"清除"键返回。输入/输出模块输入/输出设定参数出厂设为常开输入、有源输出（4），可现场设定的输入/输出设定参数如表 8-1 所示。

表 8-1　可现场设定的输入/输出设定参数

设 定 参 数	输入/输出方式	设 定 参 数	输入/输出方式
3	输入自回答，有源输出	4	常开检线状态输入，有源输出（出厂设置）
7	常闭检线状态输入，有源输出	13	输入自回答，无源输出
14	常开检线状态输入，无源输出	17	常闭检线状态输入，无源输出

(3) 被控设备反馈信号检测方式的设置：在编码器开锁后，按下"功能"键，再按下数字键"4"后，输入设定参数 13 或 40（13 表示随时检测反馈信号，40 表示只有在启动状态才检测反馈信号），然后按"编码"键，若屏幕上显示一个"P"字，则表明设置成功。

5）输入/输出模块 GST-LD-8301 的应用方法

输入/输出模块 GST-LD-8301 的应用方法如下。

(1) 模块无源输出触点控制设备的接线示意图如图 8-16 所示。

(2) 模块控制电动脱扣式设备的接线示意图如图 8-17 所示。

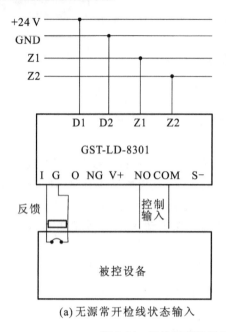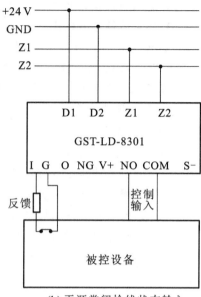

（a）无源常开检线状态输入　　　　　　（b）无源常闭检线状态输入

图 8-16　模块无源输出触点控制设备的接线示意图

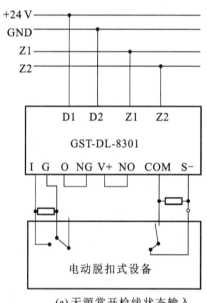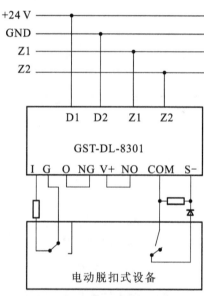

（a）无源常开检线状态输入　　　　　　（b）无源常闭检线状态输入

图 8-17　模块控制电动脱扣式设备的接线示意图

　　注意：不要将模块触点直接接入交流控制回路，以防强交流干扰信号损坏模块或控制设备；输入/输出模块不能用于控制气体灭火设备。

9. 输入/输出模块 GST-LD-8303

输入/输出模块 GST-LD-8303（见图 8-18）主要用于双动作消防联动控制设备的控制，同时可接收消防联动设备动作后的回答信号。它可完成对二步降防火卷帘门、水泵、排烟机等双动作设备的控制。用于防火卷帘门的位置控制时，输入/输出模块 GST-LD-8303 既能控制其从上位到中位、从中位到下位，也能确认其是处于上、中、下的哪一位。输入/输出模块 GST-LD-8303 占用两个编码地址，第二个地址号为第一个地址号加 1。每个地址可单独接收火灾报警控制器的启动命令，吸合对应输出继电器，并点亮对应的动作指示灯。每个地址对应一个输入，接收到设备传来的回答信号后，将反馈信息以相应的地址传到火灾报警控制器。

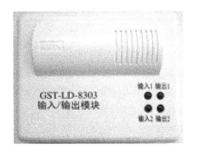

图 8-18　输入/输出模块 GST-LD-8303

1）输入/输出模块 GST-LD-8303 接线说明

输入/输出模块 GST-LD-8303 对外端子示意图如图 8-19 所示。

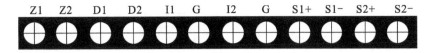

图 8-19　输入/输出模块 GST-LD-8303 对外端子示意图

对输入/输出模块 GST-LD-8303 的对外端子做如下说明。

（1）Z1、Z2：接火灾报警控制器二总线，无极性。

（2）D1、D2：接 DC24 V 电源，无极性。

（3）I1、G：第一路无源输入端。

（4）I2、G：第二路无源输入端。

（5）S1＋、S1－：第一路有源输出端子。

（6）S2＋、S2－：第二路有源输出端子。

2）输入/输出模块 GST-LD-8303 现场可设定参数

输入/输出模块 GST-LD-8303 现场可设定参数如表 8-2 所示。

表 8-2　输入/输出模块 GST-LD-8303 现场可设定参数

设 定 参 数	输 入 方 式	设 定 参 数	输 入 方 式
1	一路自回答，二路常开检线	2	一路常开检线，二路自回答
3	两路自回答	4	两路常开检线（出厂设置）
5	一路常闭检线，二路常开检线	6	一路常开检线，二路常闭检线
7	两路常闭检线	8	一路自回答，二路常闭检线
9	一路常闭检线，二路自回		

3）输入/输出模块 GST-LD-8303 应用举例

（1）模块与 GST-LD-8302A 模块组合连接示意图如图 8-20 所示。

（2）模块与防火卷帘门电气控制箱（标准型）接线示意图如图 8-21 所示。

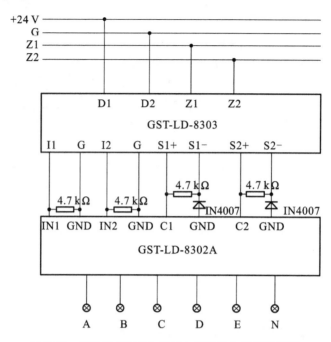

图 8-20 模块与 GST-LD-8302A 模块组合连接示意图

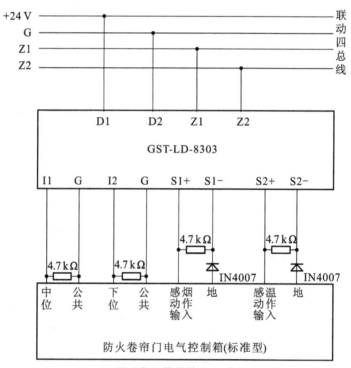

(a) 无源常开检线输入示意图

图 8-21 模块与防火卷帘门电气控制箱(标准型)接线示意图

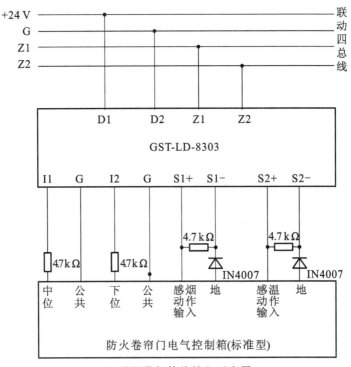

(b) 无源常闭检线输入示意图

续图 8-21

10. 火灾声光警报器

火灾声光警报器 HX-100B/T 用于在火灾发生时提醒现场人员注意。火灾声光警报器是一种安装在现场的声光报警设备,当现场发生火灾并被确认后,可由消防控制中心的火灾报警控制器启动,也可通过安装在现场的手动火灾报警按钮直接启动。启动后,火灾声光警报器发出强烈的声光警号,以达到提醒现场人员注意的目的。

火灾声光警报器 HX-100B/T 及端子示意图如图 8-22 所示。

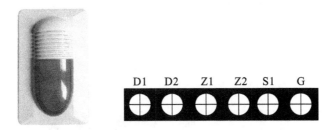

图 8-22 火灾声光警报器 HX-100B/T 及端子示意图

火灾声光警报器 HX-100B/T 内嵌微处理器,通过微处理器实现与火灾报警控制器通信、电源总线掉电检测、声光信号启动。火灾声光警报器 HX-100B/T 接收到火灾报警控制器的启动命令后,开始启动声光信号,控制 8 只超高发光二极管发出闪亮的光信号,也可通过外控触点直接启动声光信号。

火灾声光警报器 HX-100B/T 采用四线制,与火灾报警控制器采用无极性信号二总线连接,与电源线采用无极性二线制连接。

对火灾声光警报器接线做如下说明。

（1）D1、D2：接 DC24V 电源，无极性。

（2）Z1、Z2：接火灾报警控制器信号总线，无极性。

（3）S1、G：外控无源输入。

可以利用手动火灾报警按钮的无源常开触点直接控制编码型的火灾声光警报器启动。用手动火灾报警按钮的无源常开触点直接控制编码型的火灾声光警报器启动的接线示意图如图 8-23 所示。

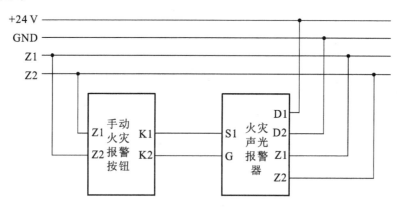

图 8-23　用手动火灾报警按钮的无源常开触点直接控制编码型的火灾声光
警报器启动的接线示意图

11. 隔离器

在总线制火灾自动报警系统中，往往会出现某一局部总线出现故障（例如短路）造成整个报警系统无法正常工作的情况。隔离器的作用是，当总线发生故障时，将发生故障的总线部分与整个系统隔离开来，以保证系统的其他部分能够正常工作，同时便于确定发生故障的总线部位。当故障部分的总线修复后，隔离器可自行恢复工作，将被隔离出去的部分重新纳入系统。

隔离器 GST-LD-8313 及其对外端子示意图如图 8-24 所示。

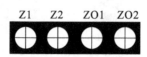

图 8-24　隔离器 GST-LD-8313 及其对外端子示意图

对隔离器 GST-LD-8313 的对外端子做如下说明。

（1）Z1、Z2：无极性信号二总线输入端子。

（2）ZO1、ZO2：无极性信号二总线输出端子，动作电流为 100 mA。

布线要求：直接与信号二总线连接；可选用截面积大于等于 1.0 mm^2 的阻燃 RVS 双绞线。

12. 终端器

非编码火灾报警系统都是通过在回路终端连接一只电阻来维持系统的正常工作的,一旦所连接电阻与系统匹配不当,将使整个火灾报警系统工作不正常,甚至会产生误报警等问题。终端器与多线制火灾报警控制器或编址接口模块配套使用,取代了终端电阻,并有效地解决了上述一系列问题,大大提高了非编码报警系统的可靠性。

1) 终端器的技术特性

(1) 工作电压。电源总线电压:DC24 V。允许范围:DC15～28 V。

(2) 工作电流:小于等于 5 mA。

(3) 等效电阻:4.7 kΩ。

(4) 线制:区域二总线,有极性。

隔离器的结构特征如图 8-25 所示。

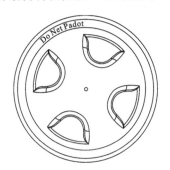
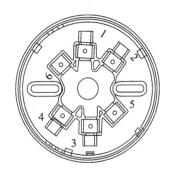

图 8-25　终端器的结构特征

终端器与多线制火灾报警控制器或编址接口模块配套使用不仅可以维持非编码火灾报警系统的正常工作,还可以实现摘掉探测器报故障(不影响其他现场设备报火警)、开路报故障、短路报火警等功能。

2) 终端器的接线

终端器的安装方法与火灾探测器的安装方法完全一样,但它有以下两种接线方式。

(1) 终端器可作为底座使用,上面可以安装非编码火灾探测器。采用此种方式连线时,要将区域总线的正极连接到"1"端子上,区域总线的负极连接到"3"端子上,如图 8-26 所示。

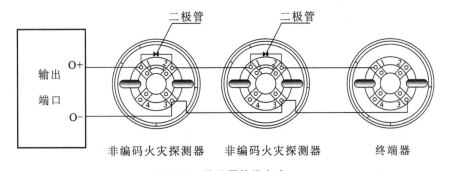

图 8-26　终端器接线方式一

(2) 若不在终端器上安装火灾探测器,则需要将区域总线的正极连接到"2"端子上,区域总线的负极连接到"3"端子上,如图 8-27 所示。

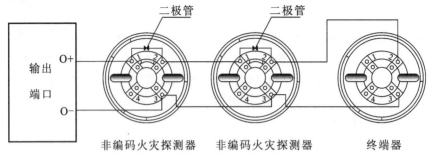

图 8-27　终端器接线方式二

二极管　　二极管

输出端口　O+　O-

非编码火灾探测器　　非编码火灾探测器　　终端器

8.3.3　火灾报警控制器

火灾报警控制器(联动型)JB-QB-GST200采用240点×180点汉字液晶显示、全汉字操作及提示界面。本控制器汉字容量为1 927个,并可根据工程需要做相应字库,现场只需要更改汉字点阵字库。打印机可打印系统所有报警、故障及各类操作的汉字信息。本控制器最大容量为242个总线制报警联动控制点,具有全面的现场编程能力。本控制器可与各类开关量型、模拟量型、智能型火灾探测器和控制模块及多线制控制模块连接,构成一个集总线、多线于一身的报警联动一体化控制系统。

图 8-28　火灾报警控制器(联动型)JB-QB-GST200 的外形

火灾报警控制器(联动型)JB-QB-GST200的典型配置包括主控制器、显示操作盘、智能手动操作盘。火灾报警控制器(联动型)JB-QB-GST200集报警、联动于一体,通过总线、多线的控制可完成探测报警及消防设备的启/停控制等功能。

火灾报警控制器(联动型)JB-QB-GST200的外形如图8-28所示。

1. 火灾报警控制器(联动型)JB-QB-GST200 主机面板

1) 火灾报警控制器(联动型)JB-QB-GST200 的显示操作盘面板

火灾报警控制器(联动型)JB-QB-GST200的显示操作盘面板如图8-29所示。

对该显示操作的按键操作做如下说明。

(1) 复位键:按下该键确认后,可将设备恢复到开机初始状态。

(2) 消音键:可对报警器消音。

(3) ▲▼◀▶方向键:上下左右滚动,选择所需的选项。

(4) 确认键:确认当前操作或保存当前操作。

(5) 取消键:退出当前操作或撤销当前操作。

(6) 自检键:按下该键,系统将进行声光检查。

(7) 锁键:按下该键输入密码确认之后,可对系统操作进行锁闭,在进行下次操作时必须要键入密码才能进入系统操作。

(8) 用户设置键:用于进入用户设置菜单。

(9) 屏蔽与取消屏蔽键:通过输入需要屏蔽的设备二次码进行屏蔽指定设备或解除屏蔽。

(10) 喷洒设置键:设置喷洒的允许与否。

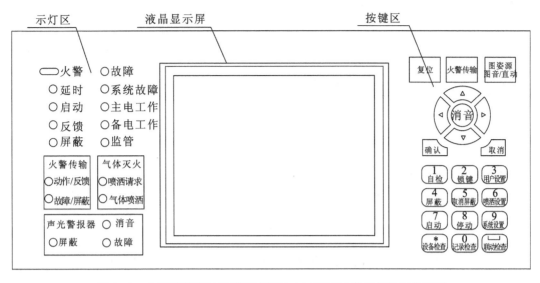

图 8-29　火灾报警控制器(联动型)JB-QB-GST200 的显示操作盘面板

（11）启动键：通过输入需要启动的二次码直接启动该设备。

（12）停动键：通过输入需要启动的二次码停动该设备。

（13）系统设置键：用于进入系统设置菜单。

（14）设备检查键：可检查现场设备、操作盘、网络设备、禁止输出设备气体保护区设备的详细信息。

（15）联动检查键：查看已编写的联动公式。

2）火灾报警控制器(联动型)JB-QB-GST200 的手动操作盘面板

火灾报警控制器(联动型)JB-QB-GST200 的手动操作盘面板如图 8-30 所示。

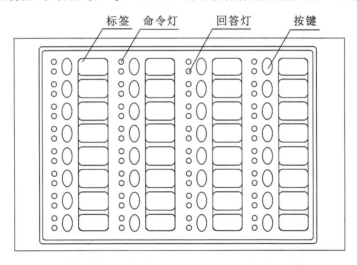

图 8-30　火灾报警控制器(联动型)JB-QB-GST200 的手动操作盘面板

手动操作盘的每一单元均有一个按键、两只指示灯(启动灯在上，反馈灯在下，均为红色)和一个标签。其中，按键为启/停控制键，若按下某一单元的控制键，则该单元的启动灯亮，并有控制命令发出，若被控设备响应，则反馈灯亮。用户可将各按键所对应的设备名称书写在设备标签上面，然后与膜片一同固定在手动操作盘上。

Zhineng Louyu yu Wangluo Gongcheng
智能楼宇与网络工程

3）火灾报警控制器（联动型）JB-QB-GST200 的直接控制盘面板

火灾报警控制器（联动型）JB-QB-GST200 的直接控制盘面板如图 8-31 所示。

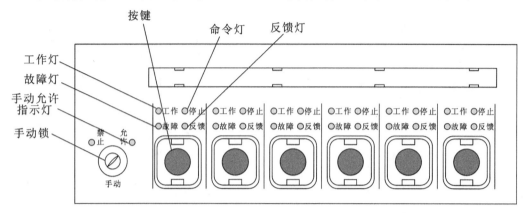

图8-31　火灾报警控制器（联动型）JB-QB-GST200 直接控制盘面板

面板的多线制部分具有手动锁以及对应的指示灯，设有六路控制功能，每路包括四只指示灯、一只按键。

（1）手动锁：用于选择手动启动方式，可设置为手动禁止或手动允许。

（2）手动允许指示灯：绿色，当手动锁处于允许状态时，此灯点亮。

（3）工作灯：绿色，正常通电后，该灯亮。

（4）故障灯：黄色，该路外控线路发生短路和断路时，该灯亮。

（5）命令灯：红色，当发出命令信号时该灯点亮，若 10 s 内未收到反馈信号，则该灯闪烁。

（6）反馈灯：红色，当接收到反馈信号时，该灯点亮。

（7）按键：此键按下，向被控设备发出启动或停动的命令。

4）火灾报警控制器（联动型）JB-QB-GST200 的使用说明

（1）手动锁：处于"允许"位置时，可通过面板上的多线制按键完成对外接设备的直接启动及停动控制；处于"禁止"位置时，面板上的多线制按键无效。

（2）启动操作：按下面板上的多线制按键，对应输出线路上发出启动命令，命令灯点亮；如果收到被控设备反馈信号，反馈灯点亮，若发出启动命令后 10 s 内未收到反馈信号，则命令灯闪烁。

（3）停动操作。在电平输出方式下，当命令灯点亮时，再次按下该路多线制按键，对应输出线路上停止输出启动命令，命令灯熄灭，被控设备将停止动作；在脉冲输出方式下，当命令灯点亮时，再次按键无作用，启动命令输出约 3 s 后停止输出。

2. 火灾报警主机控制器接线端子

火灾报警主机控制器接线端子如图 8-32 所示。

（1）G、L、N：火灾报警控制器交流 220 V 接线端子及交流接地端子。

（2）F-RELAY：故障输出端子，当主板上 NC 短接时，为常闭无源输出；当 NO 短接时，为常开无源输出。

（3）A、B：连接火灾显示盘的通信总线端子。

（4）S＋、S－：警报器输出端子，默认为无源常开输出端子。

① 当主板 XS8 上 1、2 脚和 4、5 脚接短路环时，为无源常开输出。

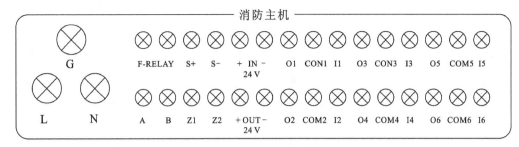

图 8-32　火灾报警主机控制器接线端子

② 当主板 XS8 上 1、2 脚和 3、4 脚接短路环时,为无源常闭输出。

③ 当主板 XS8 上 2、3 脚和 5、8 脚接短路环,XS7 用短路环短接时,为带检线功能有源输出,终端需要接 0.25 W 的 4.7 KΩ 电阻,输出时有 DC24 V/0.15 A 的电源输出。

(5) Z1、Z2:无极性信号二总线端子。

(6) 24V IN(＋ －):外部 DC24 V 输入端子,可为辅助电源输出提供电源。

(7) 24V OUT(＋ －):辅助电源输出端子,可为外部设备提供 DC24 V 电源。当采用内部 DC24 V 供电时,最大输出容量为 DC24 V/0.3 A;当采用外部 DC24 V 供电时,最大输出容量为 DC24 V/2 A。

(8) O:接直接控制输出线。

(9) COM:直接控制输出与反馈输入的公共端。

(10) I:接反馈输入线。

(11) O、COM:组成直接控制输出端,通过 ZD-01 终端器与负载连接,O 为输出端正极,COM 为输出端负极,启动后 O 与 COM 之间输出 DC24 V。

(12) I、COM:组成反馈输入端,接无源触点。

3. 开机、关机与自检

用户使用本系统时应按以下顺序进行开机操作。

(1) 打开联动电源和火灾显示盘电源的主备电开关。

(2) 打开火灾报警控制器的主备电开关。

完成以上操作后,系统上电进入自动检查状态,显示系统授权点数(见图 8-33)、显示网络及打印机信息(见图 8-34)。自动检测键盘、指示灯、液晶屏幕及声音(见图 8-35)。

自检完毕后,开机过程结束,系统进入正常监控状态(见图 8-36)。主机键盘上设有"自检"键,按下此键后系统将进行声光检查。

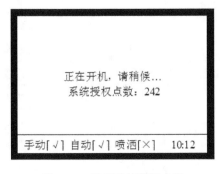

图 8-33　显示系统授权点数

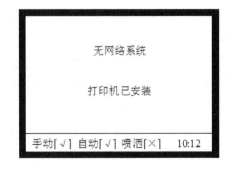

图 8-34　显示网络及打印机信息

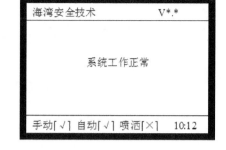

图 8-35　自动检测键盘指示灯、液晶屏幕及声音　　　图 8-36　进入正常监控状态

关机过程按照与开机时相反的顺序关掉各开关即可。要注意：备电开关一定要关掉，否则，由于火灾报警控制器内部依然有用电电路，将导致备电放空，有损坏电池的可能。

4. 设备注册和定义

把相关消防回路设备，如智能光电感烟火灾探测器、智能电子感温火灾探测器、编码手动火灾报警按钮、编码输入模块、编码单输入/单输出模块、编码火警声光讯响器等，注册到火灾报警控制器中的步骤如下。

（1）按下"系统设置"按钮→调试状态→设备直接注册→外部设备注册。

（2）此时系统将自动检查连接在总线上的设备，依次从 1～254 号地址搜索。

（3）完成后，系统将实现设备的连接。

（4）现在开始对设备类型进行定义。

（5）按下"系统设置"按钮→设备定义→设备连续定义→外部设备定义。

（6）在"原码"输入回路设备地址。

（7）在"二次码"处输入设备类型，具体外部设备代码参考表 8-3，如手动火灾报警按钮的代码为 11，智能光电感烟火灾探测器的为 03。

（8）按"确定"键返回。

（9）此时完成回路设备注册和定义，依次可完成所有设备注册。

表 8-3　外部设备代码

代码	设备类型	代码	设备类型	代码	设备类型	代码	设备类型
00	未定义	22	防火阀	44	消防电源	66	故障输出
01	光栅测温	23	排烟阀	45	紧急照明	67	手动允许
02	点型感温	24	送风阀	48	疏导指示	68	自动允许
03	点型感烟	25	电磁阀	47	喷洒指示	69	可燃气体
04	报警接口	28	卷帘门中	48	防盗模块	70	备用指示
05	复合火焰	27	卷帘门下	49	信号碟阀	71	门灯
08	光束感烟	28	防火门	50	防排烟阀	72	备用工作
07	紫外火焰	29	压力开关	51	水幕泵	73	设备故障
08	线型感温	30	水流指示	52	层号灯	74	紧急求助
09	吸气感烟	31	电梯	53	设备停动	75	时钟电源
10	复合探测	32	空调机组	54	泵故障	78	警报输出

代　码	设备类型	代　码	设备类型	代　码	设备类型	代　码	设备类型
11	手动按钮	33	柴油发电	55	急启按钮	77	报警传输
12	消防广播	34	照明配电	58	急停按钮	78	环路开关
13	讯响器	35	动力配电	57	雨淋泵	79	未定义
14	消防电话	38	水幕电磁	58	上位机	80	未定义
15	消火栓	37	气体启动	59	回路	81	消火栓
18	消火栓泵	38	气体停动	60	空压机	82	缆式感温
17	喷淋泵	39	从机	61	联动电源	83	吸气感烟
18	稳压泵	40	火灾示盘	62	多线制锁	84	吸气火警
19	排烟机	41	闸阀	63	部分设备	85	吸气预警
20	送风机	42	干粉灭火	64	雨淋阀		
21	新风机	43	泡沫泵	65	感温棒		

8.3.4　火灾报警与消防联动控制系统控制及连线原理

火灾报警与消防联动控制系统控制及连线原理图如图 8-37 所示。

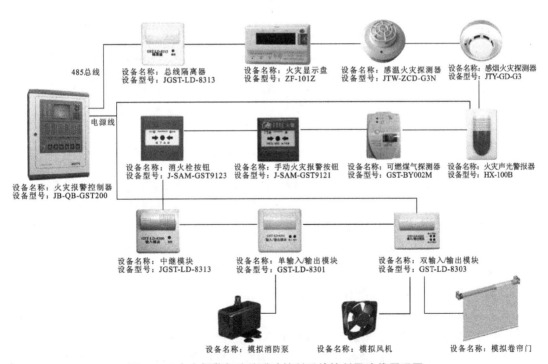

图 8-37　火灾报警与消防联动控制系统控制及连线原理图

图 8-37 所示的火灾报警与消防联动控制系统由火灾报警主机、火灾特征传感器、人工火灾报警设备、信号输入和输出控制设备组成。火灾报警主机完成信号的控制、显示、记录、传输。

1. 总线设备的连接

总线设备的连接如图 8-38 所示。

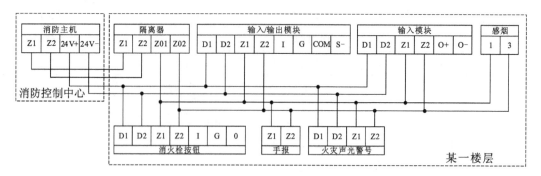

图 8-38　总线设备的连接

火灾报警控制器通过 Z1/ Z2 总线与各区域（如楼层）的隔离器连接，再从隔离器的出线端与各编码设备连接。Z1/Z2 起到"公用干线"的作用，即火灾报警控制器发出启动命令（如启动二层的声光警号）给指定地址部件或功能各部件，指定地址部件或功能各部件，指定地址部件或功能各部件的反馈信息（如探测信号）传送回火灾报警控制器，都是经过该 Z1/Z2 总线完成的。

2. 输入模块、点型感温火灾探测器、终端器之间的连接

输入模块、点型感温火灾探测器、终端器之间的连接如图 8-39 所示。

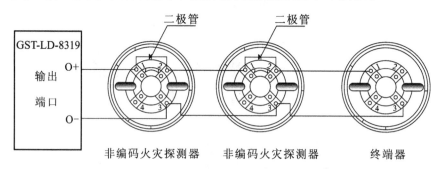

图 8-39　输入模块、点型感温火灾探测器、终端器之间的连接

输入模块 GST-LD-8319 是一种编码模块，用于连接非编码火灾探测器。如果设备在工作状态下"O＋""O－"输出有极性的 24 V 电压，当火灾引起的温度上升超过点型感温火灾探测器某个定值时，点型感温火灾探测器的"2""3"端就会产生一个短路信号传输给 GST-LD-8319 输入模块通过 Z1/Z2 总线传输到主机控制器。

输入模块、点型感温火灾探测器、终端器之间的接线图如图 8-40 所示。

3. 输入/输出模块与排烟阀模拟的连接

输入/输出模块与排烟阀模拟的连接如图 8-41 所示。

排烟阀平时处于常闭态，当发生火灾时，可通过探测设备联动该排烟阀门的打开，再通过联动排烟机进行排烟。排烟阀的控制原理为：火灾报警控制器通过信号总线发送启动命令给输入/输出模块，输入/输出模块启动后，COM 和 S－输出 DC24 V 将阀门打开，而输入/输出模块通过该排烟阀上的常开触点动作后闭合进行反馈排烟阀的"工作状态"给火灾报警控制器。

4. 消火栓按钮、水泵控制箱模拟及水泵之间的连接

消火栓按钮、水泵控制箱模拟及水泵之间的连接如图 8-42 所示。

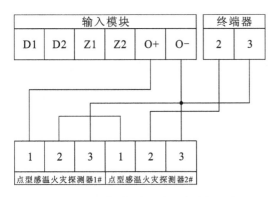

图 8-40 输入模块、点型感温火灾探测器、终端器之间的接线图

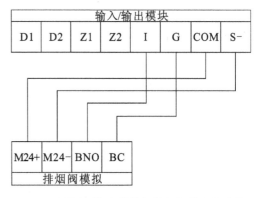

图 8-41 输入/输出模块与排烟阀模拟的连接

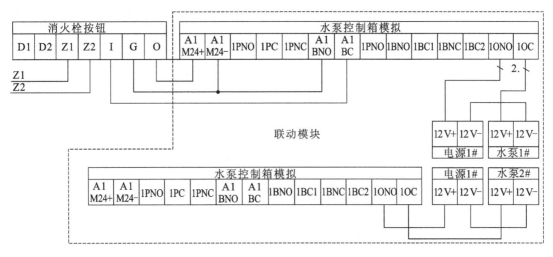

图 8-42 消火栓按钮、水泵控制箱模拟及水泵之间的连接

当确认火灾,消火栓按钮被按下时,消火栓按钮 G 和 O 输出 DC24 V 电压供水泵控制箱内接触器电源,接触器触点闭合,按水泵控制箱上的转换开关选择启动的水泵 1♯ 或 2♯,而 A1 BNO、A1 BC 的反馈触点闭合,反馈水泵的转动状态。

5. 探测报警模块接线图

探测报警模块接线图如图 8-43 所示。

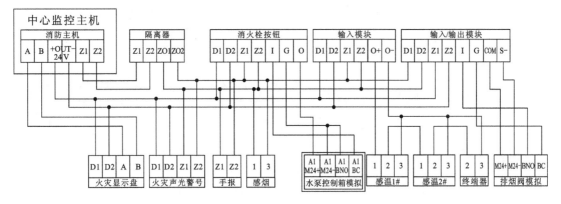

图 8-43 探测报警模块接线图

6. 五个切换模块与火灾联动控制器的连接

五个切换模块与火灾联动控制器的连接如图 8-44 所示。

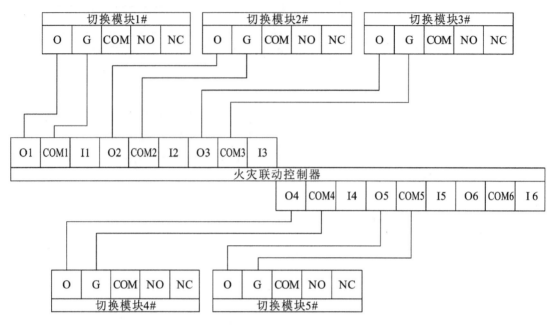

图 8-44　五个切换模块与火灾联动控制器的连接

火灾报警控制器的多线制盘配合 GST-LD-8302C 切换模块使用。当按下多线制按键时，多线制 O1、COM1 输出 24 V 电压使切换模块的动作，切换模块上的常开触点 COM、NO 变常闭，常闭触点 COM、NC 变常开。多线制盘与切换模块配套使用，可把 24 V 电压转为一对开关量（常闭，常开），起到弱电控制强电的作用。切换模块有良好的消阻作用。

系统中多线制的应用如下。

（1）多线制 1# 按钮（O1、COM1、I1）：控制水泵 1# 的启动（脉冲输出）。

（2）多线制 2# 按钮（O2、COM2、I2）：控制水泵 1# 的停止（脉冲输出）。

（3）多线制 3# 按钮（O3、COM3、I3）：控制水泵 2# 的启动（脉冲输出）。

（4）多线制 4# 按钮（O4、COM4、I4）：控制水泵 2# 的停止（脉冲输出）。

（5）多线制 5# 按钮（O5、COM5、I5）：控制排烟机的启动和停止（电平输出）。

7. 防火阀与输入模块间的连接

防火阀与输入模块间的连接如图 8-45 所示。

防火阀一般应用于火灾排烟管穿越防火墙处，烟气温度超过 270 ℃时自动熔断关闭，输入模块 I、G 反馈触点接在防火阀的常开触点上，当防火阀闭合时，联动 I、G 接通，给火灾报警控制器反馈该监控信息，火灾报警控制器因而联动关闭排烟机的转动。

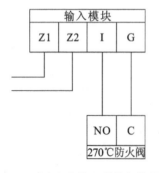

图 8-45　防火阀与输入模块间的连接

8.4 知识拓展

8.4.1 火灾概述

1. 燃烧与火灾

燃烧是指可燃物与氧化剂作用发生的放热反应,通常伴有火焰、发光和(或)发烟现象。

火灾是在时间和空间上失去控制的燃烧所造成的灾害。

1)燃烧的必要条件

物质燃烧过程的发生和发展,必须同时具备以下三个必要条件:可燃物、氧化剂和温度(引火源)。这三个因素相互作用才能发生燃烧。

(1)可燃物。凡是能与空气中的氧或其他氧化剂起燃烧化学反应的物质称为可燃物。可燃物按其物理状态分为气体可燃物、液体可燃物和固体可燃物三种。可燃烧物质大多是含碳和氢的化合物。

(2)氧化剂。帮助和支持可燃物燃烧的物质,即能与可燃物发生氧化反应的物质称为氧化剂。

(3)温度(引火源)。供给可燃物与氧或助燃剂发生燃烧反应的能量来源称为温度(引火源)。

(4)链式反应。有焰燃烧都存在链式反应。当某种可燃物受热时,它不仅会汽化,而且该可燃物的分子会发生热解作用从而产生自由基。自由基是一种高度活泼的化学形态,能与其他的自由基和分子反应,而使燃烧持续进行下去,这就是燃烧的链式反应。

2)燃烧的充分条件。

(1)一定的可燃物浓度。

(2)一定的氧气含量。

(3)一定的点火能量。

(4)未受抑制的链式反应。汽油的最小点火能量为 0.2 mJ,乙醚的最小点火能量为 0.19 mJ,甲醇最小点火能量为 0.215 mJ。

2. 燃烧中的几个常用概念及燃烧特点

(1)闪燃。在液体(固体)表面上能产生足够的可燃蒸气,遇火能产生一闪即灭的火焰的燃烧现象称为闪燃。

(2)阴燃。没有火焰的缓慢燃烧现象称为阴燃。

(3)爆燃。以亚音速传播的爆炸称为爆燃。

(4)自燃。可燃物质在没有外部明火等火源的作用下,因受热或自身发热并蓄热所产生的自行燃烧现象,亦即物质在无外界引火源条件下,由于其本身内部所进行的生物、物理、化学过程而产生热量,使温度上升,最后自行燃烧起来的现象,称为自然。

(5)闪点。在规定的试验条件下,液体(固体)表面能产生闪燃的最低温度称为闪点。

闪点的意义:闪点是对生产厂房的火灾危险性进行分类的重要依据;闪点是对储存物品仓库的火灾危险性进行分类的依据;闪点是甲、乙、丙类危险液体分类的依据;以甲、乙、丙类危险液体分类为依据规定了厂房和库房的耐火等级、层数、占地面积、安全疏散、防火间距、防爆设置等;以甲、乙、丙类危险液体的分类为依据规定了液体储罐、堆场的布置、防火间距、可燃和助燃气体储罐的防火间距,液化石油气储罐的布置、防火间距等。

(6)燃点。在规定的试验条件下,液体或固体能发生持续燃烧的最低温度称为燃点。一切液体的燃点都高于闪点。

(7)自燃点。在规定的条件下,可燃物产生自燃的最低温度是该物质的自燃点。

可燃物发生自燃的主要方式如下:氧化发热;分解放热;聚合放热;吸附放热;发酵放热;活性物质遇水;可燃物与强氧化剂的混合。

(8)氧指数。在规定条件下,固体材料在氧、氮的混合气流中,维持平稳燃烧所需的最低氧含量称为氧指数。氧指数高表示材料不易燃烧,氧指数低表示材料容易燃烧,一般认为氧指数小于 22 的材料属于易燃材料,氧指数在 22~27 之间的材料属于可燃材料,氧指数大于 27 的材料属于难燃材料。

(9)可燃液体的燃烧特点。可燃液体的燃烧实际上是可燃蒸气的燃烧,因此,液体是否能发生燃烧,燃烧速率与液体的蒸气压、闪点、沸点和蒸发速率等性质有关。

(10)固体可燃物的燃烧特点:固体可燃物必须经过受热、蒸发、热分解,固体上方可燃气体浓度达到燃烧极限,才能持续不断地发生燃烧。

3. 热传播的途径和火灾蔓延的途径

火灾的发生、发展就是一个火灾发展蔓延、能量传播的过程。热传播是影响火灾发展的决定性因素。热传播有以下三种途径:热传导、热对流和热辐射。

(1)热传导:是指热量通过直接接触的物体,从温度较高部位传递到温度较低部位的过程。影响热传导的主要因素有温差、导热系数及导热物体的厚度和截面积。导热系数越大、导热物体的厚度越小,传导的热量越多。

(2)热对流:是指热量通过流动介质,由空间的一处传播到另一处的现象。火场中通风孔洞面积越大,热对流的速度越快;通风孔洞所处位置越高,热对流速度越快。热对流是热传播的重要方式,是影响初期火灾发展的最主要因素。

(3)热辐射:是指以电磁波形式传递热量的现象。当火灾处于发展阶段时,热辐射是热传播的主要形式。

4. 燃烧产物及其毒性

燃烧产物是指由燃烧或热解作用产生的全部物质。燃烧产物包括燃烧生成的气体、能量、可见烟等。燃烧生成的气体一般是指一氧化碳、氢化氢、二氧化碳、丙烯醛、氯化氢、二氧化硫等。

8.4.2　火灾探测器

1. 火灾探测器的分类

在火灾报警系统中,自动或手动产生火灾报警信号的器件称为探测器或触发器件,主要包括火灾探测器和手动火灾报警按钮。火灾探测器是能对火灾参数响应,并自动产生火灾报警信号的器件。按响应火灾参数的不同,火灾探测器分成感温火灾探测器、感烟火灾探测器、感光火灾探测器、可燃气体火灾探测器和复合火灾探测器五种。不同类型的火灾探测器适用于不同类型的火灾和不同的场所。

火灾的起火过程一般都伴有烟、热、光三种燃烧产物,针对该特点所研制的传感器称为火灾探测器。

1)按探测范围分类

火灾探测器按探测范围分为线型火灾探测器和点型火灾探测器两类。

（1）线型火灾探测器。这是探测某一连续线路周围的火灾参数的火灾探测器，其连续线路可以是"硬"的，也可以是"软"的。例如：空气管线型差温式火灾探测器的连续线路是由一条细长的铜管或不锈钢管构成的"硬"的连续线路；红外光束线型感烟火灾探测器的连续线路是由发射器和接收器二者中间的红外光束构成的"软"的连续线路。

（2）点型火灾探测器。它是探测某一点周围火灾参数的火灾探测器，大多数火灾探测器属于点型火灾探测器。

2）按功能设计分类

火灾探测器按功能设计分开关量火灾探测器、模拟量火灾探测器、智能火灾探测器和编码火灾探测器。

（1）开关量火灾探测器。这种类型的火灾探测器在内部的电路设计中设定一个报警阈值，当火情（烟雾浓度、环境温度）达到一定值时，火灾探测器的内部电路翻转，火灾探测器进入报警状态。这种火灾探测器的报警阈值一旦设定，便不能调节，是否报警完全由火灾探测器决定，报警时，火灾探测器将报警信号送到火灾报警控制器。

（2）模拟量火灾探测器。这种火灾探测器本身通过内部电路将环境情况（烟雾浓度、环境温度）通过通信方式传送给火灾报警控制器，通过在火灾报警控制器上设置报警阈值来决定是否报警。这样火灾探测器在工程应用上比较灵活，可以根据现场的环境调节报警阈值，大大降低误报警的概率。

（3）智能火灾探测器。一般把内置微处理器 MCU 的探测器称为智能火灾探测器。它通过内置的火灾模型分析程序对现场的环境进行初步的分析，可极大地降低火灾误报的概率。

（4）编码火灾探测器。火灾报警控制器需要在两根回路总线上连接多个火灾探测器，便需要对每个探测器设置一个地址，以便于火灾报警控制器识别，这样的火灾探测器称为编码探测器。现在大多数的火灾探测器都是编码火灾探测器，编码的形式各式各样，如通过双位十进制的拨轮开关进行火灾探测器编码的设置。编码火灾探测器的优点是直观简洁，缺点是编号最大为 99，另外不太适应潮湿的环境，开关容易使误码失效。也有些编码火灾探测器的通过内置的 FLASH 芯片存储编码地址，编码必须通过专用的编码器设置，调试起来比较烦琐，但是可靠、稳定。

2. 火灾探测器的动作原理

1）感温火灾探测器

发生火灾时物质的燃烧产生大量的热量，使周围温度发生变化。感温火灾探测器是对警戒范围中某一点或某一线路周围温度变化时响应的火灾探测器。它将温度的变化转化为电信号以达到报警目的。根据监测温度参数的不同，一般用于工业和民用建筑中的感温火灾探测器有定温式火灾探测器、差温式火灾探测器、差定温式火灾探测器等几种。

感温火灾探测器对火灾发生时温度参数的敏感度，关键是由组成探测器的核心部件——热敏元件决定的。热敏元件利用某些物体的物理性质随温度变化而发生变化的敏感材料制成。例如：易熔合金或热敏绝缘材料、双金属片、热电偶、热敏电阻、半导体材料等。定温、差定温探头各级灵敏度探头的动作温度分别不大于一级 82 ℃、二级 70 ℃、三级 78 ℃。

（1）定温式火灾探测器：温度上升到预定值响应的火灾探测器。

定温式火灾探测器根据其探头结构的不同，分为机械定温式火灾探测器和电子定温式火灾探测器两种。机械定温式火灾探测器又可细分为双金属片式火灾探测器、液体膨胀式火灾探测器、易熔金属定温式火灾探测器等类型。

（2）差温式火灾探测器：环境温度的温升速度超过一定值的火灾探测器。

差温式火灾探测器设有随探测单位温度变化率而动作的探头。当附近环境温度升高率超过标定值时，差温式火灾探测器工作，发出火械警信号。差温式火灾探测器又可细分气压式差温火灾探测器、热电式差温火灾探测器、差定温式（兼有定温、差温两种功能）火灾探测器、缆式线型感温火灾探测器、空气管线型感温火灾探测器。

2）感烟火灾探测器

在火灾发生初期，由于温度较低，物质多处于阴燃阶段，所以产生大量烟雾。烟雾是早期火灾的重要特征之一。感烟火灾探测器是能对可见的或不可见的烟雾粒子响应的火灾探测器，它是将探测部分烟雾浓度的变化转换成电信号实现报警目的的一种火灾探测器。感烟火灾探测器有离子式、光电式、激光式等几种感烟形式。

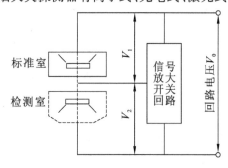

图8-46　离子式感烟火灾探测器

离子式感烟火灾探测器（见图8-46）由放射性元素镭、电池、标准室、检测室组成。离子式感烟火灾探测器的特点是灵敏度高、不受外面环境光和热的影响和干扰、使用寿命长、构造简单、价格低廉。光电式感烟火灾探测器是利用起火时产生的烟雾能够改变光的传播性这一基本性质研制的，据烟粒子对光线的吸收和散射作用，光电式感烟火灾探测器又分为遮光型光电式感烟火灾探测器和散光型光电式感烟火灾探测器两种。

3）感光火灾探测器

物质燃烧时，在产生烟雾和放出热量的同时，也产生可见或不可见的光辐射。感光火灾探测器又称为火焰探测器，它是用响应火灾的光特性，即扩散火焰燃烧的光照强度和火焰的闪烁频率的一种火灾探测器。根据火焰的光特性，目前使用的火焰探测器有两种：一种是对波长低于 4×10^{-7} m 的光辐射敏感的紫外线探测器；另一种是对波长大于 7×10^{-7} m 的光辐射敏感的红外探测器。感光火灾探测器又可分紫外火焰探测器和红外光探测器两种。

4）可燃气体火灾探测器

这是一种响应燃烧或热解产生的气体的火灾探测器。在易燃易爆场合中，它主要用于探测气体（粉尘）的浓度，一般调整在爆炸下限浓度的 $1/5 \sim 1/8$ 时报警。用做可燃气体火灾探测器探测气体（粉尘）浓度的传感元件主要有铂丝、铂钯和金属氧化物半导体（如金属氧化物、钙钛晶体和尖晶石）等几种。

可燃气体火灾探测器有催化型可燃气体探测器和半导体型可燃气体探测器两种类型。

5）复合火灾探测器

复合火灾探测器是对两种或两种以上火灾参数响应的火灾探测器，它有感烟感温式、感烟感光式、感温感光式等几种形式。

6）管道抽吸式感烟探测器

它的工作原理与光电式感烟火灾探测器中散射型光电式感烟火灾探测器的工作原理相似。管道抽吸式感烟探测器通过烟雾的反射或散射产生光敏电流，主要用于船舶上。

7）手动火灾报警按钮

手动火灾报警按钮是火灾报警系统中的一个设备类型，在人员发生火灾、火灾探测器没有探测到火灾的情况下，人员手动按下手动火灾报警按钮，报告火灾信号。在正常情况下，当按下手动火灾报警按钮报警时,火灾发生的概率比火灾探测器报警时要的大很多,几乎没有误报的可能。按下手动火灾报警按钮的时候过 3～5 s 手动火灾报警按钮上的火警确认灯会点亮,这个状态灯表示火灾报警控制器已经收到火警信号,并且确认了现场位置。

其他常用火灾探测器包括:通过探测泄漏电流大小的漏电流感应型火灾探测器和通过探测静电电位高低的静电感应型火灾探测器;在一些特殊场合使用的,要求探测极其灵敏、动作极为迅速,以至要求探测爆炸声产生的某些参数的变化(如压力的变化)信号,来抑制消灭爆炸事故发生的微差压型火灾探测器;利用超声原理探测火灾的超声波火灾探测器;激光感烟火灾探测器,它也是利用光电感应原理,不同的是光源改用激光束,火灾探测器采用半导体器件,体积小、价格低、耐震动、寿命长,发展前景广阔。

8.4.3 火灾报警控制器

在火灾报警系统中,用以接收、显示和传递火灾报警信号,并能发出控制信号和具有其他辅助的控制指示设备称为火灾报警装置。火灾报警控制器就是其中最基本的一种。火灾报警控制器担负着:为火灾探测器提供稳定的工作电源;监视火灾探测器及系统自身的工作状态;接受、转换、处理火灾探测器输出的报警信号,进行声光报警,指示报警的具体部位及时间;同时执行相应辅助控制等诸多任务,是火灾报警系统中的核心组成部分。

(1)火灾报警控制器按其用途不同可分为区域火灾报警控制器、集中火灾报警控制器和通用火灾报警控制器三种。近年来,随着火灾报警控制器已不再分区域、集中和通用。

① 区域火灾报警控制器的主要特点是:控制器连接火灾探测器,处理各种报警信息,是组成自动报警系统最常用的设备之一。

② 集中火灾报警控制器主要特点是:一般不与火灾探测器相连,而与区域火灾报警控制器相连,处理区域火灾报警控制器送来的信号,常使用在较大型系统中。

③ 通用火灾报警控制器的主要特点是:兼有区域、集中二级火灾探测器的双重特点;通过设置或修改某些参数,即可作区域级使用,连接火灾探测器;它又可集中使用,连接区域火灾报警控制器。

(2)火灾报警控制器按其信号处理方式可分为有阈值火灾报警控制器和无阈值火灾报警控制器。

① 有阈值火灾报警控制器的主要特点是:处理的探测信号为阶跃开关量信号,对火灾报警信号不能进一步处理,火灾报警取决于火灾探测器。

② 无阈值火灾报警控制器的主要特点是:处理的探测信号为模拟信号,其报警主动权掌握在控制方面,可以具有智能结构,是火灾报警控制器的发展方向。

(3)火灾报警控制器按其系统连接方式可分为多线制火灾报警控制器和总线制火灾报警控制器。

① 多线制火灾报警控制器的主要特点是:火灾探测器与火灾报警控制器的连接采用一一对应方式。每个火灾探测器至少通过三根线与火灾报警控制器连接,因而其连线较多,仅适用于小型火灾报警控制器系统。我国早期开发的火灾报警系统基本上都使用这种类型。

② 总线制火灾报警控制器的主要特点是:火灾报警控制器与火灾探测器采用总线方式连接。所有火灾探测器均并联或串联在总线上,具有安装、调试、使用方便的特点,适用于大型火灾报警控制器系统。

(3)火灾报警控制器的基本功能主要有:主电、备电自动转换,备用电源充电功能,电源故障监测功能,电源工作状态指示功能,为探测回路供电功能,火灾探测器或系统故障声光报警,火灾报警记忆功能,时钟单元功能,火灾报警优先报故障功能,声报警音响消音及再次声响报警功能。

思考与练习

(1) 简述各类火灾探测器的工作原理、特性和基本功能。

(2) 简述火灾报警探测网的组成方法及火灾报警控制器、输入/输出模块、火灾探测器等设备的选型方法、安装方法、调试方法。

(3) 简述火灾报警控制器的控制管理方法。

(4) 火灾控制器需要联动控制的内容有哪些? 如何实施对需要联动的设备的控制? 依据是什么?

(5) 如何选择不同工作原理的火灾探测器? 火灾探测器设置的标准内容有哪些?

(5) 实训任务:监控系统的设计、安装及调试。

【任务要求】

① 理解并掌握火灾控制器的性能指标和工作原理。

② 掌握火灾报警控制器设备软件操作、参数设置和管理。

【任务材料】

火灾报警控制器、电子编码器、点型感温火灾探测器、火灾显示盘、手动火灾报警按钮等。

【任务步骤】

① 电子编码器 GST-BMQ-2 的使用。

② 点型光电感烟火灾探测器的 JTY-GD-G3 安装和使用。

③ 点型感温火灾探测器 JTW-ZCD-G3N 的安装和使用。

④ 火灾显示盘的安装和使用实训。

⑤ 编码手动火灾报警按钮的安装和使用。

⑥ 编码消火栓按钮的安装和使用。

⑦ 输入模块 GST-LD-8300 输入模块的安装和使用。

⑧ 单输入/单输出模块 GST-LD-8301 的安装和使用。

⑨ 双输入/输出模块 GST-LD-8303 的安装和使用。

⑩ 火灾声光警报器 HX-100B/T 的安装和使用。

⑪ 隔离器 GST-LD-8313 的安装和使用。

⑫ 终端器的安装和使用。

⑬ 火灾报警控制器的使用。

⑭ 设备的连线及控制原理。

项目⑨ 有线电视系统

9.1 教学指南

9.1.1 知识目标

(1)了解有线电视系统的组成与类型、电视频道的划分。

(2)了解有线电视系统的设备选型及配置。

(3)了解卫星接收天线与接收设备、卫星接收天线的安装。

(4)熟悉前端设备、干线传输系统及干线传输系统的施工。

(5)掌握安装与调试有线电视系统的方法。

(6)掌握有线电视系统功能检查与评价方法。

9.1.2 能力目标

(1)学会安装与调试有线电视系统。

(2)了解有线接收系统的组成与类型、电视频道的划分。

(3)熟悉卫星接收天线与接收设备。

(4)熟悉卫星接收天线的安装及干线传输系统的施工。

(5)具有进行有线电视系统方案设计的能力。

9.1.3 任务要求

通过对有线电视系统的学习,掌握有线电视系统的设计方法、选型方法、安装方法、调试方法。

9.1.4 相关知识点

(1)有线电视系统的组成和工作原理。

(2)有线电视系统设备及器材。

(3)有线电视系统设备及器材的安装方法与调试方法。

9.1.5 教学实施方法

(1)项目教学法。

(2)行动导向法。

9.2 任务引入

有线电视系统也称为 CATV 系统,是指用射频电缆、光缆、多频道微波分配系统(MMDS)或其组合来传输、分配和交换声音、图像及数据信号的电视系统。电视系统先后经历了共用天线电视系统、电缆电视系统和有线电视系统三个发展阶段。

共用天线电视(community antenna television,CATV)系统是指共用一组天线接收电视台电视信号,并通过同轴电缆传输、分配给许多电视机用户的系统。它最早起源于 20 世纪 40 年代的美国山村。为解决接收广播电视图像质量不好的问题,在接收信号好的地方架设天线,把接收到的信号传递给电视用户,这种多个用户共用一副天线的系统就是共用天线电视系统的雏形。

真正意义上的有线电视系统出现在 20 世纪 50 年代后期的美国,人们利用卫星、无线、自制等节目源通过线路单向广播传送高清晰、多套的电视节目。进入 20 世纪 90 年代后,我国有线电视系统建设如雨后春笋般发展起来。本着更清晰、更多套的原则,人们对电视媒介提出了越来越高的要求,不仅要求接收电视台发送的节目,还要求接收卫星电视节目和自办节目,甚至利用电视进行信息交流等。传输电缆的应用也不再局限于同轴电缆,而是扩展到了光缆等。于是,人们将通过同轴电缆、光缆或其组合来传输、分配和交换声音、图像信号的电视系统称为电缆电视(cable television)系统。现在,习惯上它又常被称为有线电视系统,这是因为它以有线闭路形式传送电视信号,不向外界辐射电磁波,并区别于电视台的开路电视广播。

近些年随着有线电视技术的不断进步,CATV 系统呈现出了向光纤化、数字化、双向传输方向发展的趋势。同时,在有线电视光纤网上架构 IP 宽带网,构成"三网合一"的宽带综合信息网已经得以实现。

中国有线电视的发展走的是一条由上至下、由局部到整体的路线。各地有线电视的发展一般都是由最初的居民楼闭路电视,发展到小区有线电视互连,进而整个城域(行政辖区)的有线电视互连。自 1990 年以后,中国有线电视从各自独立的、分散的小网络,向以部、省、地市(县)为中心的部级干线、省级干线和城域联网发展,并已成为全球第一大有线电视网。目前中国有线电视体系结构存在着调整趋势,这主要体现在"网台分离"和"有线电视产业化"两个方面。

数字电视取代模拟电视是发展的必然趋势。数字电视是一个系统。它指一个从节目摄制、制作、编辑、存储、发送、传输,到信号接收、处理、显示等全过程完全数字化的电视系统。电视购物为"三网合一"提供了技术上的可能性。

9.3　相关知识点

9.3.1　有线电视系统概述

有线电视系统是采用屏蔽电缆线作为传输媒质来传送电视节目的一种闭路电视系统。它以有线的方式在电视中心和用户终端之间传递声像图文信息、不向空间辐射电磁波。有线电视系统已广泛应用于广播、工业、商业、军事、医疗等领域。

有线电视系统是采用同轴电缆或光缆甚至微波和卫星作为电视信号的传输介质。电视信号在传输过程中普遍采用两种传输方式:一种是射频信号传输(又称高频传输);另一种是视频信号传输。应用有线电视系统多数采用视频信号传输方式,而广播有线电视系统通常采用射频信号传输方式,且保留着无线广播制式和信号调制方式。

在保证电视信号质量的基础上,为了更加充分、合理地利用频谱资源,我国对电视频道的基波配置波谱做出如图 9-1 所示的划分。

对图 9-1 做出以下说明和补充。

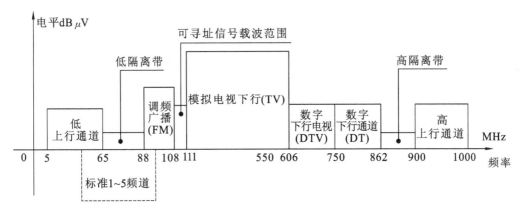

图 9-1　频道配置波谱图

（1）横坐标表示频率，纵坐标表示网络传输中信号电平的相对高低。

（2）频谱中下行模拟电视频道分为标准频道（DS××）和增补频道（Z××），Z××是有线电视专用频道。

（3）由于网络双向业务的开通，下行频道 DS1～DS5 频道不宜选用。

（4）为防止传输系统中上行信号、下行信号的串扰，特设置了隔离带。

有线电视频道配置表举例如表 9-1 所示。

表 9-1　有线电视频道配置表举例

编　号	频道代号	频率范围/MHz	图像载波频率/MHz	伴音载波频率/MHz
CH-1	DS-1	48.5～56.5	49.75	56.25
CH-2	DS-2	56.5～64.5	57.75	64.25
CH-3	DS-3	64.5～72.5	65.75	72.25
CH-4	DS-4	76.0～84.0	77.25	83.75
CH-5	DS-5	84.0～92.0	85.25	91.15
CH-6	Z-1	111.0～119.0	112.25	118.75
CH-7	Z-2	119.0～127.0	120.25	126.75
CH-8	Z-3	127.0～135.0	128.25	134.75
CH-9	Z-4	135.0～143.0	136.25	142.75
CH-10	Z-5	143.0～151.0	144.25	150.75
CH-11	Z-6	151.0～159.0	152.25	158.75
CH-12	Z-7	159.0～167.0	160.25	166.75
CH-13	DS-6	167.0～175.0	176.25	182.75
CH-14	DS-7	175.0～183.0	176.25	182.75
CH-15	DS-8	183.0～191.0	184.25	190.75
CH-16	DS-9	191.0～199.0	192.25	198.75

9.3.2　有线电视系统的构成及分类

有线电视系统一般由前端设备、干线传输系统和用户分配网络三个部分组成,如图 9-2 所示。前端设备主要包括电视接收天线、频道放大器、频率变换器、自播节目设备、卫星电视接收设备、导频信号发生器、调制器、混合器以及连接线缆等部件。前端信号的来源一般有三种:一是无线电视台的信号;二是卫星地面接收的信号;三是各种自办节目信号。

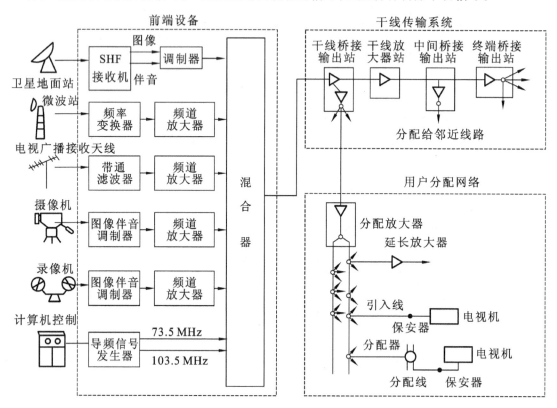

图 9-2　有线电视系统的组成

有线电视系统前端设备(见图 9-3)的主要作用有以下五个。

(1) 将天线接收的各频道电视信号分别调整到一定电平,然后经混合器混合后送入干线。

(2) 必要时将电视信号变换成另一频道的信号,然后按这一频道信号进行处理。

(3) 将卫星电视接收设备输出的信号通过调制器变换成某一频道的电视信号送入混合器。

(4) 自办节目信号通过调制器变换成某一频道的电视信号而送入混合器。

(5) 当干线传输距离远(如大型系统)时,由于电缆对不同频道信号衰减不同等原因,故加入导频信号发生器来进行自动增益控制(AGC)和自动斜率控制。

对于接收无线电视频道的强信号,一般是在前端使用 V/V 频率变换器,将此频道的节目转换到另一频道上去,这样空中的强信号即使直接串入用户电视机也不会造成重影干扰,因为此时频道已经转换。若要转换 UHF 频段的电视信号,则一般采用 U/V 频率变换器将它转换到 VHF 频段的某个空闲频道上。但对于全频段(VHF+UHF)的 CATV 系统,则不需要 U/V 频率变换器,可直接用 UHF 频道传送。

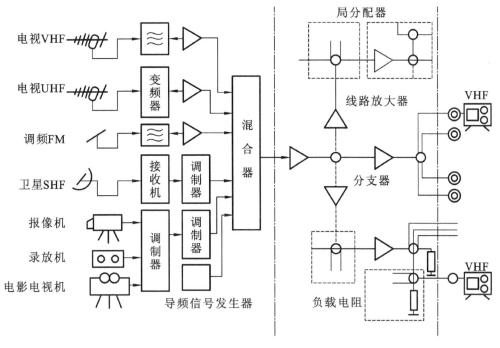

图 9-3　前端设备

从卫星下行的电视信号,通过抛物面卫星天线送入馈源和高频头(LNB),将频率变成第一中频即 970~1 470 MHz 的电视信号,通过同轴电缆送入前端设备。进入前端的卫星信号常常需要经过两个前端设备:其一为卫星电视接收机,它的作用是将第一中频电视信号解调成音频信号和视频信号;其二为邻频调制器,它的作用是将音频信号、视频信号调制到所需要的电视频道(VHF 或 UHF 频段),然后送入混合器。

自办节目的信号来自演播室、室外采访摄像机或室内录像机。它们输出的都为音频信号、视频信号,音频信号、视频信号进入前端以后都需要用邻频调制器调制成指定的 VHF/UHF 邻频频道再送入混合器。

在大型系统中还会遇到使用导频信号发生器的情况。导频信号发生器信号是提供整个系统自动电平控制和自动斜率控制的基准信号装置,可以在环境温度和电源电压不稳定时保证输出载波电平的稳定。这种装置在一般中型系统或小型系统中不常采用。

干线传输系统是把前端接收、处理、混合后的电视信号传输给用户分配网络的一系列传输设备。一般在较大型的有线电视系统中才有此部分。对于单栋大楼或小型有线电视系统,可以不包括干线传输系统,而直接由前端设备和用户分配网络组成。

用户分配网络(见图 9-4)是有线电视系统的最后部分,主要包括放大器、分配器、分支器、系统输出端以及电缆线路等,它的最终目的是向所有用户提供电平大致相等的优质电视信号。

(1) 按系统规模或用户数量来分,有线电视系统分为 A、B、C、D 四类,分别对应大型系统、中型系统、中小型系统和小型系统。

(2) 按网络构成分,有线电视系统分为同轴电缆网有线电视系统、光缆网有线电视系统、微波网有线电视系统、混合网有线电视系统。

(3) 按工作频段分,有线电视系统分为 VHF 系统、UHF 系统、VHF+UHF 系统。

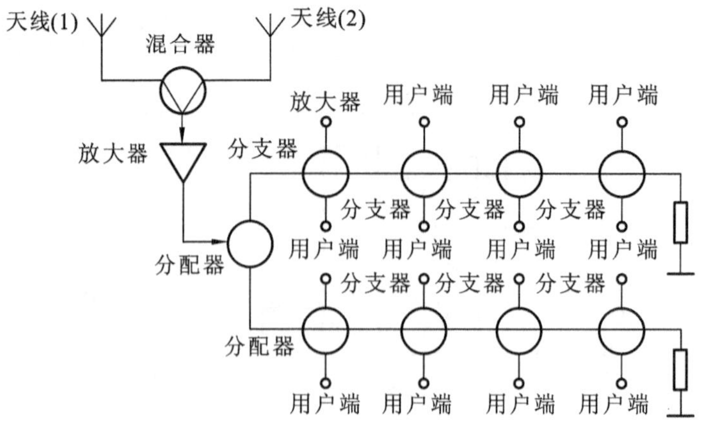

天线(1)
天线(2)
混合器
放大器
用户端
用户端
用户端
放大器
分支器
分支器
分支器
分支器
分配器
用户端
用户端
用户端
用户端
分支器
分支器
分支器
分配器
用户端
用户端
用户端
用户端

图 9-4　用户分配网络

(4) 按功能分,有线电视系统分为常用型有线电视系统、多功能型(双向传输)有线电视系统。

9.3.2.1　前端设备

前端设备是有线电视系统的核心,是为用户提供高质量信号的重要环节。其主要作用是进行信号的处理和变换。前端信号的来源一般有三种:一是卫星地面接收的信号;二是当地有线电视台的信号;三是各种自办节目信号。其基本的特性指标频率为 300 MHz、450 MHz、550 MHz、750 MHz,信噪比为 C/N≥43 dB(系统),用户电平为 60～80 dB。

前端的基本组成方式有常见型前端(见图 9-5)、重新调制型前端(见图 9-6)、外差型前端(见图 9-7)。

1. 放大器

(1) 天线放大器。

(2) 频道放大器(见图 9-8)。

(3) 高电平输出放大器。

VHF
UHF
FM
SHF
室外
单元
放像机
频道转换
频道转换
调制
调制
调制
调制
调制
混合器
输出

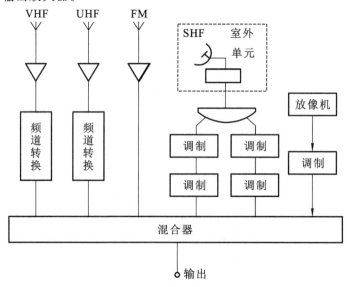

图 9-5　常见型前端

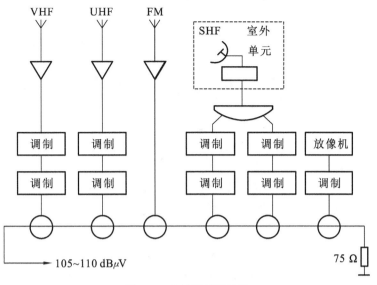

图 9-6　重新调制型前端

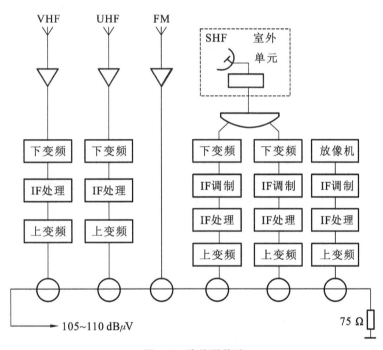

图 9-7　外差型前端

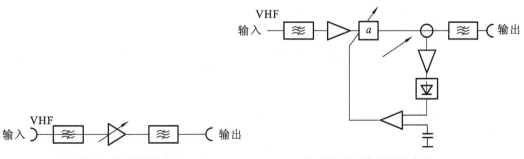

(a) 手动增益调节频道放大器　　　(b) 自动增益调节频道放大器

图 9-8　频道放大器

2. 频率转换器

频率转换器是只进行差频变换而不改变频谱结构的频率变换器。前端设备中的频率转换器主要有以下几种。

(1) U-V 频率转换器。U-V 频率转换器将 UHF 的电视信号转换成 VHF 的电视信号，并在 VHF 较低频率上传输，容易保证信号质量和降低系统成本。

(2) U-Z 频率转换器。采用增补频道进行信号传输时，需要 U-Z 频率转换器。

(3) V-U 频率转换器。在全频道有线电视系统中，可以用 V-U 频率转换器把 VHF 的电视信号转换为 UHF 的电视信号。

(4) V-V 频率转换器。在强场强区，为了克服空间波直接窜入高频头而形成重影，往往采用 V-V 频率转换器，变换一个频道。

3. 频道处理器

频道处理器有外差型频道处理器和解调-调制型频道处理器两种。与二次变频的频率转换器相比，它主要多了中频处理器和中频 AGC 两部分，性能优良。常用的频道处理器是外差型频道处理器，解调-调制型频道处理器主要用于通过微波中继的超大型系统。

4. 调制器

调制器是将视频信号和音频信号变换成射频电视信号的装置，通常采用中频调制方式。它常与录像机、摄像机、卫星接收机等配合使用。

5. 混合器

混合器是把两路或多路信号混合成一路输出的设备。

6. 导频信号发生器

为了补偿由于温度变化而引起电缆衰减量和放大器增益的变化，在干线放大器中要进行自动增益控制（AGC）和自动斜率控制（ASC）。为此，在前端就需要发送 1~3 个反映传输电平变化情况的具有固定频率及幅度稳定的载波信号，即导频信号。此时，就需要用到导频信号发生器。

9.3.2.2 干线传输系统

1. 干线传输系统概述

干线传输系统是把前端的电视信号送至用户分配网络的中间传输部分。其传输方式有同轴电缆传输、光缆传输、光缆＋电缆传输和无线传输四种。

1) 同轴电缆传输

有线电视系统传输电视信号通常采用的是射频同轴电缆。同轴电缆在支线中使用较为普遍，在用户分配网络中几乎都采用同轴电缆，在用户几公里的干线中也可使用同轴电缆。

2) 光缆传输

光纤的损耗很小，在一定距离内不需要信号放大。光纤的频率特性好，可不进行均衡处理。

(1)基本组成。光缆传输系统的基本组成如图 9-9 所示。

(2)光调制方式。光调制方式有模拟方式和数字方式两种。

(3)光缆的多路传输。光缆的多路传输指的是用一根光缆同时传输多路电视信号。

① 波分多路方式：同时传输几个不同波长的光，可实现双向传输。

② 频分多路方式：将多路电视信号混合成一路电视信号，只能传输射频信号。

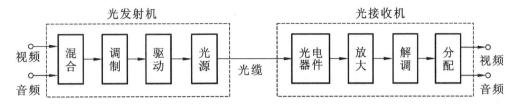

图 9-9　光缆传输系统的基本组成

3）光缆＋电缆传输

这是一种常见的混合传输方式,其特点是用光缆做主干线和支干线,在用户小区用电缆作树枝状的用户分配网络。

4）无线传输

(1) 单/多路 FM 微波电视传输。它属于调频微波链路(FML),一般用于远距离传输或信噪比要求超过 56 dB 的高指标场合。其频率为 2 GHz 或 12.7～13.25 GHz,频道带宽为 25 MHz 或 12.5 MHz。

(2) MMDS 系统。它是多路微波分配系统。其核心是多路调幅发射机,多套电视节目通过多路调幅发射机输出,由双工器或合成器组合起来,送到一个或两个发射天线。

9.3.2.3　传输设备

1. 放大器

在电缆传输系统中使用的放大器主要有干线放大器、干线分支(桥接)放大器和干线分配放大器。在光缆传输系统中要使用光放大器。

(1) 干线放大器。AGC 干线放大器带斜率补偿。ALC 干线放大器自动电平控制,应用最多。ALC 干线放大器需要两个导频信号:一个用于 AGC 控制,另一个用于 ASC 控制。

(2) 光放大器。

目前有线电视系统使用的光放大器主要有干线光放大器和分配光放大器。按工作原理分,它们又可细分为半导体激光放大器和光纤激光放大器两种。

2. 均衡器(EQ)

均衡器是一个频率特性与电缆的相反的无源器件。在选择均衡器时,其标称工作频率范围应与工作系统的信号频率范围相同,最大均衡量 JL 应与系统信号最大电平差相等。

3. 光端机

光端机包括光发射机和光接收机,它可分为单路光端机和多路光端机两类。单路光端机主要用于电视台机房与发射塔之间,多路光端机主要用于有线电视网。

4. 其他设备

(1) 光分路(耦合)器。其工作原理是利用光纤芯外的衰减场相互耦合,使光功率在两根光纤中相互转换。按结构分,光分路(耦合)器可分为星型光分路(耦合)器和树枝型光分路(耦合)器两种。

(2) 光纤活动连接器。它是一种接头连接器。它可分为平端光纤活动连接器和斜面光纤活动连接器两种。

9.3.2.4 用户分配网络

1. 用户分配网络的作用、组成与特点

用户分配网络的作用主要是把干线传输系统送来的信号分配至各个用户点。用户分配网络的组成分配系统由放大器和分配网络组成。用户分配网络的形式很多,但它们都由分支器或分配器及电缆组成。用户分配网络考虑的主要问题是交、互调比,载噪比,用户电平(系统输出口电平)等。用户分配网络具有如下特点。

(1) 用户电平在 70 dB 左右。

(2) 由于系统长度短,所以放大器级数少(通常只有一、二级);放大器可不进行增益和斜率控制。

2. 用户分配网络的分配方式

有线电视的用户分配网络一般都是电缆网,其基本分配方式有如下几种:串接分支链方式、分配-分配方式(见图 9-10)、分支-分支方式、分配-分支方式(见图 9-11)、分配-分支-分配方式。

分配-分支方式是一种最常用的分配方式。在分配-分支网络中,允许分支器的分支端空载,但最后一个分支器的输出端仍要加 RT14-75 Ω-1/4W 负载。分配-分支-分配网络所带的用户终端较多,但分配器输出端不能空载。

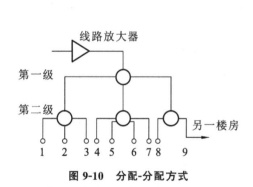

图 9-10　分配-分配方式

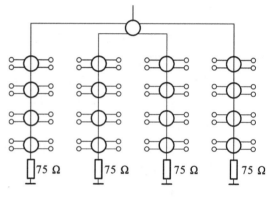

图 9-11　分配-分支方式

3. 分配放大器、分配器和分支器

放大器分为分配放大器和线路延长放大器两种。分配放大器的功能是分出几路所需电平,线路延长放大器用于提高信号电平。分配器是将一路输入信号均等地分配为两路或两路以上信号的部件。二分配器原理图如图 9-12 所示。分配器主要性能指标如表 9-2 所示。

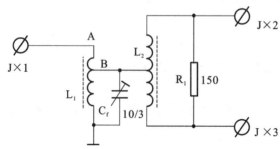

图 9-12　二分配器原理图

表 9-2　分配器主要性能指标

序　号	项　目		性 能 参 数			
			二 分 配 器	三 分 配 器	四 分 配 器	六 分 配 器
1	分配损耗/dB	VHF	≤3.7	≤3.8	≤7.3	≤10.3
		UHF	≤4	≤6.3	≤8	≤11
2	相互隔离/dB	VHF	≥20			
		UHF	≥18			
3	反射损耗/dB	VHF	≥16			
		UHF	≥10			

　　分支器是连接用户终端与分支线的装置。它被串联在分支线中,用于取出信号能量的一部分馈给用户。分支器由一个主路输入端(IN)、一个主路输出端(OUT)和若干个分支输出端(BR)构成。

　　分支器的电气特性如下。

　　(1) 插入损失:分支器插入损失大小一般在 0.3～4 dB 之间。

　　(2) 分支损失:也称为分支耦合损失,它表示分支输出端从干线耦合能量的多少,一般在 6～33 dB 之间。

　　(3) 隔离:分支器的隔离有反向隔离和相互隔离两种。

　　① 反向隔离一般在 23～40 dB 之间。

　　② 相互隔离(分支输出端之间)大于 20 dB。

　　一分支器原理图如图 9-13 所示。分支器的技术数据如表 9-3 所示。

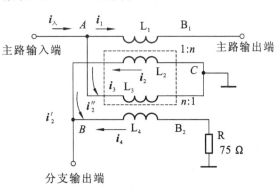

图 9-13　一分支器原理图

表 9-3　分支器的技术数据

项　目		性 能 参 数										
		二 分 支 器						四 分 支 器				
分支损耗/dB	标称值	8	12	16	20	24	28	12	16	20	24	28
	允许偏差	±1.3										
插入损耗/dB	VHF	≤3.3	≤2	≤1.3	≤1	≤0.3	≤0.3	≤3.3	≤2	≤1.3	≤1	≤1
	UHF	≤4.3	≤3	≤2	≤1.3	≤1.3	1.3	≤4.3	≤3	≤2	≤2	≤2
反向损耗/dB	VHF	≥18	≥22	≥26	≥30	≥34	≥38	≥22	≥26	≥30	≥34	≥38
	UHF	≥13	≥17	≥21	≥23	≥29	≥33	≥17	≥21	≥23	≥29	≥33
相互隔离/dB	VHF	≥22										
	UHF	≥18										
反射隔离/dB	VHF	≥16										
	UHF	≥10										

9.3.3　数字电视

所谓数字电视,从信息学角度来讲,就是将传统的模拟电视信号经过抽样、量化和编码转换成用二进制数代表的数字式信号,然后进行记录、处理、存储、传输和接收等各种处理。

信号的数字化,非常有利于用计算机对信号进行处理、控制、监测。这个良好的技术平台为新业务的开发提供了非常大的发挥空间。在节目制作、播放、传输、接收各个环节均采用数字技术的电视广播系统(简称数字电视系统),包括 SDTV 和 HDTV。它们的传输方式包括卫星、地面、有线电视网,用户接收信号需要通过 STB 或数字电视机。

在有线电视系统中,技术上先进的数字电视系统必然会取代模拟电视系统。模拟电视系统传输质量不容易保证,频道数有限,难以提供高速信息服务,特别是很难提供大范围的条件接收和用户管理功能。采用数字方式,有线电视系统可以有效地克服这些缺点。

数字电视系统的优点有以下 4 个。

(1) 大大提高现有电视节目的音像质量。

(2) 传输的节目多。

(3) 容易开展各种综合业务和交互式业务。

(4) 容易加密/加扰,开展信息安全/收费业务。

9.3.4　卫星有线电视系统

卫星电视广播系统由上行发射站、星体和接收站三大部分组成。上行发射站的主要任务是把电视中心的节目送往广播电视卫星,同时接收卫星转发的广播电视信号,以监视节目质量。星体是卫星电视广播的核心,它对地面是相对静止的,即要求它的公转精确且与地球自转保持相同,并且保持正确的姿态。卫星的星体包括卫星接收天线、太阳能电源、控制系统和转发器。转发器的作用是把上行信号经过频率变换及放大后,由定向天线向地面发射,以供地面的接收站接收卫星信号

1. 卫星电视接收系统的组成

卫星电视接收系统通常由卫星接收天线、高频头和卫星接收机三大部分组成,如图 9-14 所示。

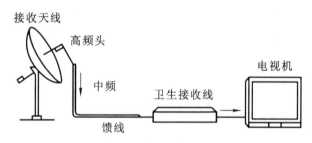

图 9-14　卫星电视接收系统

卫星接收天线与天线馈源相连的高频头通常放置在室外,所以又称为室外单元设备。卫星接收机一般放置在室内,与电视机相连,所以又称为室内单元设备。室外单元设备与室内单元设备之间通过一根同轴电缆相连。

2. 卫星接收天线

通信卫星距地球赤道三万六千公里,由转发器发送的数据信号,到达地面通过天线面接

收、反射聚焦到馈源和高频头（一体化）的接收口。经高频头对这个微弱的信号进行放大和第一次变频，由 LNB 孔输出，将信号通过电缆送至室内的卫星接收机。

卫星接收天线（见图 9-15）有以下几方面的作用：接收卫星发出的高频电磁波的能量；选择所需要的卫星电视信号，抑制外界干扰信号；放大接收到的微弱卫星高频信号；进行降频变换处理，将卫星高频信号转换成中频信号。

图 9-15　卫星接收天线

卫星接收天线的分类如下。

（1）按形式分，卫星接收天线分为分瓣拼装式卫星接收天线和整体式卫星接收天线两类。

（2）按材料分，卫星接收天线分为板状卫星接收天线和网状卫星接收天线两类。

（3）按馈源在反射面的位置分，卫星接收天线分为前馈卫星接收天线和后馈卫星接收天线两类。

（4）按馈源相对于反射面中轴线的位置分，卫星接收天线可分为偏馈式卫星接收天线和正馈式卫星接收天线两类。

Ku 段 0.6～1.2 m 的卫星接收天线多为整体偏馈式卫星接收天线。

卫星电视广播主要使用 SHF 频段（3～30 GHz）。其中，亚洲地区主要使用 C 波段（3.7～4.2 GHz），地面接收口径约 3～4.5 m 以上。每个波段宽度为 500 MHz。Ku 波段（11.7～12.2 GHz、12.2～12.7 GHz），使用小口径（0.5 m 左右）的卫星接收天线就可以接受 150 套优质的电视节目，每个波段宽度为 800 MHz。与 C 波段相比，Ku 波段的优点如下。

（1）卫星接收天线的口径较小，这是因为 Ku 波段的波长短，在口面效率和增益相同的条件下，Ku 波段使用的卫星接收天线口径可以是 C 波段卫星接收天线口径的 1/3，卫星接收天线方面的成本就低了。

（2）Ku 波段的地面场强较高，由于 Ku 波段转发器的功率比 C 波段转发器的功率大得多，其等效全向辐射功率就大。

（3）可用频带较宽，C 波段的频率范围是 3.7～4.2 GHz，带宽是 500 MHz。而 Ku 波段的带宽达 800 MHz，可利用性高。

（4）由于频率高，各种电波对它的干扰较小。

当将卫星接收天线安装在地面时，应考虑避免人为的损坏，且要有合适的高度。卫星接收天线距机房不大于 30 m，以防信号衰减过大。卫星接收天线安装时，口面的正前方应无阻挡物，避开微波塔、电信塔、高压输电线路，避开风口较大的地方。

3．接收设备

1）馈源

馈源的作用是将被天线拓射面收集、聚焦的电磁波转换为适合于波导传输的某种单一模式的电磁波。馈源由于形如喇叭，所以又称为馈源喇叭。馈源喇叭本身具有辐射相位中心，当其相位中心与天线反射面焦点重合时，能使接收信号的功率全部转换到天线负载上去。常见的馈源喇叭有圆锥形馈源喇叭、角锥形馈源喇叭、波纹馈源喇叭和环形槽馈源喇叭。

2）高频头

卫星电视信号由天（馈）线系统进入高频头。卫星接收天线接收的卫星信号非常微弱，一般由天（馈）线送给高频头输入端的载波信号（4 GHz 或 12 GHz）功率为 −90 dBmW 左右，经低噪声放大、混频以及第一中频放大后输出 −30～20 dBmW 的中频（970～1 470 MHz）信号。

高频头的主要技术参数如下。

（1）增益（G）：60 dB 以上，反映放大量。

（2）噪声系数：反映内部噪声参数的大小，Ku 段高频头的噪声为 0.7～0.9 dB，ASK 段高频头的噪声为 0.7 dB。

（3）本振频率：11 300 MHz 等。

（4）工作电压：15～25 V。

（5）极化：垂直线极化、水平线极化（双极化单输出）。

（6）工作频率：950～1 450 MHz（12 620 MHz～11 300 MHz＝1 320 MHz，恰好在工作频段内）。

3）卫星接收机

室内单元设备即卫星接收机，它的主要功能是将高频头送来的中频信号（970～1470 MHz）解调还原成具有标准接口电平的电视图像和伴音信号。为了使一般电视机能直接收看，卫星接收机还备有标准频道的射频电视信号输出。当用于集体接收时，卫星接收机输出的图像和伴音信号被送往电视调制器。若是接收非 PAL 制的电视节目，则在调制器前还要插入制式转换器。

4. 极化的概念

电波的极化是指电场矢量的矢端随时间变化的规律。通俗地讲，极化就是电磁波传输的一种方式。极化包括线极化（局部波束采用）和圆极化（全球或半球波束采用）两种。其中，线极化又细分为垂直线极化和水平线极化两种。

（1）垂直线极化：以地平面为参考电磁波振动的方向与地平面垂直，称为垂直线极化。

（2）水平线极化：以地平面为参考电磁波振动的方向与地平面水平，称为水平线极化。

5. 计算卫星所需参数

对于固定式卫星接收天线系统，需要根据卫星接收天线所在地的经纬度及所要接收卫星的经度计算出卫星接收天线的仰角和方位角（见图 9-16），并以此角度调整卫星接收天线，使其对准相应的卫星。对于极化的卫星信号，还需要调整高频头的极化角。

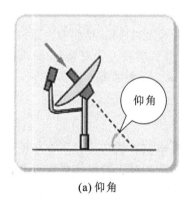

(a) 仰角

(b) 方位角

图 9-16　调整仰角和方位角

卫星所需参数如下。

(1) α = 地面站所在地经度 - 卫星定点经度。

(2) β = 地面站所在地纬度。

(3) r = 6 378 km(地球半径)。

(4) R = 42 218 km(卫星轨道半径)。

(5) r/R = 0. 151 3。

(6) 仰角。仰角是指卫星接收天线的焦距线与水平线的夹角。

(8) x = 卫星经度 - 接收地经度。

(9) y = 接收地纬度。

仰角的计算公式为

$$E1 = \arctan\left[(\cos x \cos y - 0.151\ 3)/(1 - \cos^2 x \cos^2 y)^{\frac{1}{2}}\right]$$

(10) 方位角。从卫星接收天线(接收点)到卫星的视线在接收点的水平面上有一条正投影线,从接收点的正北方向开始,顺时针方向至这条投影线的角度就是方位角。

方位角计算公式为

$$Az = \arctan(\tan x/\sin y)$$

6. 防雷与接地

电气设备的防雷是十分重要的问题,特别是平房校舍,周围无较高建筑物,必须采取防雷措施。单根避雷针顶端的保护角约为 45°,它的保护范围呈帐篷状,边缘为双曲线。在安装避雷针时要注意以下问题,以确保安全:安装的避雷针必须将室外单元设备置于保护范围内;避雷针与卫星接收天线的水平距离应大于 3 m;避雷针的接地体距建筑物应大于 5 m。

9.3.5 视贝卫星有线电视系统

视贝卫星有线电视系统拓扑图如图 9-17 所示。

有线电视系统是用射频电缆、光缆、多频道微波分配系统或其组合来传输、分配和交换声音、图像及数据信号的电视系统。它主要由前端设备、干线传输系统和用户分配网络组成。信号源接收部分的主要任务是向前端提供系统欲传输的各种信号。它一般包括开路电视接收信号、调频广播信号、地面卫星信号、微波信号以及有线电视台自办节目信号等。前端设备的主要任务是将信号源送来的各种信号进行滤波、变频、放大、调制、混合等,使其适于在干线传输系统中进行传输。干线传输系统的主要任务是将系统前端部分所提供的高频电视信号提供传输媒体、不失真地传输给用户分配网络。用户分配网络把从前端传来的信号分配给千家万户,由支线放大器、分配器、分支器、用户终端以及用户线组成。

视贝卫星有线电视系统主要设备如下。

1. 卫星天线锅

国产卫星天线锅 45 cm 如图 9-18 所示。

卫星天线锅就是我们常说的卫星接收天线,它呈一个金属抛物面,负责将卫星信号反射到位于卫星接收天线焦点处的馈源和高频头内。卫星天线锅的作用是收集由卫星传来的微弱信号,并尽可能去除杂讯。大多数卫星天线锅通常呈抛物面状的,也有一些多焦点卫星天线锅由球面和抛物面组合而成。卫星信号通过抛物面状卫星天线锅的反射后集中到它的焦点处。

2. 卫星接收机

国产卫星接收机 DM-500-S 如图 9-19 所示。

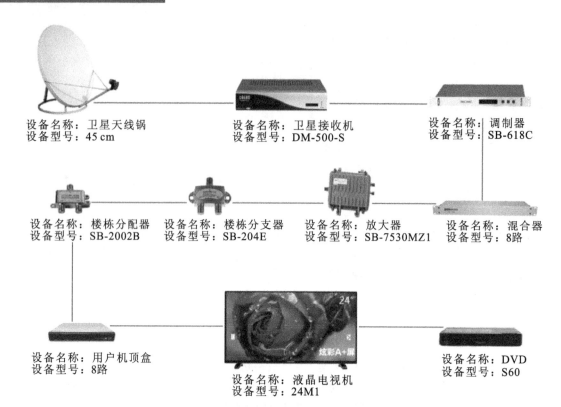

设备名称：卫星天线锅
设备型号：45 cm

设备名称：卫星接收机
设备型号：DM-500-S

设备名称：调制器
设备型号：SB-618C

设备名称：楼栋分配器
设备型号：SB-2002B

设备名称：楼栋分支器
设备型号：SB-204E

设备名称：放大器
设备型号：SB-7530MZ1

设备名称：混合器
设备型号：8路

设备名称：用户机顶盒
设备型号：8路

设备名称：液晶电视机
设备型号：24M1

设备名称：DVD
设备型号：S60

图 9-17 视贝卫星有线电视系统拓扑图

图 9-18 国产卫星天线锅 45 cm

图 9-19 国产卫星接收机 DM-500-S

卫星接收机是指将卫星降频器 LNB 输出信号转换为音频视频信号或者射频信号的电子设备。模拟卫星接收机接收的是模拟信号，目前因为大部分信号均已经数字化，所以它基本已经绝迹。数字卫星接收机接收的是数字信号，是目前比较常用的卫星接收机，又分为插卡数字机、免费机、高清机等。

一台最基本的卫星接收机，通常应包括以下几个部分：电子调谐选台器、中频 AGC 放大与解调器、图像信号处理器、伴音解调器、面板指示器、电源电路。

（1）电子调谐选台器：其主要功能是从 950～1 450 MHz 的输入信号中选出所要接收的某一电视频道的频率，并将它变换成固定的第二中频频率（通常为 479.5 MHz），送给中频放大与解调器。

（2）中频 AGC 放大与解调器：将输入的固定第二中频信号滤波、放大后，再进行频率解调，得到包含图像和伴音信号在内的复合基带信号，同时还输出一个能够表征输入信号大小的直流分量送给电平指示电路。

（3）图像信号处理器：它从复合基带信号中分离出视频信号，并经过去加重、能量去扩散和极性变换等一系列处理之后，将图像信号还原并输出。

（4）伴音解调器：从复合基带信号中分离出伴音副载波信号，并将它放大、解调，得到伴音信号。

（5）面板指示器：它将中频 AGC 放大与解调器送来的直流电平信号进一步放大后，用指针式电平表、发光二极管陈列式电平表或数码显示器，来显示卫星接收机输入信号的强弱和品质。

（6）电源电路：它将市电经变压、整流、稳压后得到多组低压直流稳压电源，为本机各部分及室外单元设备（高频头）供电。

3. 混合器

视贝 8 路混合器如图 9-20 所示。

混合器就是把多个信号合并为一路而不产生相互影响，而且能阻止其他信号通过的滤波型混合器。它可以把多个单频道放大器输出的不同频道的电视信号合为一路，再传输到各电视用户供选用。在使用中，混合器有 VHF/VHF 混合、UHF/UHF 混合、VHF/UHF 混合、专用频道混合等 4 种组合形式。

4. 放大器

放大器的主要作用是，补偿有线电视信号在各设备间转换、电缆传输、设备接收等过程中造成的衰减，以便使信号能够稳定、优质、远距离地传输。放大器还应具有平衡带内曲线的作用。放大器按用途分有天线放大器、频道放大器、干线放大器、分配放大器等多种。

放大器 SB-7530MZ1 如图 9-21 所示。

图 9-20　视贝 8 路混合器

图 9-21　放大器 SB-7530MZ1

5. 楼栋分配器

楼栋分配器 SB-2002AMP 如图 9-22 所示。

分配器是分配高频信号电能的装置。其作用是把混合器或者放大器送来的电视信号平均分成若干等份，送给几条干线，向不同的用户区域提供电视信号，并能保证各部分能得到良好的匹配，同时保持传输干线各传输端之间的相互隔离度。常用的分配器有二分配器、三分配器、四分配器、六分配器等。不同分配器的插入损耗不同，高频段信号损耗大于低频段信号。

图 9-22　楼栋分配器 SB-2002AM

6. 楼栋分支器

楼栋分支器视贝 SB-204E 如图 9-23 所示。

分支器的功能是在高电平电路传输中,以较小的插入损耗,从干线上取出部分信号送给各用户端。常用的分支器有二分支器和四分支器。通过各楼层不同结构选择合理的分支器馈送信号到用户,来保证信号质量是非常必要的。

7. 用户机顶盒

在有线电视系统用户端,凡是与电视机连接的网络终端设备都可称为机顶盒。用户机顶盒(见图 9-24)的功能主要是从视频或网络信号中解调出视频和音频信号,通过 A/V 端子或 HDMI 接口输出给电视机。

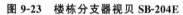

图 9-23　楼栋分支器视贝 SB-204E

图 9-24　用户机顶盒

9.4　知识拓展

9.4.1　有线电视系统主要技术指标

有线电视系统主要技术指标主要有载噪比、载波复合三次差拍比、交扰调制比、交流声调制、回波值、微分增益失真、微分相位失真、频道内频响、色度/亮度时延差。

1. 载噪比

噪声使电视屏幕图像上出现大量细小亮点,犹如下雪时飘落的雪花一样,使图像结构粗糙,清晰度降低,对比度变差,层次减少。在彩色电视上,噪声表现为产生大量醒目的亮点。噪声产生的原因是:前端接收信号场强较弱,系统所用设备噪声系数过大;系统输出口电平过低。减少噪声影响的办法是:当接收场强较弱时,就在卫星接收天线下直接接低噪声天线放大器,放大后的信号再由电缆送出,这样可提高载噪比。有线电视系统线路设计合理,使用户端信号电平不至于过低,也能避免载噪比升高。

2. 载波复合三次差拍比

复合三次差拍表现为在电视机屏幕上出现横向差拍噪波,这是一种水平波纹状的噪波干扰。当载波复合三次差拍比等于 54 dB 时,在电视机屏幕上刚刚发现横向差拍噪波,最初为横向细小的水波纹状噪波,对比度较小,稍有察觉但不令人讨厌。当载波复合三次差拍比等于 35 dB 时,横向差拍比噪波干扰严重、很讨厌,以时横向差拍噪波,为较粗横向水波纹,且对比度变大,使观看者很难接受。

载波复合三次差拍比较低的原因有两个:其一为放大器本身非线性指标未达标;其二为放大器输出电平过高。在一定范围内,随着放大器输出电平的提高,载波复合三次差拍比呈线性降低。欲达到一定载波复合三次差拍比,只能选适当的输出电平。

3. 交扰调制比

交扰调制比表征两个电视频道或多个电视频道之间信号的相互串扰程度。

当串扰信号不失真,且与被串信号基本同步时,则在一个画面上将看到一个弱信号,如彩条、格子等;当两个信号不同步时,串入图像将产生漂动。当串入信号有失真时,画面上会出现杂乱无章的麻点,或移动不规则的花纹。

交扰调制产生的原因是:有线电视系统中有非线性失真产生。减少交扰调制的办法如下:选择质量较好的放大器,使非线性失真达标,且放大器输出电平不能过高;频道安排要适当,由于某些原因容易串扰的频道尽量不用。

4. 交流声调制

交流声调制指在 1 kHz 以内 50 Hz 电源的交流声及其谐波的干扰。干扰现象为在图像上出现 50 周滚道。交流声调制要求不大于 3%。

交流声调制使电视机屏幕上出现上、下滚动的水平黑道或白道,严重时会影响同步,使图像沿垂直方向出现扭动,最严重会破坏同步,使图像画面混乱。产生交流声调制的原因如下:交流供电电压过低;直流稳压电源滤波不好;系统接地电阻过大。减少交流声调制的办法如下:直流稳压电源要达标,电源波动小,以减小 50 周交流分量;有线电视系统接地电阻要小;信号线(特别是视频信号线)不能与主电源供应线远距离并行在一起,以免 50 周交流声串进去。

5. 回波值

传输介质不均匀时,信号会产生反射波,使图像左边出现重影。有线电视系统的回波值要求不大于 7%。回波的存在会在图像右边出现一个反射波的重影或幻象。产生回波的原因如下:电缆质量不好;反射损耗低。

6. 微分增益失真

微分增益失真使图像在不同亮度处彩色饱和度发生变化。微分增益失真使在不同亮度饱和度不一样,如在电视画面上演员从暗处走到亮处,肤色和服饰的饱和度不一样。产生微分增益失真的原因是:调制器质量差。微分增益失真是由调制特性曲线的非线性或视频放大器的非线性而引起的失真。

减少微分增益失真影响的方法是:采用合格的、质量较好的调制器。

7. 微分相位失真

微分相位失真使图像在不同亮度处颜色发生变化。例如:一个演员由暗处走到亮处,红色服装会由暗红色变为绛紫色。产生微分相位失真的原因是:调制器质量差。调制器的非线性相位特性引起微分相位失真。其他设备对微分相位的影响很小,可以忽略不计。

8. 频道内频响

频道内频响是指从图像载频到图像载频加 6 MHz 范围内的射频的幅频特性。频道内频响应小于等于 ±2 dB。幅频特性下降过多,高频分量幅度变小,图像清晰度下降,而幅频特性提升过高,高频分量增加,图像变得比较生硬(类似勾边电路产生的现象)。产生这一现象的原因是:调制器幅频特性欠佳。

9. 色度/亮度时延差

色度/亮度时延差使图像中色度信号与亮度信号不重合,产生彩色镶边,严重时使彩色轮廓和黑白轮廓分家,类似画报中出现套色不准的情形,使彩色清晰度下降。产生这一现象的主要原因是,调制器中频滤波器质量不好,幅频特性下降过陡,使相位特性起伏较大;次要原因是,频道处理器的中频滤波器质量不好。

9.4.2 IPTV 系统

1. IPTV 基础知识

IPTV 即交互式网络电视,是一种利用宽带有线电视网,集互联网、多媒体、通信等多种技术于一体,向家庭用户提供包括数字电视在内的多种交互式服务的崭新技术。宽带网络数字电视,又称为 IPTV 或 BTV,即交互式网络电视,是一种利用宽带互联网、多媒体等多种技术于一体,向家庭用户提供包括数字电视在内的多种交互式服务的崭新技术。它能够很好地适应当今网络飞速发展的趋势,充分有效地利用现有宽带网络资源。

IPTV 的基本技术形态可以概括为:视频数字化、传输 IP 化和播放流媒体化。它包括音/视频编解码技术、音/视频服务器与存储阵列技术、IP 单播与组播技术、IP QoS 技术、IP 信令技术、内容分送网络技术、流媒体传输技术、数字版权管理技术、IP 机顶盒与 EPG 技术以及用户管理与收费系统技术等。

用户在家中可以通过以下三种方式享受 IPTV 服务:一是计算机;二是网络机顶盒+普通电视机;三是移动终端,如智能手机、平板电脑等。IPTV 能够很好地适应当今网络飞速发展的趋势,充分、有效地利用网络资源。

IPTV 既不同于传统的模拟式有线电视,也不同于经典的数字电视。因为,传统的模拟式有线电视和经典的数字电视都具有频分制、定时、单向广播等特点,尽管经典的数字电视相对于传统的模拟式有线电视有许多技术革新,但只是发生了信号形式的改变,而没有触及媒体内容的传播方式。

IPTV 的主要卖点是交互及 Internet 内业务的扩充。IPTV 还可以非常容易地将电视服务和互联网浏览、电子邮件,以及多种在线信息咨询、娱乐、教育及商务功能结合在一起。

2. IPTV 关键技术

IPTV 应用的实质是流媒体在宽带网络上的传输和分发,因此 IPTV 的应用和发展是以下几种关键技术同时应用的结果。

(1)宽带接入技术:快速发展的宽带接入技术,为媒体流的传送提供了通路。

在目前所使用的宽带接入技术中,DSL 技术是一种能够通过普通电话线提供宽带数据业务的技术,PON 技术是通过光纤提供高带宽综合业务的接入技术,市场趋势已经从 DSL 技术向 PON 技术全面推广应用。大家常用的 ADSL(非对称数字用户环路)技术可以提供下行 8 Mbit/s 的带宽,ITU-T 的 G.992.1 中对 ADSL 的标准已经有详细的定义。而随着技术的快速发展,ITU-T 又分别在 2002 年 6 月和 2003 年 1 月推出了两个新一代 ADSL 标准:ADSL2(G.992.3)和 ADSL2+(G.992.5)。ADSL2 支持的最大上、下行速率为 1.3 Mbit/s、15 Mbit/s,而 ADSL2+支持的最大上、下行速率可达 1.3 Mbit/s、24 Mbit/s。更高的带宽主要采用 PON 技术,PON 技术分 APON 技术、EPON 技术和 GPON 技术,市场上宽带数据的光纤接入以 EPON 技术和 GPON 技术为主流。EPON 技术基于以太网技术的宽带接入系统,利用 PON 的拓扑结构实现以太网的接入,融合了 PON 技术和以太数据产品的优点,形成了许多独有的优势。EPON 系统能够提供高达 1 Gbit/s 的上、下行带宽,可以满足未来相当长时期内的用户需要。EPON 系统采用复用技术,支持更多的用户,每个用户可以享受到更大的带宽。

（2）IP组播路由技术：流媒体分发的强大支持。

IP组播路由技术实现了IP网络中点到多点的高效数据传输，可以有效地节约网络带宽、降低网络负载。组播路由技术是一种允许一个或多个发送者（组播源）同时发送相同的数据包给多个接收者的一种网络技术，是一种能够在不增加骨干网负载的情况下，成倍地增加业务用户数量的有效方案，因此成为当前大流量视频业务的首选方案。在IPTV的应用中，利用IP组播路由技术，可以有效地分发媒体流，减少网络流量。目前接入设备通过IGMPproxy功能，实现了用户的按需加入、离开等功能，这样既实现了媒体流的按需分发，又减少了组播路由对带宽的过渡占用。随着IP组播路由技术在综合接入设备上的应用，大多数的设备都支持IGMPsnooping功能和IGMPproxy功能。

IGMPsnooping是解决IP组播在二层网络设备上广播泛滥的一种基本解决方法。它通过在二层网络设备上帧听用户端和组播路由设备间的IGMP协议消息，获取组播业务的用户列表信息，将组播数据根据当前的用户信息进行转发，从而达到抑制二层组播泛滥的目的。

IGMPproxy通过代理机制为二层设备的组播业务提供了一种完整的解决方案，实现了IGMPproxy的二层网络设备对用户侧承担Server的角色，定期查询用户信息，对于网络路由侧又承担Client的角色，在需要时将当前的用户信息发送给网络。它不仅能够达到抑制二层组播泛滥的目的，更能有效地获取和控制用户信息，同时在减少网络侧协议消息以降低网络负荷方面起到一定作用。

（3）数字编码技术：传输可靠性的技术支持。

在网络上传输音/视频等多媒体信息要涉及流媒体的可靠、实时传输。因此，数字编码技术是IPTV的关键技术之一。目前宽带网络环境下适用的编码标准有：MPEG4、H.264和AC-1等。MPEG4是ISO/IEC标准，由MPEG制定，目前应用的是MPEG4 Part2。H.264是ITU-T的VCEG和ISO/IEC的MPEG联合视频组JVT开发的视频编码标准，它既是ITU-T的H.264，也是ISO/IEC的MPEG4 Part10。AC-1是微软公司的视频编码标准，是WMV9向编解码标准组织提交资料后采用的编码标准名称。

3．IPTV产业链架构

IPTV产业链主要由四个环节组成：内容提供商、内容运营商、网络运营商和用户，如图9-25所示。

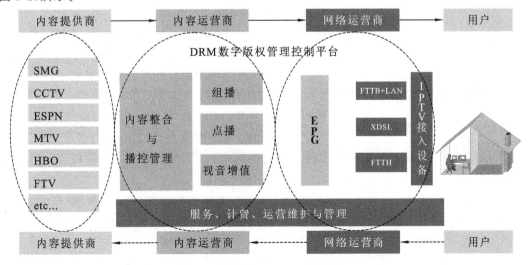

图9-25 IPTV产业链

内容提供商就是具有独立的内容制作能力、拥有内容版权或者特定区域发行权的组织或个体，它提供丰富的在 IPTV 平台内播放的视听、非视听的节目资，并希望在版权得到保护的情况下获得收益。内容提供商的收入主要来自广告和节目交易来实现。前者受该节目内容的覆盖范围、质量程度和收视率影响，后者则要取决于内容提供商与内容运营商关于内容买卖的商务谈判价格。

内容运营商负责 IPTV 平台中所有节目源的组织、播出、监看及统一对外内容合作签约，并通过内容集成运营平台直接向电视机终端用户提供收视界面（EPG）和收视内容，并对该部分所有视听节目内容的安全负责。SMG（上海文广）、CCTV 等广电机构就是内容运营商的代表，在推动 IPTV 业务的发展中起着重要的作用。

网络运营商提供承载网络、接入网络、业务平台、用户和网络的管理等资源。中国电信、中国移动和广电网络等承担着 IPTV 产业链中网络运营商的重要角色。IPTV 业务的发展依靠电信运营商 IP 网络的强力支撑。网络运营商提供包含视频播放在内的业务捆绑，能够在增加每个用户收入的同时培养用户的忠诚度，有利于保持用户、降低离网率。

用户为利用计算机、手机和电视机等终端设备，观看视频流媒体业务的消费群体。

4. IPTV 接入网主要设备介绍

IPTV 机顶盒简称 STB，是通过网络连接到电视观看电视直播、电影或者通过其他媒体平台观看电视直播和电影节目的数据库终端。

机顶盒由软件和硬件两大部分组成，机顶盒的硬件包含了主芯片、内存、调谐解调器、回传通道、CA 接口、外部存储控制器以及视音频输出等几大部分。软件则分成应用层、中间解释层和驱动层三层，每一层都包含了诸多的程序或接口等。

与传统的数字机顶盒相比，IP 机顶盒实现了视频、语音、数据三者的融合，即所谓的三网合一。IP 机顶盒的系统架构包含三个独立的子系统：TV 子系统、CA 子系统和 PC 子系统。TV 子系统由调频器和视频解码器组成，用来处理数字串流信息。CA 子系统使服务商具有控制能力，能够知道用户在何时收看什么节目。PC 子系统大多采用模块式的设计。

STB 的设计者可以依其需求而增加或减少这个系统中的组件，由于 IP STB 的目标是要提供互联网的服务功能，故它的计算机系统方面就得提供 TCP/IP 的堆栈协议，并具有更佳的储存方案。

图 9-26　IPTV 机顶盒示例

IPTV 机顶盒示例如图 9-26 所示。

IPTV 机顶盒的特点如下：采用四核芯，提供高清视频播放、畅玩游戏，支持 4K 极清流畅播放，其清晰度是 1080P 的 4 倍，且支持 3D 蓝光原盘解码，可随心点播电影、电视剧、动漫、音乐、体育等各类视频；增加 HiTV4.0 影视点播系统，含多个视频网站的电影、电视剧、综艺、动画片、纪录片等内容；立体环绕声，Airplay 同屏投射无线传输；具有多种操控方式：通过微信回复文字、语音点视视频，支持一键推到电视大屏幕上播放；以微信遥控器以小控大，操控简单。

ONU 光终端设备（光网络单元）为 FTTx 光纤无源传输网络终端设备，俗称光猫，是 GEPON（千兆无源光网络）系统的用户侧设备，通过 GEPON（无源光纤网络）用于终结从 OLT（光线路终端）传送来的业务。与 OLT 配合，ONU 光终端设备可向相连的用户提供各种宽带服务。ONU 光终端设备作为 FTTx 应用的用户侧设备，是铜缆时代过渡到光纤时代所必备的高带宽高性价比的终端设备。GEPON ONU 作为用户有线接入的终极解决方案，可为用户提供传统语音业务和高带宽数据业务。ONU 光终端设备外形图如图 9-27 所示。

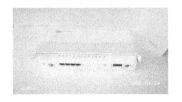

图 9-27 ONU 光终端设备外形图

思考与练习

（1）有线电视系统由哪几部分组成？它们分别有什么作用？各自包含哪些器件？

（2）有线电视系统的常用设备和器件有哪些？

（3）分支器的作用、分类和技术参数是什么？如何选择使用？

（4）四分配器的作用、分类和技术参数是什么？使用中应该注意什么？

（5）衰减器和均衡器的区别是什么？主要作用是什么？均衡器通常由哪些器件组成？均衡器的主要参数是什么？均衡量选择的依据是什么？

（6）放大器的作用是什么？放大器按用途可分为哪几类？选择放大器应考虑哪些因素？

（7）同轴电缆由哪几部分组成？主要性能有哪些？同轴电缆的特性阻抗与什么有关？什么是同轴电缆的衰减常数？它与什么有关？同轴电缆温度系数正常为多少？同轴电缆最小弯曲半径为多少？

（8）何为信噪比？何为载噪比？二者之间有什么关系？

（9）电视系统信号在质量方面的要求有哪些？

（10）用户分配网络设计的依据有哪些？

（11）实训任务：卫星信号接收、有线电视前端系统的调试，用户分配网络设计。

【任务要求】

① 理解并掌握有线电视设备性能指标和工作原理。

② 掌握有线电视系统的安装与调试。

【任务材料】

卫星接收天线、卫星接收机、调制器、混合器、放大器、分支分配器等。

【任务步骤】

① 详细了解有线电视系统的概念、组成、应用。

② 学生分组，以组为单位进行有线电视系统设计论证。

③ 写出论证可行性报告。

④ 选型方案比较，确定方案。

项目⑩ 公共广播系统

10.1 教学指南

10.1.1 知识目标

(1) 了解公共广播系统的功能、用途。
(2) 了解公共广播系统的基本类型、工作原理、组成及主要设备的功能特点。
(3) 了解公共广播系统工程技术规范。
(4) 掌握安装与调试公共广播系统的方法。
(5) 了解公共广播系统功能检查验收与性能测试方法及评价方法。
(6) 掌握公共广播系统的设备选型及配置。

10.1.2 能力目标

(1) 学会根据具体公共广播系统的总体要求,选择合适的公共广播系统相关设备。
(2) 学会安装与调试公共广播系统的方法。
(3) 具有公共广播系统初步方案的设计能力。

10.1.3 任务要求

通过在实训室对基于美国尚沃(SANVO)公司产品的公共广播系统的学习,掌握公共广播系统的设计方法、选型方法、安装方法、调试方法,具体完成以下的三个任务。

任务 1:参观公共广播系统应用场所,了解实训室公共广播系统的功能和组成设备,通过对智能楼宇实训室的参观,亲身体验公共广播系统的功能,近距离观察组成公共广播系统的各种设备。

任务 2:通过学习公共广播系统实施准备、公共广播系统设备选型方法、公共广播系统相关技术规范和标准、主流公共广播系统设备生产商及产品,根据实训室公共广播系统功能要求进行简单系统需求分析与设备选择,根据系统需求分析进行设备安装与调试前的计划、准备工作。

任务 3:公共广播系统设备的安装和调试。

结合实训室公共广播系统,根据典型行业对公共广播系统的功能需求,开展公共广播区域背景音乐手动、自动广播,消防广播实训,以及定时、定点、定曲的分区广播实训。

10.1.4 相关知识点

(1) 公共广播系统的组成及公共广播系统工程技术规范。
(2) 美国尚沃公司 SANVO 公共广播系统产品。
(3) 美国尚沃公司 SANVO 公共广播系统相关产品的安装与调试方法。

10.1.5　教学实施方法

（1）项目教学法。

（2）行动导向法。

 ## *10.2*　任务引入

公共广播系统是每个学校不可缺少的基础设施之一,尽管近几年来视频技术和网络技术在飞速地发展,但公共广播系统仍以它的实用性、经济性、便捷性为各类学校所应用。我国现有的各类学校基本上都有公共广播系统。公共广播系统主要用于各种公共场合,如举行全校的活动、通知、升国旗、做课间操、播送课间音乐、表扬先进、召开全校大会等。随着现代信息技术的不断发展、多媒体教学在广大中小学学校的不断普及,利用公共广播系统进行语音教学的需求在不断地增加,特别是音乐铃声的普及、英语听力考试的实施等,对现行学校公共广播系统的功能、容量、音质、智能化水平等提出了更高的要求。

基于公共广播系统在校园公共场所的广泛应用,本项目以校园内典型建筑——教学楼为对象,设计一套满足教学环境功能需求的公共广播系统,并在实训室模拟环境下完成公共广播系统的安装、编程和调试。

所设计教学楼公共广播系统需要具有正常教学作息时间全区音乐广播、相关课程考试(如英语听力测试)分区广播、消防应急等突发情况的广播,以及紧急情况的统一指挥等功能。

在本项目中,要求根据教学楼公共广播系统的特点和功能需求,进行方案设计,依据设计方案对设备进行选型配置、安装连接及编程调试,最后测试或验证系统的功能和性能。

 ## *10.3*　相关知识点

10.3.1　公共广播系统概述

公共广播是由使用单位自行管理的,在本单位范围内为公众服务的声音广播。公共广播包括业务广播、背景广播和紧急广播等。

公共广播系统是对公共场所进行广播扩音的系统,属于楼宇智能化工程不可或缺的组成部分,广泛应用于智能小区、学校、机关、团体、车站、机场、码头、商场和宾馆等公共场所。伴随着市场用量的增加,公共广播系统产品的功能更加多元化,集成度也越来越高。公共广播系统正向数字化、网络化、信息化和智能化的方向发展。

公共广播系统就是由为公共广播覆盖区服务的所有公共广播设备、设施及公共广播覆盖区的声学环境形成的一个有机整体。在通常情况下,公共广播系统信号源为单声道音源;在特定情形下,公共广播系统可选用立体声音源。

公共广播系统在现代社会中应用十分广泛,主要体现在背景音乐、定点报时、远程呼叫、消防报警、紧急指挥以及日常管理应用上。随着现代社会的发展,公共广播系统的应用范围在逐步扩展。例如:在学校校园内,公共广播系统普遍应用于听力考试、语音训练、眼保健操、广播体操等日常教学任务;在旅游景点内,公共广播系统具有导游功能;在大型商场内,公共广播系统具有导购与广播商品广告等功能。总之,在军队、学校、宾馆、工厂、矿井、大楼、中大型会场、体育馆、车站、码头、空港、大型商场等场所都普遍应用公共广播系统。

公共广播系统是专用于远距离、大范围内传输声音的电声音频系统,能够对处在公共广播系统覆盖范围内的所有人员进行信息传递。公共广播系统属于扩声音响系统中的一个分支,而扩声音响系统(又称专业音响系统)涉及电声、建声和乐声三种学科的边缘科学。所以,公共广播系统最终效果涉及电声系统设计和调试、声音传播环境(建声条件)和现场调音三者的结合(三者相辅相成、缺一不可)。根据国标 GB 50526—2010《公共广播系统工程技术规范》,公共广播系统依据不同建筑环境的用途和等级需求,应该具备下述功能。

(1) 公共广播系统应能实时发布语声广播,且应有一个广播传声器处于最高广播优先级。

(2) 当有多个信号源对同一广播分区进行广播时,优先级别高的信号应能自动覆盖优先级别低的信号。

(3) 用于业务广播的公共广播系统(简称业务广播系统),根据重要级别,还应具备表 10-1 中的功能。

表 10-1　业务广播系统的其他应备功能一

级　别	应　备　功　能
一级	①编程管理,自动定时运行(允许手动干预)且定时误差不大于 10 s; ②矩阵分区; ③分区强插; ④广播优先级排序; ⑤主/备功率放大器自动切换; ⑥支持寻呼台站; ⑦支持远程监控
二级	①自动定时运行(允许手动干预); ②分区管理; ③可强插; ④功率放大器故障告警
三级	—

(4) 用于背景广播的公共广播系统(简称背景广播系统),根据重要级别还应具备表 10-2 中的功能。

表 10-2　级别-功能二

级　别	应　备　功　能
一级	①编程管理,自动定时运行(允许手动干预); ②具有音量调节环节; ③矩阵分区; ④分区强插; ⑤广播优先级排序; ⑥支持远程监控
二级	①自动定时运行(允许手动干预); ②具有音量调节环节; ③分区管理; ④可强插
三级	—

(5) 用于紧急广播的公共广播系统(简称紧急广播系统)应符合下列规定。

① 当公共广播系统有多种用途时,紧急广播应具有最高级别的优先权。公共广播系统应能在手动或警报信号触发的 10 s 内,向相关广播区播放警示信号(含警笛)、警报语声文件或实时指挥语声。

② 以现场环境噪声为基准,紧急广播的信噪比应等于或大于 12 dB。

③ 紧急广播系统设备应处于热备用状态,或具有定时自检和故障自动告警功能。

④ 紧急广播系统应具有应急备用电源,主电源与备用电源切换时间不应大于 1 s;应急备用电源应能满足 20 min 以上的紧急广播。以电池为备用电源时,系统应设置电池自动充电装置。

⑤ 紧急广播音量应能自动调节至不小于应备声压级界定的音量。

⑥ 当需要手动发布紧急广播时,应设置一键到位功能。

⑦ 单台广播功率放大器失效不应导致整个广播系统失效。

⑧ 单个广播扬声器失效不应导致整个广播分区失效。

⑨ 紧急广播系统的其他应备功能尚应符合表 10-3 的规定。

表 10-3　紧急广播系统的其他应备功能

级　　别	应　备　功　能
一级	①具有与事故处理中心(消防中心)联动的接口; ②与消防分区相容的分区警报强插; ③主/备电源自动切换; ④主/备功率放大器自动切换; ⑤支持有广播优先级排序的寻呼台站; ⑥支持远程监控; ⑦支持备份主机; ⑧自动生产运行记录
二级	①与事故处理系统(消防系统或手动告警系统)相容的分区警报强插; ②主/备功率放大器自动切换
三级	①可强插紧急广播和警笛; ②功率放大器故障告警

10.3.2　公共广播系统的组成及构建和拓扑参考

1. 系统组成

任何一个公共广播系统基本上均可分信号源设备、信号的放大处理设备、传输线路和扬声器系统四个部分。

公共广播系统信号源设备可包含广播传声器、寻呼器、警报信号发生器、调谐器、激光唱机、语言文字录放器、具有声频模拟信号录放接口的计算机及其他声频信号录放设备等。公共广播系统信号源设备应根据系统用途、等级和实际需求进行配置。这样做的主要目的是为公共广播系统提供满足不同功能需求的声频信号源。

公共广播系统信号的放大处理设备可包含功率放大器(前置功率放大器和纯后级功率放大器)、分区器、自动编程播放器、受控电源管理器等。该部分主要完成公共广播系统声频信号源的前置功率放大、纯后级功率放大、管理分配分区工作,确保信号经传输后,达到末端播放的电声性能指标。

公共广播系统传输线路包含公共广播信号布设在广播服务区内的有线广播线路、同轴电缆或五类电缆、光缆等,也涵盖配套远距离高性能传输的声频光纤传输设备。

公共广播系统扬声器系统包含不同功率大小,适应不同播放环境的有源或无源广播扬声器。

2. 系统构建和拓扑参考

1) 系统构建

公共广播系统有无源终端构建、有源终端构建和两者相结合的构建三种构建方式,如图 10-1～图 10-3 所示。

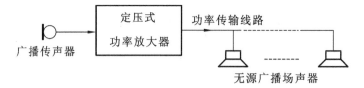

图 10-1　无源终端构建方式

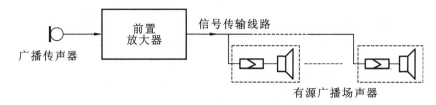

图 10-2　有源终端构建方式

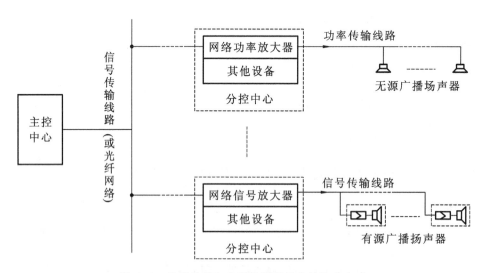

图 10-3　无源终端和有源终端相结合的构建方式

2) 系统设备组成拓扑参考

图 10-4 所示公共广播系统拓扑适用于非消防联动应急广播的公共场所。适用于含多路消防报警采集应急广播的公共场所公共广播系统拓扑如图 10-5 所示。

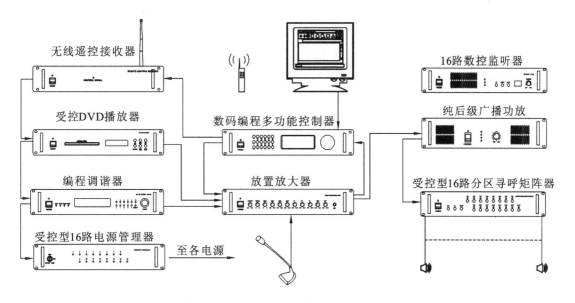

图 10-4 公共广播系统拓扑

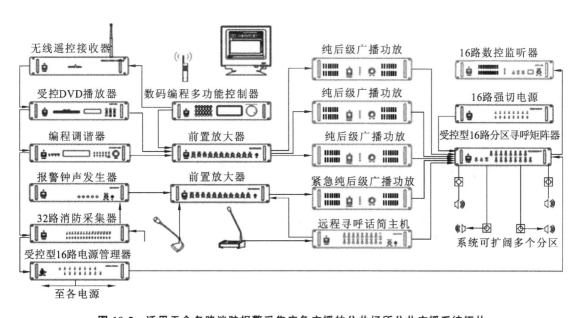

图 10-5 适用于含多路消防报警采集应急广播的公共场所公共广播系统拓扑

10.3.3 SANVO 公共广播系统

SANVO 公共广播系统结构拓扑如图 10-6 所示。

SANVO 公共广播系统主要设备信号流程如图 10-7 所示。

10.3.4 公共广播系统主要设备介绍

1. 智能编程分区控制器

1) 智能编程分区控制器 SN-6800 的外观及作用

智能编程分区控制器 SN-6800 前面板图如图 10-8 所示。

167

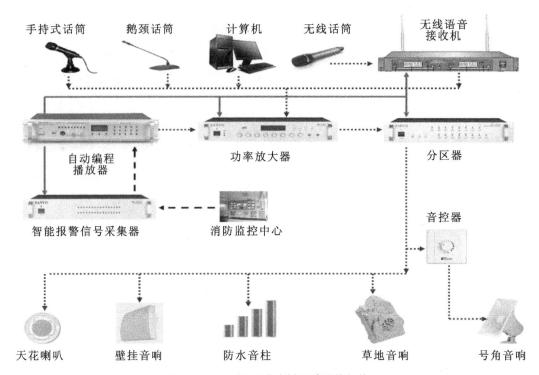

图 10-6　SANVO 公共广播系统结构拓扑

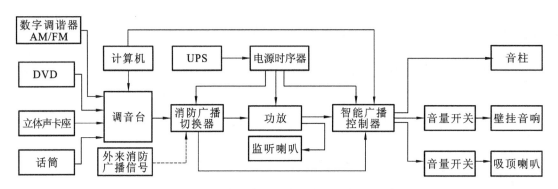

图 10-7　SANVO 公共广播系统主要设备信号流程

图 10-8　智能编程分区控制器 SN-6800 前面板图

对图 10-8 中的部分按键,做如下说明。

(1) PW1～PW6:6 路电源控制快捷键。

(2) ALL:全开/全关分区控制键。

(3) 1/A1:输入数字 1/控制分区 A1。

(4) 2/A2:输入数字 2/控制分区 A2。

(5) 3/B1:输入数字 3/控制分区 B1。

(6) 4/B2:输入数字 4/控制分区 B2。

(7) 5/C1:输入数字 5/控制分区 C1。

(8) 6/C2:输入数字 6/控制分区 C2。

(9) 7/D1:输入数字 7/控制分区 D1。

(10) 8/D2:输入数字 8/控制分区 D2。

(11) 9/E1:输入数字 9/控制分区 E1。

(12) 0/E2:输入数字 10/控制分区 E2。

(13) MP3/EXIT:进入手动 MP3 音源控制界面/退出键。

智能编程分区控制器 SN-6800 后面板连接图如图 10-9 所示。

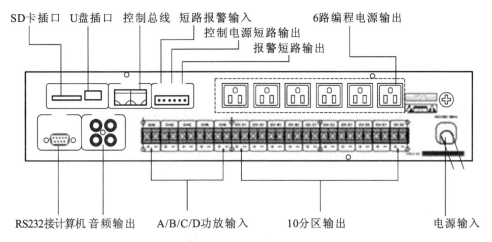

图 10-9 智能编程分区控制器 SN-6800 后面板连接图

智能编程分区控制器是公共广播系统核心设备。其主要作用是:智能编程,定时、定曲、定点地对各分区控制,管理设备电源,以及打开与关闭各分区。智能编程分区控制器 SN-6800 采用先进的微处理器芯片,具有强大的编程功能、MP3 自动播放功能,可满足用户对公共广播系统的所有要求,可实现校园自动打铃,小区、大楼、公园等公共场所背景音乐的自动广播。

2) 智能编程分区控制器 SN-6800 的功能

(1) 背景音乐播放功能。

① 内置可编程控制的 MP3 音源:选择面板 MP3/EXIT 键即可直接进入 MP3 音源播放模式。

② 内置 CD 机、调谐器等音源:直接在面板上操作就可把音源播放出去,或由主机定时供电,设备自动读取信息进入播放状态。

以上音源均可通过安装在计算机上的软件来控制播放。

(2) 分区播放功能。

① 主机自带十个分区:在操作面板上直接选择相对应数字键的分区,就可以轻松实现分区播放功能。

② 扩展至 160 分区的控制:主机总共可连接 16 台 10 分区矩阵器,可控制单路或多路的通道,实现 160 个分区的控制。

(3) 编程控制功能。

① 电源控制:可定时控制四路受控电源的上电,实现音源设备的定时上电播放音乐。

外控电源时序器,管理其他设备电源。

② 定点(控制分区):可编程定时开启与关闭 160 个分区。

③ 定节目的自动播放:可编程实现内置 MP3 音源播放,具有播放单曲、循环播放、循环单曲等播放方式选择功能。

④ 多套备用程序待运行:全新编程模式、四个主程序、一个特殊备用程序、一键调用当天与明天程序运行。

(4)监听功能。

内置监听模块,能够方便监听实时的音源播放状态,可自动调整监听音量。

(5)报警强插广播功能。

① 全区报警:配合报警发生器,只要一路短路报警,就可自动触发整个系统,启动并接入报警广播。

② 分区报警:只要一路短路报警,相对应的分区就会自动触发报警广播。

③ 邻层报警:可预先设置报警模式(N±0、N±1、N±2、N±3、N±4 模式),当任一路短路触发时,就可实现上下邻层报警广播。

(6)业务寻呼功能。

① 本地寻呼:通过话筒输入口,可手动选择寻呼器的任一按键对相应分区进行寻呼,也可多选分区进行寻呼。

② 远程寻呼:通过远程呼叫站面板按键就可选择全区/分区进行远程寻呼,可级联 16 台远程呼叫站,呼叫距离可达 1 km,并可通过呼叫站音源接入口,实现远程音频分区播放功能。

3)智能编程分区控制器 SN-6800 的功能特点

(1)全新编程模式,四个主程序,一个特殊备用程序,一键调用当天与明天程序运行,并可预设晴天、雨天运行模式。

(2)可对内置 MP3 音源进行编程定时播放,采用 SD 卡存储 MP3 音乐,可以无限扩展存储容量;设有快捷键,可一键调用 MP3 曲目,操作简单、方便。

(3)主机自带 5 进 10 出功率分区,实现编程自动或手动分区广播,打破了传统的操作模式,可随意打开分区通道。

(4)设网络总线,可控制 16 台分区器,最大可达 160 个广播分区,实现了编程自动或手动分区广播。

(5)24 小时精确到秒全天候按星期制运行程序。

(6)内置输出音源监听模块,并可调监听音量。

(7)设有四路可编程定时控制电源及两路辅助电源插座,可手动操作/自动运行,并设有外接电源时序器的扩展接口。

(8)消防信号触发,主机所接电源自动上电,全部分区自动打开,报警复位,转入正常广播。

(9)停电自动保护,所有编辑程序内容不丢失,来电自动恢复运行。

(10)支持 RS232 接口,所有功能由计算机直接控制。

(11)计算机对主机进行编程,再将文件下载到主机,使烦琐的手机编程变得简单、方便。

(12)具有远程遥控功能,通过计算机对遥控按键进行功能配置,可将遥控器任意键配置成电源管理键、MP3 播放键及分区控制键。

（13）支持主机脱机运行。

（14）计算机对主机进行时间更新,使主机时间跟计算机时间保持同步。

4）智能编程分区控制器系统性能特点

（1）符合国际公共广播行业标准,产品经过了 3C 认证。

（2）所有系统设备均采用铝质面板、19 英寸标准机柜式设计,外观华贵,极具现代气息。

（3）控制主机内置了计算机微处理器芯片,用户可以对设备的控制进行预编程以便系统能够在无人值守的情况下自动运行。

（4）系统编程可以预设晴天、雨天运行模式。

（5）轻触式快捷流向性按键操作编程,192×64 点阵液晶屏显示,中文或英文操作菜单。

（6）24 小时精确到秒,全天候按星期制运行程序。

（7）停电自动保护,所有编程程序内容不丢失,来电自动恢复运行。

（8）设备外壳采用金属材料加强与地线的连接,保证具备可抗静电的功能。

（9）功放都能 24 小时连续满功率工作,具有自动过热,过流保护能自动检测温控双转速风扇散热器,总失真率小。

（10）所有接口均采用工业标准一体化接线端口。

（11）可与其他广播系统设备混合使用组成系统。

（12）有计算机软件控制与主机控制两种模式。

5）智能编程分区控制器 SN-6800 的技术参数

智能编程分区控制器 SN-6800 的技术参数如表 10-4 所示。

表 10-4　智能编程分区控制器 SN-6800 的技术参数

规　　格	参　　数
输入电源	AC∿220 V±5％/50 Hz
输出电源	AC∿220 V±5％/50 Hz;4 路编程电源+2 路辅助电源
输出电源功率	总功率小于等于 5 kW,单路功率小于等于 3 kW
功能按键	轻触式按键:4 个电源开关键,2 个功能键,4 个菜单选择切换键,1 个确认键
显示方式	192×64 点阵液晶屏显示,中文或英文操作菜单
音频输出	1 kΩ/1 V 不平衡(ϕ6.5 mm 单插口)
报警输出输入电平	0 V(短路信号)工业标准一体化接线端
电源控制输出电平	0 V(短路信号)工业标准一体化接线端
功放输入及输出	A—CH1、CH2;B—CH3、CH4;C—CH5、CH6;D—CH7、CH8;E—CH9、CH10
监听喇叭功率	0.5 W
音频失真度	0.1％
时间运行制	24 小时(时-分-秒),星期制
程序数量	总 5 个(4 个正常程序,1 个紧急程序)
程序步骤	总 512 步,1 天小于等于 200 步
通信协议	RS422
通信接口	2×RJ45 接口

规格	参数
通信速率	4 800 bit/s
分区控制	160 个分区(16 台单向 10 分区器矩阵)的打开与关闭
MP3 存储介质	标准配置:支持 USB 接口的存储卡(可扩容)
MP3 存储格式	兼容 FAT12、FAT16、FAT32,NTFS 不可用
MP3 信噪比	95 dB
MP3 频响	20 Hz~20 kHz/±1 dB
频率响应	30 Hz~20 kHz
熔断器	AC FUSE×0.5 A
功耗	30 W
尺寸	484 mm×350 mm×88 mm
重量	6.5 kg

SN-6800 系统连接图如图 10-10 所示。

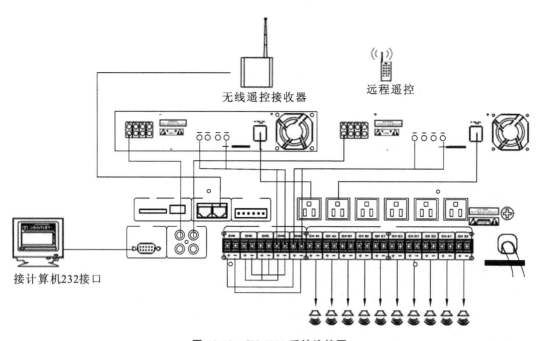

图 10-10　SN-6800 系统连接图

2. 16 路分区矩阵器 SN-3316

16 路分区矩阵器 SN-3316 如图 10-11 所示。

图 10-11　16 路分区矩阵器 SN-3316

本设备为功率分区控制器,主要为智能编程分区控制器提供分区扩展功能,在分区数量多、单个分区的功率又比较小的情况下使用,以实现多分区的应用。其功能如下。

(1) 16 路受控分区输出,工作区状态显示功能。

(2) 具有手动寻呼/报警自动强切功能,寻呼/报警结束自动复位,恢复到之前的背景音乐状态。

(3) 具有地址码选择功能,可实现更多台分区控制器的扩展(最多 8 台,可扩展到 128 个分区)。

(4) 四路节目输入和四路紧急功放,可灵活地组合输入,方便系统应用。

(5) 可通过 RS485 总线控制、主机定时控制实现自动打开/关闭分区。

(6) 采用最新微处理器技术,轻触式按键,在主机控制时无延时,快速打开分区,不占用播放时间,实现准时、准点播放。

16 路分区矩阵 SN-3316 的性能参数如下。

(1) 功耗:10 W。电源:AC220~240 V/50~60 Hz。

(2) 输入信号/输出信号:70 V/110 V LINE。

(3) 分区数量:16 分区/4 组

(4) 通信接口/通信协议:RJ45/RS485。

(5) 单路输出容量:500 W 70 V/100 V LINE。

(6) 背景音乐输出状态:绿色"ON"。紧急输出状态:红色"ON"。

(7) 控制切换方式正负极同时开关/切换。

3. 合并式广播功放 SN-180W

合并式广播功放 SN-180W 如图 10-12 所示。

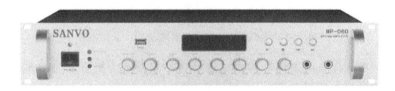

图 10-12　合并式广播功放 SN-180W

合并式广播功放 SN-180W 的功能如下。

(1) 二路话筒输入、三路辅助信号输入、一路辅助输出。

(2) 110 V、70 V 定压输出和 4~16 Ω 定阻(不平衡)输出。

(3) 每路可独立音量控制和统一音量调节,高音和低音音调控制。

(4) 具有强插优先(默音)功能,便于插入优先广播。

(5) 具有自动温控风扇,可强制冷却、散热。

MIC1 插入接口具有最高优先权,由该接口输入信号将抑制其他接口输入。

几种合并式广播功放的技术参数如表 10-6 所示。

表 10-6　几种合并式广播功放的技术参数

设 备 型 号	MP-120	MP-180	MP-240	MP-300
输 出 功 率	120 W	180 W	240 W	300 W
输 出 方 式	4~16 ohms(Ω)定阻输出,70 V 定压输出,100 V 定压输出			

辅 助 输 出	600 ohms(Ω)/1 V(0 dBV)			
话 筒 输 入	600 ohms(Ω),10 mV(−54 dBV),不平衡			
线 路 输 入	10 kohms(Ω),250 mV(−10 dBV),不平衡			
频 率 响 应	60 Hz～18 kHz			
失 真 度	<0.1% at 1 kHz,1/3 额定功率输出			
信 噪 比	线路:70 dB。话筒:66 dB			
音调调整范围	BASS:±10 dB(100 Hz),TREBLE:±10 dB(10 kHz)			
保 护	AC FUSE;DC VOLTAGE,OVERLOAD AND SHORT CIRCUIT			
电 源	AC220～240 V/50～60 Hz			
熔 断 器	5 A	8 A	8 A	10 A
机 器 尺 寸	485 mm×410 mm×90 mm			
净 重	8.5 kg	10 kg	12 kg	15 kg

4. 智能报警信号采集器 SN-3032

智能报警信号采集器 SN-3032 前面板如图 10-13 所示。

图 10-13 智能报警信号采集器 SN-3032 前面板

该设备为公共广播系统中消防信号采集设备。该设备由报警信号自动激活,并将消防信号通过网络控制发给广播主机,由主机进行信号处理。

此设备是迷你型广播系统的首选,是为小型用户量身定做的一款邻层报警模式的首选智能报警采集器。若用户需要更大的消防接口,则选择 128 路消防报警采集器。32 路消防报警采集接口,可扩展到 128 路,带 1 路短路触发输出口,支持短路、12～24 V 等接入方式,具有地址码选择功能,可多台扩展级联。

智能报警信号采集器 SN-3032 后面板如图 10-14 所示。

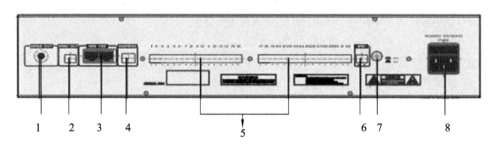

图 10-14 智能报警信号采集器 SN-3032 后面板

1,2—短路输出;3—通信接口;4—地址码;5—报警触发输入正极接口;
6—报警触发输入负极接口;7—短路与 12 V 模式切换;8—电源输入 AV220 V

当发生报警的区使用智能报警信号采集器通过 485 通信发送报警信号到智能编程分区控制器时,智能编程分区控制器显示报警的区域名,同时打开系统全部电源,内置语音输出到紧急功放,经过分区矩阵器,输出到设置好邻层模式的相应分区。

5. 智能无线麦克风系统 M-120

智能无线麦克风系统 M-120 如图 10-15 所示。

该智能无线麦克风系统的特点如下:红外线自动对频 UHF 800 MHz 频段;采用锁相环(PLL)频率合成;有 100×2 个信道,信道间隔 300 kHz;采用超外差二次变频设计,具备极高的接收灵敏度;采用多级高性能的声表滤波器,具备优良的抗干扰能力;采用高可靠的贴片元件

图 10-15　智能无线麦克风系统 M-120

生产,通过8 小时老化试验出厂,麦克风使用易购的 5 号电池,续用时间达 10～30 小时;麦克风采用双升压设计,电池电量下降不影响发射功率;理想环境操作半径达 100 米;常用于各种高要求场合。

智能无线麦克风系统 M-120 的技术参数如下。

(1)频率范围。调频 FM:730～950 MHz。

(2)可调信道数:100×2 个。

(3)振荡方式:锁相环频率合成(PLL)。

(4)频率稳定度:±10 ppm。

(5)接收方式:超外差二次变频,接收灵敏度为 −90 dB/m。

(6)音频频响:40～20 000 Hz。

(7)谐波失真:≤0.5%。信噪比:≥110 dB。

(8)音频输出:平衡输出和不平衡输出。

(9)发射功率:10～50 mW。

6. 音量控制器

音量控制器如图 10-16 所示。

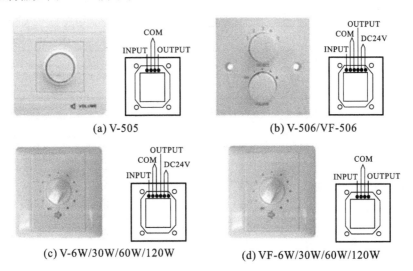

(a) V-505

(b) V-506/VF-506

(c) V-6W/30W/60W/120W

(d) VF-6W/30W/60W/120W

图 10-16　音量控制器

7. 音响(扬声器)

音响有天花喇叭 SC-501A、草地音响 SC-510、壁挂音响 HG-320、防水音柱 SC-25W、号角音响 SC-236 等几种,如图 10-17 所示。

| (a) 天花喇叭 SC-501A | (b) 草地音响 SC-501 | (c) 壁挂音响 HG-320 | (d) 防水音响 SC-25W | (e) 号角音响 SC-236 |

图 10-17 音响

下面以号角音响 SC-612/SC-620/SC-236(号角音响 SC-612/SC-620 如图 10-18 所示)为例进行音响基本功能和参数的介绍。

(a) SC-612　　　　　　(b) SC-620

图 10-18 号角音响 SC-612/SC-620

号角音响属于远射程工程系列音响。它射程远,功率强劲,音色丰满,圆润悠长,中音送出非常"暖"的音色,配备高音单元,其号筒发出清脆的高音,声压及穿透力极强,是大型演出扩声的极佳选择。将它与超低音音响配合使用,效果更佳。号角音响适用于室外体育场馆。

号角音响 SC-612/SC-620/SC-236 技术参数如表 10-7 所示。

表 10-7 号角音响 SC-612/SC-620/SC-236 技术参数

型 号	SC-612	SC-620	SC-236
额 定 功 率	120 W	200 W	30 W
额 定 电 压	70 V/140 V	70 V/140 V	70 V/100 V
灵 敏 度	110 dB	115 dB	105 dB
频 响	140～18 kHz	70～18 kHz	400～5 kHz
外观尺寸	465 mm×565 mm×655 mm	605 mm×725 mm×1105 mm	165 mm×360 mm×275 mm

 ## 10.4 知识拓展

10.4.1 智能广播一体机

智能广播一体机 MP8712/MP8735/MP8745 是集成多路系统音源输入、智能编程、定时器、分区器和音频功率放大等的新型多功能公共广播系统设备,可实现仅采用一台设备即可组成一个完整的公共广播系统的应用。

智能广播一体机MP87系列如图10-19所示。

图 10-19　智能广播一体机 MP87 系列

智能广播一体机 MP8712/MP8735/MP8745 的性能特点如下。

（1）是集 MP3 播放器/收音/定时器/分区/寻呼等于一体的广播功放。

（2）节目定时编程运行，图形化界面，多级菜单操作模式。

（3）内置 MP3 播放器，调谐器有调频 FM 波段和调幅 AM 波段两种选择，它们各存储 40 个电台。

（4）为 MP3 播放器设置内部 1 GB 节目存储器和外部 USB 接口 2 个节目源，并可选择播放。

（5）USB 接口支持普通 U 盘、MP3 播放器、移动硬盘、读卡器等存储器上 MP3 格式的音乐文件。

（6）3 路线路输入，3 路话筒输入，1 路线路输出，具有默音功能，便于插入优先广播。

（7）所有通道都可统一进行高、低音调控制；每个通道可单独音量控制；一周程控定时编程，每天可编程定时点达一百个；时间、程序掉电记忆。

（8）设备可保存 2 套定时方案供随时调用，1 套方案可编辑 7 天，每天 100 个定时点。

（9）有 1 路 AC220 V 定时控制输出电源插座和 1 个短路输出接口，短路输出受定时电源联动控制。

（10）可对内置 MP3 节目、外置 MP3 节目和内置调谐器节目进行定时播放控制，1 天可编辑多达 100 个定时点，定时点按周循环。

（11）定时点开始时间可以精确到秒。

（12）功放 4～16 Ω 定阻输出，70 V、100 V 定压输出。

（13）6 分区输出，可对 6 分区进行定时自动开关设置，皆为 100 V 定压输出。

（14）LCD 液晶显示屏自动背光功能，5 位 LED 输出电平指示。

（15）一台设备即为一套完整的公共广播系统。

10.4.2　网络化广播主机

网络化广播主机是为适应公共广播系统网络化、数字化应用发展，拓展系统应用区域的需求，发展起来的新型公共广播系统主机。因其采用数字传输网络实现广播信号的传输和分配，可以充分借用通信网络，如现有的局域网，降低投资，方便管理，同时采用数字化音源，可确保广播信号的质量，网络化广播主机在市场中得到越来越广泛的应用。网络化广播主机 MAG5182 如图 10-20所示。

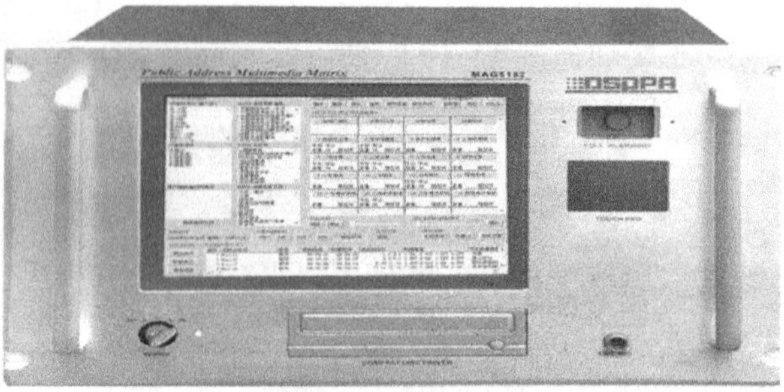

图 10-20　网络化广播主机 MAG5182

网络化广播主机 MAG5182 的性能特点如下。

（1）是功能非常齐备的公共广播系统。

（2）全数字化传输，与模拟信号传输相比，失真较小，信噪比较高，以局域网为主要传输媒介，传输距离可达几十公里。

（3）可利用现有局域网架设，具有施工快、节省投资的特点，并实现了多网合一（亦可在互联网上使用，但其性能要受网络带宽的限制）。

（4）突破传统公共广播只能下传和只能由机房集中控制的格局，具有强大的互动功能。

（5）分区和分组可任意组合、随时重组而无须另行布线。

（6）10.4 英寸全彩液晶显示屏幕，触摸屏＋触摸板操控。

（7）强大的广播矩阵，每个分区的工作状态一目了然。

（8）内置 DSPPA 电声节目源，可根据用户需要制作节目源。

（9）备有市话接口，自动接驳来电。

（10）定时、分区、寻呼、报警、电话自动强插、节能运行。

（11）适宜在商厦、学校（如大学城）、楼群、机场、车站场、地铁站等场合使用。

思考与练习

（1）公共广播系统能实现远距离广播吗？若能实现，则应该采用的技术方案和产品是怎样的？

（2）公共广播系统要实现的主要功能有哪些？对广播区域实施分区的原则是什么？

（3）实训任务 1：背景音乐手动、自动广播实训。

【任务材料】

计算机、智能编程分区控制器 SN-6800、智能无线麦克风系统 M-120、合并式广播功放 SN-180W、16 路分区矩阵器 SN-3316、智能报警信号采集器 SN-3032、有线话筒、无线话筒、电源等。

【任务步骤】

① 手动广播。

手动广播即广播工作需要人工来完成，包括设备的启停、音源的选择、分区广播的选择等；要求音源采用计算机音源、有线话筒和无线话筒，音频信号经合并式广播功放 SN-180W，智能编程分区控制器 SN-6800、16 路分区矩阵器 SN-3316 输出给无源音响。

② 自动广播。

背景音乐自动广播主要由智能编程分区控制器 SN-6800 完成,也可通过计算机上"管理软件 M-2200 软件"对 SN-6800 的控制实现背景音乐的全天候全自动播放。

(4) 实训任务 2:消防广播实训。

消防广播有如下几种情形。

① 设备工作在背景音乐广播状态或处于休息状态,当附近有火情时,本地的广播设备接收到外来的消防信号,应立即切换到消防广播状态(即消防广播联动功能)。

② 设备工作在背景音乐广播状态或处于休息状态,当本地有火情时,本地的广播设备应立即进入紧急消防广播状态(即人工紧急消防广播功能)。

(5) 实训任务 3:设计分区背景音乐广播。

实训的目的是熟练掌握设备操作,独立完成背景音乐分区广播设计任务。实训之前要掌握智能广播控制器 M-6800、前置功放器 M-180、分区控制器 M3032 等设备的使用。

【任务要求】

(1) 中午 12:00—12:30 要转播中央人民广播电台新闻节目,要求对第一至第三区域广播。

(2) 晚上 7:00—7:30 要进行英语节目(MP3)播放,要求对第一区域单独广播。

(3) 在某一时间段自动播放 DVD 背景音乐,对第二、三区域广播。

项目 **①** 　远程抄表系统

 11.1　教学指南

11.1.1　知识目标

(1) 掌握远程抄表系统的组成和工作原理。
(2) 掌握远程抄表系统的设备选型及配置。
(3) 掌握远程抄表系统设备安装与调试方法。
(4) 掌握远程抄表管理系统软件的安装与使用。

11.1.2　能力目标

(1) 学会安装与调试远程抄表系统的方法。
(2) 具有远程抄表系统方案设计能力。

11.1.3　任务要求

通过对远程抄表系统知识的学习,结合实训室远程抄表系统的相关产品,掌握远程抄表系统的典型实现方案,重点学习和了解硬件拓扑结构、不同数据采集传输网络的特点、系统管理平台的功能,能设计现场级系统架构,根据拓扑选择并安装和调试设备。

11.1.4　相关知识点

(1) 远程抄表系统的组成以及水、电、气数据采集传输的实现原理。
(2) 国内典型远程抄表系统相关产品的性能、特点、使用说明。
(3) 远程抄表系统硬件架构和管理平台软件的安装方法与调试方法。

11.1.5　教学实施方法

(1) 项目教学法。
(2) 行动导向法。

 11.2　任务引入

伴随国民经济的发展,为了满足国家能源管理的需求,早期居民小区水、电、气分离的人工抄表管理模式,已经被远程抄表系统逐步替代,智能水电气采集仪表不断市场化。平台化管理,作为智能建筑设备自动化系统的典型案例,也是智能小区和智能家居管理的一个应用模块,有必要对其系统进行认识、了解,熟悉其组成、设备配置及数据管理平台的功能和特点,并开展远程抄表系统管理平台的操作维护技能训练。

11.3 相关知识点

11.3.1 远程抄表系统概述

远程抄表系统用于实现实时、可靠的三表(电表、水表、气表)数据远程抄收。远程抄表系统是指利用微电子、计算机网络、传感器和通信等技术,自动读取和处理表计数据,将城市居民的用水、电、气信息加以综合处理的系统。自动抄表技术使各水、电、气公司及物业管理部门从根本上解决了入户抄表收费给用户和抄表人员带来的麻烦,避免了许多不必要的纠纷。准确而便捷的收费系统,不但能提高管理部门的工作效率,而且适应现代用户对水、电、气缴费的需求。

远程抄表系统的优势主要体现在以下几个方面。

(1)远程实时监测辖区内三表用户的流量数据,随时抄取用户用电量、用水量和用气量。

(2)抄表全程不入户,避免了扰民,避免了人工抄表时间跨度大、无法抄录同一时间的数据,方便计算损耗,高效管理水资源,防止水资源浪费。

(3)智能化值守,远程实时通电、断电和开/关阀门功能,随时抄表、缴费,节省人力。

(4)实时掌握各种表计的运行情况,便于用电量、用水量和用气量的统计、计算和运行分析;监测突发性供电、供水、供气事故,辅助分析事故原因。

11.3.2 远程抄表系统的组成及架构

常见的远程抄表系统采用分线制集中抄表方式,即由采集器定时、顺序采集来自多路分线连接的水表、电表、气表信号并进行数据处理、存储,各采集器之间采用总线制连接,最后连接至计算机。其典型特点是各户表通过分户线连接至采集器处。远程抄表系统一般分为四层次结构:采集器、服务器(区域管理器)、通信控制器、管理中心。部分远程抄表系统还会附带一个掌抄器。远程抄表网络图如图 11-1 所示。

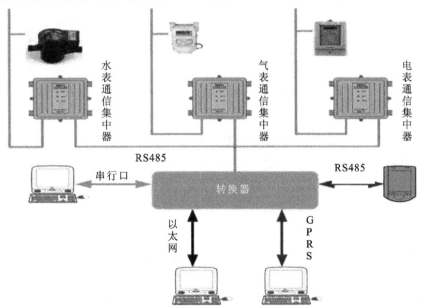

图 11-1 远程抄表网络图

科利华远程抄表系统架构如图 11-2 所示。

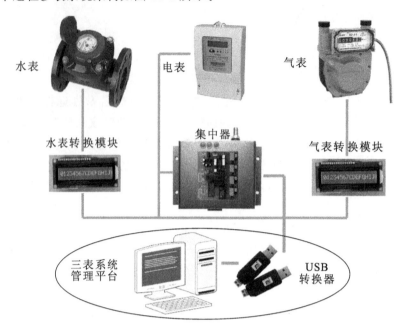

水表   电表   气表

水表转换模块   集中器   气表转换模块

三表系统
管理平台   USB
转换器

图 11-2　科利华远程抄表系统架构

下面对图 11-2 远程抄表系统各组成部分及功能进行说明。

1. 现场采集仪器和设备

完成水、电、气原始数据检测的基表和实施对现场表计输出数据的采集转换设备通常称为采集器或集中器。采集器相当于数据中转站，对下采集各个基表的数据信息，对上根据管理平台的要求上传采集的实时数据。通常一个采集器可以对多个不同种类的基表同时进行采集。

2. 服务器(区域管理器)

服务器以多机通信方式采集采集器中的表数据，然后进行处理、存储，并通过通信总线与总控制室系统管理中心的计算机相连。一个服务器可以连接几十个采集器(具体数量视系统通信方式而定)。

3. 通信控制器

通信控制器连接服务器与管理中心的计算机，对信号进行协议转换。

4. 管理中心

管理中心由多媒体计算机和系统管理软件组成。它安装在物业管理中心处，可以通过接口连接至营销系统。人们可以借助 Internet 技术，将管理中心的计算机与电力、水、煤气或其他代收费部门的网络相连接以实现网上抄收，上网用户可以在线查询自己的费用情况、网上付费。

5. 远程抄表系统管理平台

管理平台是远程抄表系统的核心，要求实现下述功能。

(1) 设置电能表的参数，读取、计量和管理各种数据；掉电数据保存，瞬时量数据的综合处理；历史数据事件记录功能，计算线路损耗；自动抄表、定时上报、实时查询、远程控制断电功能；抄表数据的统计、查询、备份、报表、图表生成；备份、存档和向外输出系统数据。

（2）实时报警功能：可提供多路模拟量、开关量输入，实现开箱告警、停电告警、逆相告警、超温告警、过压告警、过流告警、过载告警、倾斜或移动报警等其他功能。

（3）采集参数，如当前、上月、正向有功、反向有功、无功四象限的总及尖、峰、平、谷四费率电量等。

11.3.3　科利华远程抄表系统硬件介绍

1. 通信集中器

通信集中器主板示意图如图 11-3 所示。

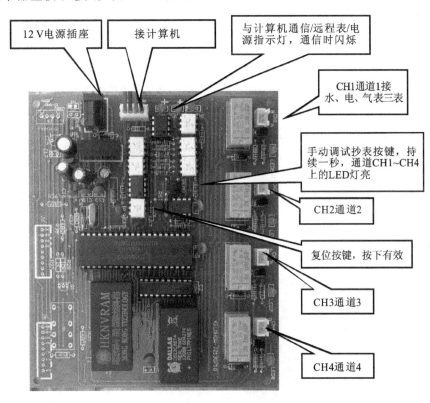

12 V电源插座　接计算机　与计算机通信/远程表/电源指示灯，通信时闪烁

CH1通道1接水、电、气表三表

手动调试抄表按键，持续一秒，通道CH1~CH4上的LED灯亮

CH2通道2

复位按键，按下有效

CH3通道3

CH4通道4

图 11-3　通信集中器主板示意图

本系统中的通信集中器作为光电隔离中继器，是一个存储数据的中介。它有延长通信距离、拓展负载容量、隔离三个作用。RS485 远程表的计量值和报警信息由通信集中器定时通信调取，贮存在通信集中器内，当管理计算机需要抄表时，连通作为总线节点机的通信集中器，将每户水、气、电使用量抄收上来并自动形成报表，以此来完成自动抄表的功能。

2. DDS 单相电子式电能表

DDS333 单相电子式电能表及接线图如图 11-4 所示。在图 11-4 中：端子⑨、⑩为 RS485 通信接口；⑤、⑥为表号设置端，当需要设置表号时将这两端短路。

DDS 单相电子式电能表具有防窃电、防反接、高准确度、高可靠性、高过载、功耗小、体积小和质量轻等特点，适用于计量额定频率为 $50\sim60$ Hz 的单相交流有功电能。DDS 单相电子式电能表符合 GB/T 17215.321—2008 和 DL/T 645—2007。

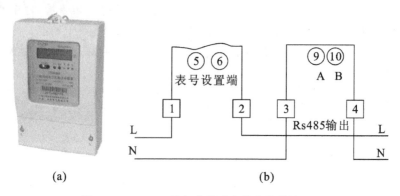

(a)   (b)

图 11-4　DDS333 单相电子式电能表及接线图

3. 远传水表

水表用于计量流经自来水管道的冷(热)水的总量,适用于单向水流。冷水表在热水、有腐蚀性的液体中不能使用,热水表机芯用耐热塑料制成。脉冲远传水表执行标准 CJ/T 224—2012。水表机械部分主要由表壳、叶轮计量机构、表盘指示机构等零部件组成。在水表电子部分方面,紧贴水表玻璃上装有水表传感器,在水表读数盘上装有感应指针,感应指针由无源器件组成的双稳态磁开关电路组成,具有密封性好、无电耗、与原水表指针显示一致、防磁干扰、易于更换与携带、通用性强等特点。工作时,感应指针每转一周,传感器就输出一个信号。远传水表的主要技术参数有输出功率、最大远传距离。DN15-DN40 和 DN50-DN200 远传水表如图 11-5 所示。

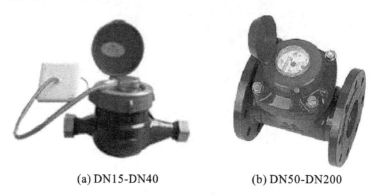

(a) DN15-DN40   (b) DN50-DN200

图 11-5　DN15-DN40 和 DN50-DN200 远传水表

远传水表的安装使用及维修注意事项如下:有"H"标识的远传水表水平安装,有"V"标识的远传水表垂直安装,水表上游应装有控制阀门(便于水表拆换和维修);其上游应能承受 10 倍口径以上的直管段,下游应能承受 5 倍口径以上的直管段。

4. 远传燃气表

远传燃气表如图 11-6 所示。

ZG-2 系列远传燃气表是在基表的计数器上安装信号采集器而成的,适用于天然气、液化石油气、人工煤气、沼气等气体流量的计量,具有计数功能和脉冲远传功能。

图 11-6　远传燃气表

11.3.4　科利华远程抄表系统软件平台

kilo2000 智能小区综合管理系统是一个集计算机技术、电子技术、通信技术、微控制技术、智能卡技术、机电一体化技术、现场总线技术等多种技术于一体的智能化系统,主要包括远传抄表系统、防区报警管理系统、一卡通系统。kilo2000 智能小区综合管理系统由主要由数据库系统、数据库访问引擎(应用程序服务器)、管理平台、通信平台和系统维护工具组成。

(1)数据库系统:选用 Inter Base Server,实现数据的集中存储与管理。

(2)数据库访问引擎:是管理平台、通信平台访问数据库系统的中间层,实现数据的存储与转发。

(3)管理平台:实现日常管理与维护等功能。

(4)通信平台:实现与硬件采集系统的通信,并实时保存数据。

(5)系统维护工具:包括数据库备份与恢复、数据清理、重建索引等功能。

系统各部分之间具备网络通信功能,安装系统时,可视系统规模,进行方便的组合与扩展。当系统规模较大时,可将数据库系统与数据库访问引擎、管理平台、通信平台分别安装在不同的计算机上(必须将数据库访问引擎与数据库系统安装在同一台计算机上),并且允许拥有多台管理平台和通信平台。在一般的小规模应用中,各部分可安装在同一台计算机上。

系统通过 COM 串口或 USB 转 RS232 口进行连接。安装系统时,在硬盘(例如 D 盘,只要不是 C 盘)上建立一个"远程抄表系统"文件夹,其余一路默认安装。安装完成后,计算机桌面的桌面出现 3 个图标,这 3 个图标分别表示数据库访问引擎、远程抄表管理平台、通信平台。将随安装软件一同提供的示例数据库文件 ICims. gdb 拷贝到 D:\ 远程抄表系统\KILO2000\DB\,这样打开软件后就可以看到一些用户资料和对应的集中器号、采集器号、表号。

1. 打开软件

先双击"数据库访问引擎",再双击"远程抄表管理平台",出现"工号"和"口令"设置界面,两项均填一个 0;IP 地址选择"本机",然后双击右下角出现的通信平台标志,出现通信平台对话框。抄表时可以直观地看到通信的具体数据提示,由于数据库文件 ICims. gdb 是出厂前建立的,所以 IP 地址和串口号都有可能要修改。系统设置界面如图 11-7 所示。

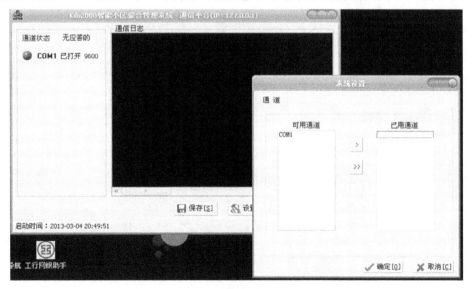

图 11-7　系统设置界面

点击"远程抄表管理平台"上的"数据""采集器件"，设置 IP 地址/串口号等参数，修改后保存退出"通信平台"，重新启动就可以正常通信。系统管理界面如图 11-8 所示。

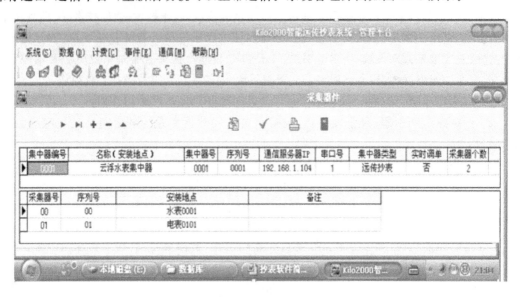

图 11-8　系统管理界面

2. 管理平台使用

（1）"数据""耗能表费率类型"：可通过快捷键"＋"建立诸如"电表、冷水表、热水表、煤气表"的费率。

（2）"数据""表位类型"：基本同上。

（3）"数据""采集器件"：图 11-8 所示系统管理界面中有 1 个集中器（0001 号），0001 号集中器下挂 2 个采集器；"通信服务器 IP"和串口号必须和"通信平台"上出现的一致，否则无法通信。

（4）"数据""业主资料"：可以看到整个小区的业主姓名、地址以及分配在哪个点位上。

管理平台操作界面如图 11-9 所示。

图 11-9　管理平台操作界面

3. 抄表操作

（1）通信集中器开机默认采集器的个数为 50 个，演示样品只有 2 个采集器。第一步先设置采集器个数，点击"通信""设置采集器个数"，选中"云浮水表集中器"，点击"确定"。

（2）设置时钟，点击"通信""设置集中器时钟"，点击"确定"，通过观察通信平台可以看到整个通信过程成功与否。

（3）"通信""抄表线路巡检"：点击后可以抄整个小区所有的表，也可以选择只抄某户的某台表，抄完后点击"读数正常"抄表数据会直观显示，用户可以拷贝到 WORD 文档中，这是最为简单的抄表方式。

（4）"通信""手动抄表"：抄表方式同上，差别是，抄表数据可以直接上报到数据库，以便计算每户的水、电费；抄表数据可以在"数据""表位读数"中查询到，但每抄一次会保存一次数据，建议每天最多用这种方法抄一次表，这样不会出现重复数据，平常抄表用"抄表线路巡检"，无论多少次，都不会影响抄表数据查询。

（5）"通信""手动上报读数"：将改变数据库的数据资料，必须和"计费"结合使用，一般谨慎使用。

抄表操作界面如图 11-10 所示。

图 11-10　抄表操作界面

（6）退出管理系统的顺序是先关闭"通信平台"，再关闭"远程抄表管理平台"，关闭时必须输入和登录时一样的工号和密码，此处都为 0，点击右下角工具栏内显示的数据库访问引擎图标使之显示，然后再退出。

系统另外还有帮助功能，"系统帮助"里有软件详细说明书。

 ## *11.4* 知识拓展

水、电、气三表远程抄表系统，根据现场数据采集和传输方式的不同，可分为有线传输水、电、气三表远程抄表系统和无线传输水、电、气三表远程抄表系统。实训室采用的为有线传输水、电、气三表远程抄表系统,通信接口为 RS485 接口,其相关的基础技术知识可参照可视门禁对讲系统项目内容。因有线传输水、电、气三表远程抄表系统需要布线,施工和维护工作量大,市场上为了解决此问题,出现了大量无线传输的系统方案和实施案例。无线传输水、电、气三表远程抄表系统与有线传输水、电、气三表远程抄表系统最大的区别就是,从现场采集的数据通过移动通信数据网络(4G/3G/GPRS)上传至无线采集器和服务器。无线传输水、电、气三表远程抄表系统典型拓扑如图 11-11 所示。

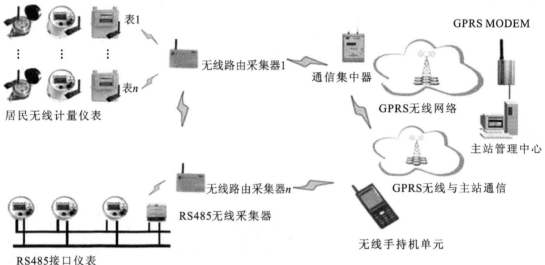

图 11-11 无线传输水、电、气三表远程抄表系统典型拓扑

现场表计量采集系统布线示意图如图 11-12 所示。

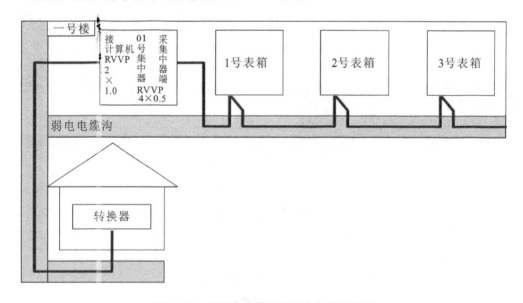

图 11-12 现场表计量采集系统布线示意图

思考与练习

（1）远程抄表系统根据数据采集传输采用的通信网络不同，通常分为哪些类型？

（2）简单描述一下水、电、气三表远程抄表系统的工作过程。

（3）如何根据水、电、气三表远程抄表系统的市场应用和发展趋势推广远程抄表系统？它的应用瓶颈和技术重心分别在哪里？

（4）水、电、气三表远程抄表系统前端数据采集硬件系统的架构是怎样的？系统架构中主要的设备有哪些？其主要功能分别是什么？

（5）查阅相关资料，简述水、电、气三表远程抄表系统在实际应用中的情况。

（6）实训任务一：远程抄表系统实训。

【任务材料】

智能远传水表、智能远传气表、智能 IC 卡电表、通信集中器、电源、水泵、空气压缩机、线缆等。

【任务内容】

① 了解远程抄表系统的功能和组成设备。

② 参观智能楼宇实训室远程抄表系统，亲身体验远程抄表系统的功能，现场观察并认识系统中的各种设备。

③ 认识远程抄表系统管理平台的功能，开展水、电、气表计数据采集操作。

项目 ⑫ | DDC 照明控制系统

12.1 教学指南

12.1.1 知识目标

（1）掌握 DDC 照明控制系统的组成和工作原理。
（2）掌握 DDC 照明控制系统的设备选型及配置。
（3）掌握安装与调试 DDC 照明控制系统设备及软件的方法。
（4）掌握 DDC 照明控制系统功能检查与评价方法。

12.1.2 能力目标

（1）学会安装与调试 DDC 照明控制系统。
（2）具有 DDC 照明控制管理系统方案设计能力。

12.1.3 任务要求

通过对施耐德公司的 DDC 照明控制系统的学习，掌握 DDC 照明控制系统的设计方法、选型方法、安装方法、调试方法。

12.1.4 相关知识点

（1）DDC 照明控制系统的组成和工作原理。
（2）施耐德公司照明产品组成。
（3）施耐德公司照明产品的安装方法与调试方法。

12.1.5 教学实施方法

（1）项目教学法。
（2）行动导向法。

12.2 任务引入

照明控制系统利用灯光变化来改变居住和办公环境场景，增加艺术效果，产生立体感、层次感，营造出舒适的居住和办公环境，以利于人们的身心健康、提高人们的工作效率。智能照明控制系统在确保灯具正常工作的情况下，给灯具输出一个最佳照明功率，减少眩光，使灯具发出的光线更加柔和，照明分布更加均匀，并大幅度节省电能。

DDC 照明控制系统是指采用 DDC 照明控制器，利用先进电磁调压及电子感应技术，对照明供电进行实时监控与跟踪，自动平滑地调节电路的电压和电流幅度，改善照明电路中不平衡负荷所带来的额外功耗，提高功率，降低灯具和线路的工作温度，达到优化供电目的的照明控制系统。

12.3　相关知识点

12.3.1　施耐德 sympholux 系统概述

施耐德 sympholux 系统可通过三种平台（KNX、C-Bus、DALI），达到完美、和谐的照明控制。三种平台的特点和适用范围如表 12-1 所示。

表 12-1　三种平台的特点和适用范围

名　　称	日光灯及节能灯 • 开/关 • 调光	大功率调光	第三方系统集成	能耗监视及控制	空调控制	LED 灯 • 开/关 • 调光 • DMX 颜色控制	设备状态监视
KNX	++ 0～10 V		+++	++	+++	+	++
C-Bus	++ 0～10 V	+++	++	+	++	+	+
DALI	+++ 数字调光		+	+++		+++	+++

注：+++表示非常优秀；++表示优秀；+表示适合。

施耐德 KNX 系统与众多制造商 KNX 产品兼容，集灯光、遮阳、空调三种控制功能于一身，具有电流检测功能，灯具损坏可报警，与 BMS 楼宇系统集成，与第三方联动，一体化面板设计美观，使用可靠，并具有防误操作功能，控制安全。

C-Bus 系统具有多种应用控制功能，包括：百叶窗及遮阳控制、手动及自动灯光控制、空调控制、定时控制、音频/视频集成、监视及控制、与 BMS 系统集成。其特点是可靠、性价比高、安装调试简单、功能修改简单、可现场编程、大功率调光、面板内容丰富、造型美观。C-Bus系统尤其擅长于多回路大功率调光，最大可至 12 路 20 A。

DALI 系统极大地简化了控制和监视。其主要特点如下：单一系统控制照明及应急照明；有众多制造商；可实现各种调光功能，包括单个整流器调光、组调光、线调光全面的监测及节能；可精确到单灯布线；编程简单，维护、功能修改方便；通过以太网干线可将所有 DALI 网络连成一个系统。DALI 系统擅长于单灯控制、单个设备状态及能耗监视、应急照明监视。总之，DALI 系统是单灯控制与集中管理的完美结合。

下面对 KNX 系统进行介绍。

1. KNX 概念

KNX 是 konnex 的缩写。1999 年 5 月，欧洲三大总线协议 EIB、BatiBus 和 EHSA 合并并形成了 KNX 协议。该协议以 EIB 为基础，兼顾了 BatiBus 和 EHSA 的物理层规范，并吸收了 BatiBus 和 EHSA 中配置模式等优点，提供了家庭、楼宇自动化的完整解决方案。KNX 系统是独立于制造商和应用领域的系统，通过所有的总线设备连接到 KNX 介质上进行信息交换。KNX 系统设备可以是传感器,也可以是执行器,用于控制楼宇管理装置。照明、遮光/百叶窗、保安系统、能源管理、供暖、通风、空调系统、信号和监控系统、服务界面及楼宇控制系统、远程控制、计量、视频/音频控制、大型家电等,所有这些通过一个统一的系统就可以进行控制、监视或发送信号,不需要额外的控制中心。

KNX 是唯一全球性的住宅和楼宇控制领域的开放式国际标准,于 2006 年被批准为国际标准 ISO/IEC 14543-3。KNX 技术被批准为中国标准 GB/T 20965—2013。KNX 也是美国和欧洲各国等的国家标准。KNX 遵循 OSI 模型协议规范,并进行了合理的简化。它由物理层、数据链接层、网络层、应用层和传输层组成,会话层和表示层的功能则并入应用层与传输层,每一层的协议规范中都明确地规定了信号在层中的表达和传输。

KNX 系统通过一条总线将所有的元件连接起来,每个元件均可独立工作,同时又可通过中控计算机进行集中监视和控制。通过计算机编程的各元件既可独立完成诸如开关、控制、监视等工作,又可根据要求进行不同组合,从而实现不增加元件数量而功能却可灵活改变的效果。在 KNX 系统中,总线接法是:区域总线下接主干线,主干线下接总线,系统允许有 15 个区域,即有 15 条区域总线,每条区域总线或者主干线允许连接多达 15 条总线,而每条总线最多允许连接 64 台设备(连接设备数主要取决于电源供应和设备功耗);每一条区域总线、主干线或总线,都需要一个变压器来供电,每一条总线之间通过隔离器来区分。在整个系统中,所有的传感器都通过数据线与制动器连接,而制动器则通过控制电源电路来控制电器;所有器件都通过同一条总线进行数据通信,传感器发送命令数据,相应地址上的制动器就执行相应的功能。此外,整个系统还可以通过预先设置控制参数来实现相应的系统功能。同时所有的信号在总线上都是以串行异步传输(广播)的形式进行传播,也就是说在任何时候,所有的总线设备总是同时接收到总线上的信息,只要总线上不再传输信息时,总线设备就可独立决定将报文发送到总线上。KNX 电缆由一对双绞线组成:一条双绞线用于数据传输(红色为 CE+,黑色为 CE−),另一条双绞线给电子器件提供电源。KNX 系统有线型、树型、和星型三种结构形式。

2. KNX 控制对象

KNX 可将以下以前各种独立的控制功能集成到一个系统中。

(1)手动及自动灯光控制。

(2)照明回路检测及管理。

(3)百叶窗及遮阳控制。

(4)空调控制及气象感应。

(5)中央控制、定时控制、能耗监测。

3. KNX 系统的优点

(1)集成控制:可对灯光、遮阳、空调、地暖等进行集成式控制。

(2)舒适:创造了安全、健康、宜人的生活及工作环境。

(3)节能:现代化住宅应在满足使用者对环境要求的前提下,尽量利用自然光来调节室内照明环境和温度环境,最大限度地减少能量消耗。

(4)灵活:能满足多种用户对不同环境功能的要求。KNX 系统采用的是开放式、大跨度框架结构,允许用户迅速而方便地改变建筑物的使用功能或重新规划建筑平面。

(5)经济:自动化提供了实现节能运行与管理的必要条件,同时可大量减少管理与维护人员,降低管理费用,提高劳动效率,并提高管理水平。

（6）安全：可与消防系统进行联动，当消防报警时，可将正常照明回路强行切断，应急回路强行接通，从而降低火灾的风险，提高建筑的安全性。

12.3.2　施耐德 KNX 智能灯光控制系统网络结构

1. KNX 智能灯光解决方案

施耐德 KNX 智能灯光解决方案原理图如图 12-1 所示。

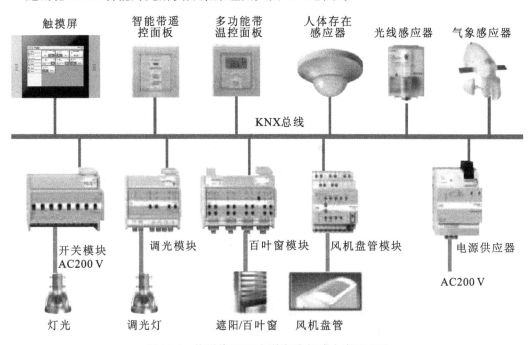

图 12-1　施耐德 KNX 智能灯光解决方案原理图

从图 12-1 我们看出，连接到 KNX 智能灯光 BUS 总线上的智能终端有触摸屏、智能带遥控面板、多功能带温控面板、人体存在感应器、光线感应器、气象感应器、开关模块、调光模块、百叶窗模块、风机盘管模块等。

2. KNX 系统的结构

KNX 系统最小的结构称为支线。KNX 系统最多可以有 64 个总线元件在同一支线上运行。KNX 系统支线结构图如图 12-2 所示。

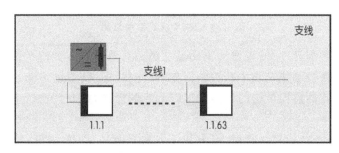

图 12-2　KNX 系统支线结构图

当总线连接的总线元件超过 64 个或需要选择不同的结构时，最多可以有 15 条支线通过线路耦合器（LC）组合连接在一条主线上。图 12-3 所示 KNX 系统结构称为域。每条支线可以连接 64 个总线元件,一个域包含 15 条支线,故一个域可以连接 15×64 个总线元件。

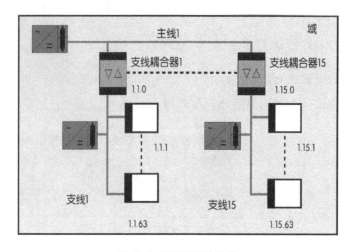

图 12-3 KNX 系统结构

总线按主干线的方式进行扩展,干线耦合器(BC)将其域连接到主干线上。总线上最多可以连接 15 个域,故可以连接总计 14 400 个总线元件。KNX 系统结构总图如图 12-4 所示。

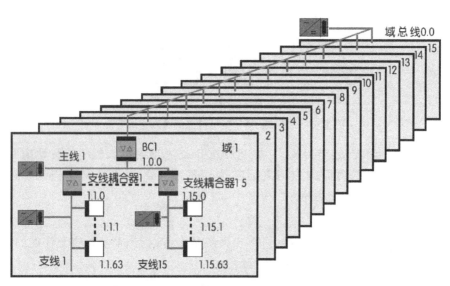

图 12-4 KNX 系统结构总图

总线元件分为系统元件、传感器和驱动器三类。系统元件负责整个系统的运行,如电源模块等。传感器负责探测建筑物中开关的操作,或光线、温度、湿度等信号变化,如温控面板等。驱动器负责接收传感器传送的信号并执行相应的操作,如开/关、调节灯光的亮度、控制窗帘的开合等。

KNX 系统的拓扑结构相对自由,可有以下几种连接方式:总线型;星型;树型。在同一条支线中,所有分支电缆总和不超过 1 000 m;总线元件之间最远不超过 700 m;电源到总线元件最远不超过 350 m。

KNX 系统模块安装示意图如图 12-5 所示。KNX 照明控制系统配置示意图如图 12-6 所示。

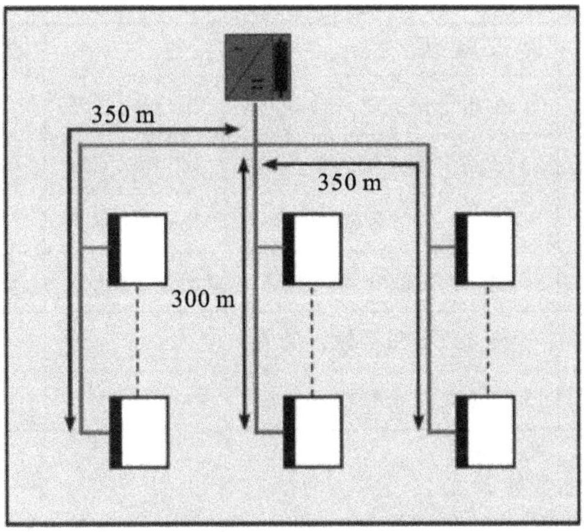

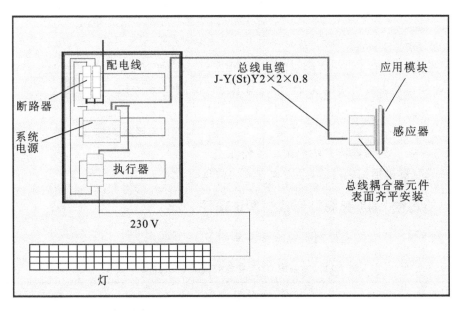

图 12-5　KNX 系统模块安装示意图

图 12-6　KNX 照明控制系统配置示意图

3．KNX 系统与 BA 系统的连接方法介绍

KNX 系统与 BA 系统的连接方法主要有以下三种。

（1）通过输入/输出模块，采用接点信号进行连接。

（2）通过 USB 接口进行连接。

（3）通过 OPC Server 进行连接。

1）通过输入/输出模块，采用接点信号进行连接

接点信号可以是 AC230 V、AC/DC24 V 有源接点信号或干接点信号。此种连接方法最简单，代价相对小，但功能简单，实现的控制对象相对少。常见输入/输出模块的主要规格如表 12-1 所示。

表 12-1　常见输入/输出模块的主要规格

序　号	输入模块		输出模块	
1	MTN644492	4 路干接点输入模块	MTN649202	2 路 10 A 开关控制模块
2	MTN644592	8 路干接点输入模块	MTN649204	4 路 10 A 开关控制模块
3	MTN644892	4 路 24 V 信号输入模块	MTN649208	8 路 10 A 开关控制模块
4	MTN644792	8 路 24 V 信号输入模块	MTN649212	12 路 10 A 开关控制模块
5	MTN644992	4 路 230 V 信号输入模块		
6	MTN644692	8 路 230 V 信号输入模块		

2）通过 USB 接口进行连接

KNX 系统可通过 USB 接口与 BA 系统连接，接口协议为 KNX，应用软件可由 BA 系统集成商自行开发。此种连接可实现施耐德 KNX 系统与 BA 系统的完全连接，但要求 BA 系统集成商有一定的软件开发能力。连接 KNX 系统和 BA 系统的 USB 接口的元件型号为 MTN681829。

3）通过 OPC Server 进行连接

KNX 系统可采用 TCP/IP 协议的硬件 OPC Server，通过 OPC 方式与 BA 系统实现互相通信。此种连接方法可实现 KNX 系统与 BA 系统的实时、完全连接。BA 系统集成商可采用标准方式进行中控应用软件的开发，开发相对简单，开发周期短。

安装 OPC-Server 软件的计算机通过 USB 接口与 KNX 系统连接，BA 系统可通过 OPC 方式访问 Server。此种连接方法成本相对较低。

KNX 适配器提供 USB 接口及文本方式的数据。

12.3.3　施耐德 KNX 智能灯光控制系统硬件

施耐德 KNX 智能灯光控制系统硬件清单如表 12-2 所示。

表 12-2　施耐德 KNX 智能灯光控制系统硬件清单

序　号	产 品 名 称	规格/型号
1	开关控制模块	MTN649204
2	通用调光模块	MTN649350
3	智能面板（纯白色）	MTN628219
4	人体存在感应器（纯白色）	MTN630819
5	亮度 & 温度传感器	MTN663991
6	电源模块	MTN684064
7	逻辑模块	MTN676090
8	教学版软件	A300002
9	KNX 总线	999999

1. 开关控制模块 MTN649204

开关控制模块 MTN649204 外形如图 12-7 所示。

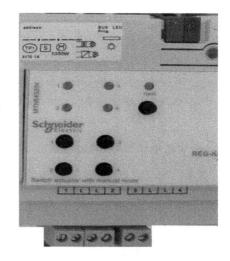

图 12-7 开关控制模块 MTN649204 外形

开关控制模块 MTN649204 是一个 4 路 10 A 开关控制模块,通过独立常开触点最多可以控制 4 路负载,具有自由设置开关通道的功能。它可以通过按键操作来人工操作所有开关插座;带有内置总线连接器;用于安装在 DIN 配电柜轨道 EN50022 上;通过总线端子连接总线;不需要数据导轨数据条;通过指示灯显示通道状态;装入应用程序后,绿色的 LED 指示灯将发亮,表明设备已进入运行准备就绪状态。

开关控制模块 MTN649204 的性能特点如下。

(1) 功能:可以作为常闭/常开触点操作;可以设置下载操作的参数;每个通道都有延迟功能;带/不带人工关闭功能的楼梯照明功能;每个通道都有状态反馈功能。

(2) 电源。额定电压:AC230 V,50～60 Hz。

(3) 每个开关输出额定电流:10 A。

(4) 每个开关输出额定功率:AC230 V,最大 2 300 VA。

(5) 白炽灯:AC230 V,最大 2 000 W。

(6) 卤素灯:AC230 V,最大 1 700 W。

(7) 荧光灯:AC230 V,最大 1 800 W,无补偿。

(8) 电容负载:AC230 V,最大 105 μF。

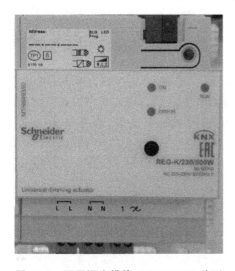

图 12-8 通用调光模块 MTN649350 外形

2. 通用调光模块 MTN649350

通用调光模块 MTN649350 外形如图 12-8 所示。

在通用调光模块 MTN649350 中,单路 500 W 通用调光模块借助可调光的绕线式或电子式变压器来对白炽灯、高压卤素灯和低压卤素灯进行开/关和调光操作。它包含内置的总线耦合器、螺纹端口和过热保护元件,以及对电灯起到保护作用的软启动器。它既能自动识别连接的负载,也能连接阻性负载与感性负载的组合,或者连接阻性负载与容性负载的组合,不能连接感性负载与容性负载的组合。通用调光模块 MTN649350 总线的连接通过一个总线连接端子完成,无须数据导轨数据条。

通用调光模块 MTN649350 的性能特点如下。

(1) 功能:通过 EIB、辅控装置等在设备上进行调光操作;多种调光曲线和调光速度;相同的调光时间;记忆功能;接通/关闭延时,楼梯灯定时功能(带/不带手动关闭);场景(调用内部储存的多达 8 个亮度值);中央功能;逻辑连接或强制执行;联锁功能;状态反馈。

（2）额定电压：AC220～230 V，50～60 Hz。

（3）额定功率/信道：最大 500 W/VA。

（4）最低负载（阻性）：20 W。

（5）最低负载（阻性-感性-容性）50 VA。

（6）输入端（辅控操作）：AC230 V，50～60 Hz（与调光信道处于同一相位）。

（7）装置宽度：4 模数（约 72 mm）。

3. 智能面板 MTN628219

智能面板 MTN628219 如图 12-9 所示。

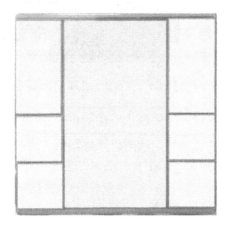

图 12-9　智能面板 MTN628219

智能面板 MTN628219 属于带耦合器 6 键智能面板，自带总线耦合器，带有 6 个操作键、1 个操作显示器、6 个可以单独触发的蓝色状态显示器以及 1 个标签栏。蓝色操作显示器还可以用作定向标志。智能面板 MTN628219 可以通过参数设置将下方的标签栏设为附加的操作键，可以自由设置按键的参数，可以将其设置为按键对（双键）或者单按键。智能面板 MTN628219 通过一个总线连接端子连到总线。

智能面板 MTN628219 的功能如下：开/关；转换；调光（单键/双键）；百叶窗控制（单键/双键）；脉冲沿触发 1、2、4 或 8 位报文控制信号（区别短和长操作）；带有 2 字节报文控制信号的脉冲沿（区别短和长操作）；内置 8 位线性调节器，可实现场景恢复、场景保存、防乱按（防误操作）功能。

4. 人体存在感应器 MTN630819

人体存在感应器 MTN630819 如图 12-10 所示。

人体存在感应器 MTN630819 具有室内人体存在感应功能。人体存在感应器 MTN630819 可以识别室内人体的细微动作，并通过 KNX 系统发送数据控制信号。在为照明控制系统进行亮度相关的运动识别时，人体存在感应器 MTN630819 会持续检测室内的亮度，当自然光达到足够亮度时，即使室内有人，也会关闭照明开关执行器。人体存在感应器 MTN630819 延迟时间可通过 ETS 设置。

人体存在感应器 MTN630819 带内置总线耦合器，适合安装在天花板上 60 型安装底盒内，最佳安装高度为 2.50 m。

人体存在感应器 MTN630819 的功能特点如下。

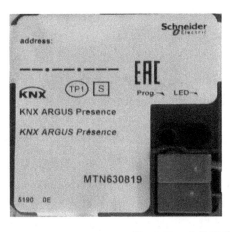
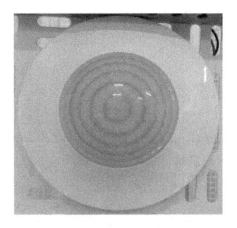

图 12-10　人体存在感应器 MTN630819

（1）在探测到移动时,最多可以同时启动 3 个功能（其中 1 个为人体存在感应功能）;动态延迟时间依据空间利用情况确定;可传送照度值。

（2）监测角度:360°。范围:从安装点开始,半径最大 7 m(当安装高度为 2.50 m 时)。

（3）感应层数:6 层。

（4）区域总数:136 个区域,带 544 个反光簇。

（5）光线感应器:在 10～2 000 Lux 范围内通过 ETS 无级调节。

5. 亮度 & 温度传感器 MTN663991

亮度 & 温度传感器 MTN663991 如图 12-11 所示。

亮度及温度传感器 MTN663991 用于感应光照度、温度并将照度值、温度值传送到总线上。它内含一个温度传感器和一个光照度传感器,采用 3 通道单独控制或逻辑控制,可任意设定照度门限值及温度门限值。它还具有防晒功能,可控制百叶窗及卷帘的开/关。

亮度 & 温度传感器 MTN663991 的功能特点如下。

（1）功能:照度门限,驱动控制,自动遮阳功能,自学功能,安全功能。

（2）适合室外安装。

（3）内置总线耦合器。

（4）通过总线接线端子与总线连接。

（5）功耗:最大 150 mW。

（6）传感器:2 个。

（7）温度测量范围:$-25～+55$ ℃($\pm 5\%$ 或 ± 1 ℃)。

（8）亮度测量范围:1～100 000 Lux($\pm 20\%$ 或 ± 5 Lux)。

（9）防护等级:IP 54。

图 12-11　亮度 & 温度传感器 MTN663991

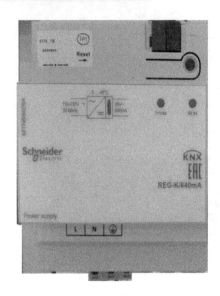

图 12-12　电源模块 MTN684064

（4）模块宽度：7 模数（约 126 mm）。

7. 逻辑模块 MTN676090

逻辑模块 MTN676090 如图 12-13 所示。

在 KNX 系统中，逻辑模块作为逻辑与控制设备使用。逻辑模块 MTN676090 带有 10 个逻辑设备、10 个过滤/定时设备、8 个转换器、12 个多路（复用）模式、3 个自由编程按钮与 3 个 LED 指示灯。

逻辑模块 MTN676090 的功能如下。

（1）10 个逻辑功能。

（2）10 个过滤与定时功能。

（3）8 个转换功能。

（4）12 个多路（复用）模式（灯光控制）。

（5）按钮与 LED 设定。

6. 电源模块 MTN684064

电源模块 MTN684064 如图 12-12 所示。

电源模块 MTN684064 提供 640 mA 电源，最多可以为一条带六十四个总线设备的线路提供总线电压。电源模块 MTN684064 带内置扼流器（用于隔离总线的供电），带开关（用于中断电压并复位连接在线路上的总线设备）。电源模块 MTN684064 通过一根单独导出的 DC29 V 电源线可以为一条配有专用扼流器的附加线路供电。电源模块 MTN684064 安装在配电柜 DIN 轨道 EN50022 上。电源模块 MTN684064 总线通过一个总线连接端子连接，无须数据导轨数据条。

电源模块 MTN684064 的功能特点如下。

（1）电源电压：AC230 V，50～60 Hz。

（2）输出电压：DC29 ±1 V。

（3）输出电流：最大 640 mA，防短路。

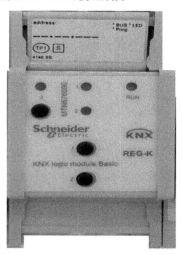

图 12-13　逻辑模块 MTN676090

12.3.4　施耐德 KNX 智能灯光控制系统设计

1. KNX 系统设计案例一：KNX 公共建筑照明控制系统

KNX 公共建筑照明控制系统结构图如图 12-14 所示。

下面对图 12-14 所示 KNX 公共建筑照明控制系统结构图进行说明。

（1）该系统由支线和干线构成，支线和干线均采用 KNX 总线电缆（4 芯屏蔽双绞线）。

（2）每个楼层的照明箱及现场智能面板通过总线连接成支线，每条支线配备一个电源模块 MTN684064。

（3）每个楼层的支线通过一个开关控制模块 MTN680204 连接至干线。

（4）在照明箱中分散安装控制模块（用于控制灯光、电动窗等），控制模块采用标准导轨安装方式。

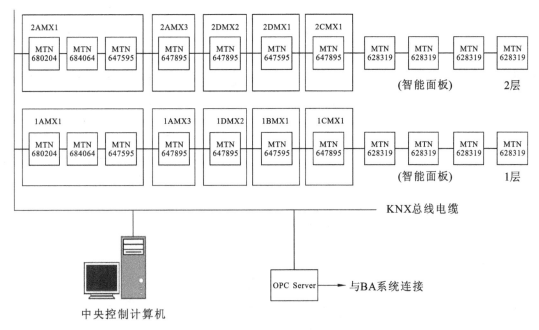

图 12-14　KNX 公共建筑照明控制系统结构图

（5）现场安装智能面板，可采用标准 86 盒安装。

（6）每条支线的最大长度为 1 000 m。

（7）每条支线中最多可连接 64 个元件，超过 64 个元件可通过支线耦合器进行扩展。

（8）通过 RS232 接口与中央控制（中控）计算机连接，中控计算机可对整个办公楼的灯光进行集中监视和控制。

（9）通过 DPC Serer 与 BA 系统连接。

2. KNX 系统设计案例二：KNX 公建项目照明控制系统

KNX 公建项目照明控制系统结构图如图 12-15 所示。

下面对图 12-15 所示 KNX 公建项目照明控制系统结构图进行说明。

（1）该系统可对办公楼的灯光环境、遮阳环境、空调环境进行集成式的智能控制。

（2）通过中控计算机图形化界面可以对整个办公楼的灯光、遮阳、空调进行集中监视和控制。

（3）带电流检测功能的灯光开闭控制模块可以检测公共区域的灯是否损坏，并可以通过计算机报警、显示故障灯具体位置。

（4）通过中控计算机可显示每个区域、每间办公室的室内温度及设定温度，便于空调温度控制，节能。

（5）通过办公室内的智能面板可对办公区域的灯光进行手动控制。

（6）通过定时器可对公共区域及泛光照明进行定时开/关，节能，管理方便。

（7）通过光感开关控制器可对遮阳进行自动控制，当太阳光强烈时，可自动将遮阳窗放下，防止室内温升过高，达到节能的目的。

（8）通过光感开关控制器可对泛光照明及园林景观照明进行自动控制，当自然光变暗时，可自动将泛光及园林景观灯打开，当自然光变亮时，可自动将泛光及园林景观灯关闭，节能，管理方便。

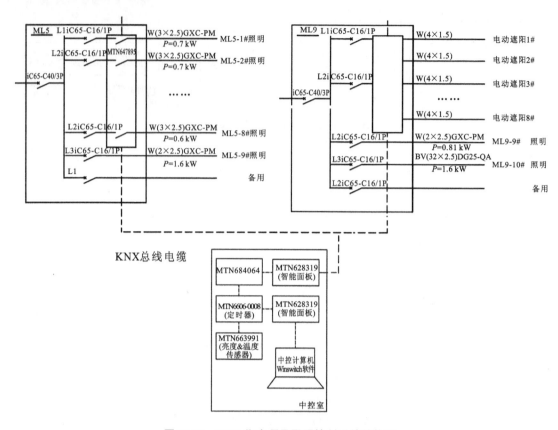

图 12-15 KNX 公建项目照明控制系统结构图

12.4 知识拓展

12.4.1 DDC 控制器概述

直接数字控制(direct digital control)通常称为 DDC 控制。DDC 系统通常由中央控制设备(如中控计算机)、现场 DDC 控制器、通信网络以及相应的传感器、执行器、调节阀等元器件组成。DDC 系统利用微信号处理器、电子驱动器、传感器连接气动机构等替代传统控制组件,如温度开关、接收控制器或其他电子机械组件,进行各种逻辑控制功能。DDC 控制成为各种建筑环境控制的通用模式。DDC 系统的最大特点就是从参数的采集、传输到控制等各个环节均采用数字控制来实现,一个数字控制器可实现多个常规仪表控制器的功能,可对多个不同对象进行控制。

DDC 控制器是整个 DDC 系统的核心,是 DDC 系统实现控制功能的关键部件。它的工作过程是 DDC 控制器通过模拟量输入通道(AI)和数字量输入通道(DI)采集实时数据,并将模拟量信号转变成计算机可接受的数字信号(A/D 转换),然后按照一定的控制规律进行运算,最后发出控制信号,并将数字量信号转变成模拟量信号(D/A 转换),并通过模拟量输出通道(AO)和数字量输出通道(DO)直接控制设备的运行。

DDC 控制器的软件通常包括基础软件、系统自检软件和用户应用软件三大块。其中,基础软件是作为固定程序固化在模块中的通用软件,通常由 DDC 控制器生产厂家直接写在微处理芯片上,不需要也不可能由其他人员进行修改,各个生产厂家的基础软件基本上是相同的。系统自检软件保证 DDC 控制器的正常运行,检测其运行故障,同时也可便于管理人员维修。用户应用软件是根据各个空调设备的控制内容和现场环境进行而编写的,因此这部分软件可根据管理人员的需要进行一定程度的修改,它通常包括以下几个主要功能。

（1）控制功能:提供模拟 P、PI、PID 的控制特性,有的用户应用软件还具备自动适应控制的功能。

（2）实时时钟功能:使计算机内的时间永远与实际标准时间一致。

（3）管理功能:可对各个空调设备的控制参数以及运行状态进行再设定,同时还具备显视和监测功能,另外与中控计算机连接可进行各种相关的通信。

（4）报警与联锁功能:在接到报警信号后,可根据已设置程序联锁有关设备的启/停,同时向中控计算机发出警报。

（5）能量管理控制:它具有运行控制、能耗记录、焓值控制功能。它自动或编程设定空调设备在工作日和节假日的启停时间和运行台数,记录瞬时和累积能耗以及空调设备的运行时间,比较室内外空气焓值来控制新回风比和进行工况转换。

评价一个 DDC 控制器的功能主要看其容量和配套的软件。DDC 控制器的容量是以其所包含的控制点的数量来衡量的,即其可接受的输入信号或可发出输出信号的功能和数量。也就是说是由模拟量输入点数、开关量输入点数、模拟量输出点数和开关量输出点数来衡量的。点数多少是评价一个 DDC 控制器功能强弱的重要指标。一般来讲,点数越多表明 DDC 控制器功能越强,可控制和管理的范围越大,当然其价格也越高。

专门使用的 DDC 系统具有很多优点,以下列出其中最重要的几个优点。

1. 操作方便

DDC 系统是建筑管理的有力工具,它的操作系统可方便地管理一个或多个岗位,可及时按客户要求或程序要求做出反应。DDC 系统允许 DDC 控制器在操作时间内同时具有其他功能,这一点是区别于传统系统的。DDC 系统可以使单个终端获得整个建筑操作的所有信息,具有很强的故障诊断能力。

2. 降低费用

一个设计良好的 DDC 系统可在能源和人力方面降低费用。由于所有区域都经中心调度和控制,所以可通过能量的转移而使能量不会被浪费。而且,DDC 系统可自动启动或停止机械设备,使其在不必要时不运转。DDC 系统还可通过操作终端自动诊断和处理许多问题,而无须维修人员亲临现场,从而省去许多费用,降低维修成本。通过 DDC 系统,处于不同位置的多个建筑,可由一个中心控制室统一管理和监控,而不必单独控制,从而节省了人力。

3. 提高舒适性

DDC 系统比传统系统具有更高的精确度,可使温度保持在更接近于设定值的值,从而改善居住环境。

4. 无须校准

多数 DDC 系统无须校准,可减少维修与保养费用,并长期保持精度,而传统系统校准完后精度就开始降低。

5. 改善控制方式

DDC 系统允许更复杂的控制方式以实现整栋大楼的基本管理,这样可减少执行费用并改善居住的舒适性。DDC系统可根据建筑各部分的实际制冷量调节冰水(寒水)机组的供冷量,以满足冷却水温要求。当建筑冷量需求变化时,DDC系统还可随之调整冰水(寒水)机组。

6. 提高房产价值

一套配有DDC系统的设备比未配DDC系统的设备具有更高的价值。DDC系统是一个完整施工计划的重要组成部分。当一栋建筑预售时,预购者常会考虑该建筑是否装有最新管理系统。

7. 更优越的控制

DDC系统可完成各种逻辑功能,可按建筑操作的客观情况做出复杂且精确的控制,因而更具优越性。

8. 高度灵活的控制

建筑的各种参数往往不是一成不变的,新客户或旧客户的新要求往往需要改变大楼的控制要求,多数DDC系统可按新要求重新编写程序,而不必改变硬件。而且,DDC系统是模式化系统,便于以后大楼扩建,当大楼扩建时,DDC系统可随之扩展。DDC终端系统是DDC的应用系统,是机械系统中用于服务一单独区域的组成部分。例如:一个单独的风机盘管控制器、VAV变风量通风柜控制器、热泵控制器等。它可提供整个建筑暖通空调系统的运行情况。

9. 改善居住条件

大楼的许多所有者使用DDC系统鼓励租期已到的客户留在大楼中,当客户看到他们住处具有成效管理系统时,他们对大楼就更满意。

10. 改善维护和服务

整栋建筑采用DDC系统后,维护工作可通过系统自动做到,并记录需要服务的设备和地点,若有需要,则DDC系统还可记录各部分机械的运转性能曲线和各房间的温度变化,这些在分析和诊断机械系统或DDC控制器问题时十分有益,因为系统会发展操作中的许多偏差,故许多问题可在客户察觉前解决。

12.4.2 DDC系统的网络结构

DDC系统常采用的网络结构有两种,即BUS总线结构和环流网络结构。

在采用BUS总线结构的DDC系统中,所有DDC控制器均通过一条BUS总线与中控计算机相连。采用BUS总线结构的DDC系统的最大优点就是系统简单、通信速度较快,对一些中、小型工程较为适用,但在大型工程时就会导致布线复杂。为此,目前有些公司又推出了支路BUS总线结构,它通过一个通信处理设备(NCU)产生支路BUS总线,这样各支路又可带数个现场DDC控制器,对一个大区域而言,只需要将NCU与系统BUS总线相连即可。这样可大大简化DDC系统。采用环流网络结构的DDC系统利用两根总线形成一个环路,每一个环路可带数个DDC控制器,多个环路之间通过环路接口相连,因此这种系统最大的优点就是扩充能力较强。

通信网络用于完成中控计算机与现场DDC控制器以及现场设备之间的信息交换。其连接线缆通常采用截面积为 $1.0~\text{mm}^2$ 的专用通信电缆。

思考与练习

（1）什么是 DDC 控制器？

（2）DDC 系统的特点是什么？

（3）简述施耐德 KNX 智能灯光控制系统方案。

（4）根据表 12-3 所示清单，试设计 KNX 照明控制系统。

表 12-3　DDC 照明控制模块清单

序　号	产品名称	型　号	品　牌	单　位	数　量
1	开关控制模块	MTN649204	施耐德	个	1
2	通用调光模块	MTN649350	施耐德	个	1
3	智能面板（纯白色）	MTN628246	施耐德	个	1
4	人体存在感应器（纯白色）	MTN630819	施耐德	只	1
5	亮度 & 温度传感器	MTN663991	施耐德	只	1
6	电源模块	MTN684064	施耐德	个	1
7	逻辑模块	MTN676090	施耐德	个	1
8	教学版软件	A300002	施耐德	套	1
9	KNX 总线	999999	施耐德	套	1
10	LED 照明灯	25W	国产	盏	6

（5）实训任务 1。

【任务要求】

按给定材料清单，设计一个二层楼 KNX 照明控制系统。

【任务材料】

二层楼 KNX 照明控制系统清单如表 12-4 所示。

表 12-4　二层楼 KNX 照明控制系统清单

序　号	型　号	描　述
1	MTN647895	8 路 16 A 开关控制模块，带电流检测功能
2	MTN647595	4 路 16 A 开关控制模块，带电流检测功能
3	MTN628319	设计系列 8 键智能面板
4	MTN680204	支线耦合器
5	MTN684064	640 mA 电源供应器

【任务步骤】

① 了解 KNX 照明控制系统的概念、组成、应用。

② 学生分组，以组为单位进行 KNX 照明控制系统的归纳、总结。

③ 写出设计调研报告。

④ 选型方案比较，确定方案。

（6）实训任务 2。

【任务要求】

按给定材料清单，设计公共建筑照明控制系统。

【任务材料】

公共建筑照明控制系统清单如表 12-5 所示。

表 12-5　公共建筑照明控制系统清单

序　号	型　号	描　述
1	MTN684064	640 mA 总线电源供应器
2	MTN6606-0008	8 通道定时器
3	MTN628319	设计系列 8 键智能面板
4	MTN647895	8 路 16 A 灯光开关控制模块、带电流检测功能
5	MTN647595	4 路 16 A 灯光开关控制模块、带电流检测功能
6	MTN663991	亮度 & 温度传感器
7	MTN49808	8 路 AC230 V 遮阳卷帘/百叶窗控制模块

【任务步骤】

① 了解 KNX 照明控制系统的概念、组成、应用。

② 学生分组，以组为单位进行 KNX 照明控制系统的归纳、总结。

③ 写出设计调研报告。

④ 选型方案比较，确定方案。

项目 **13** DDC 新风系统

 13.1 教学指南

13.1.1 知识目标

(1) 掌握 DDC 新风系统的组成和工作原理。
(2) 掌握 DDC 新风系统的设备选型及配置。
(3) 掌握 DDC 新风系统设备和软件的安装方法、使用方法、调试方法。
(4) 掌握 DDC 新风系统功能检查与评价方法。

13.1.2 能力目标

(1) 学会安装与调试 DDC 新风系统的方法。
(2) 具有设计 DDC 新风系统方案的能力。

13.1.3 任务要求

通过对施耐德公司的 DDC 新风系统的学习,掌握 DDC 新风系统的设计方法、选型方法、安装方法与调试方法。

13.1.4 相关知识点

(1) DDC 新风系统的组成和工作原理。
(2) 施耐德公司新风系统产品。
(3) 施耐德公司新风系统产品的安装方法与调试方法。

13.1.5 教学实施方法

(1) 项目教学法。
(2) 行动导向法。

 13.2 任务引入

近年来随着城市环境污染日趋严重,人们对空气的污染程度越来越关注,对空气质量的要求逐渐提高。怎样才能在污染严重的城市环境中呼吸到大自然的洁净空气成为困扰人们许久的问题。

如何满足室内新风换气的需要,涉及建筑的新风系统。新风系统利用在密闭的室内一侧用专用设备向室内送新风,再从另一侧由专用设备向室外排出,在室内会形成"新风流动场"的原理,来实现室内新风换气的目的。

13.3 相关知识点

13.3.1 新风系统概述

新风系统是由新风换气机(简称风机)及管道附件等组成的一套独立空气处理系统。新风换气机将室外新鲜气体经过过滤、净化,通过管道输送到室内。新风系统采用高压头、大流量小功率直流高速无刷电机带动离心风机,依靠机械强力从一侧向室内送风、从另一侧用专门设计的排风机向室外排出的方式强迫在系统内形成新风流动场,在送风的同时对进入室内的空气进新风过滤、灭毒、杀菌、增氧、预热(冬天),所排出的风经过主机时与新风进行热回收交换,回收大部分能量通过新风送回室内,以此达到室内空气净化环境的目的。新风系统空气流动示意图如图 13-1 所示。

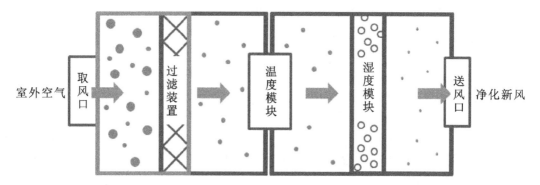

图 13-1　新风系统空气流动示意图

新风系统的优点如下。

(1) 不用开窗也能享受大自然的新鲜空气。

(2) 避免"空调病",超静音。

(3) 有效排除室内各种细菌、病毒,避免室内家具、衣物发霉,降低室内二氧化碳浓度,清除室内装修后长期缓释的有害气体,利于人体健康。

(4) 回收室内温/湿度,节省取暖费用。

家庭新风系统示意图如图 13-2 所示。

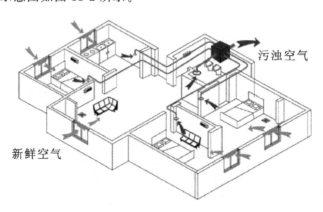

图 13-2　家庭新风系统示意图

新风系统除了具有更新空气这一功能外,还可以进行热舒适通风和降温通风。新风系统的送风方式根据新风送风情况分为正压送风和负压通风两种。正压送风的原理主要是:直接通过动力把风送进居室内。采用正压送风方式的新风系统对流性较差。负压通风的原理是:通过排风机吸风,把室内的部分空气抽出,导致室内空气压力小于室外气压,外界空气在大气压压力下自动进入空间,从而在空间内形成定向、稳定的气流带。采用负压通风方式的新风系统的特点主要是:气流定向、稳定,空气与外界贯通而不是在空间内的内循环。

下面介绍新风系统的分类。

1. 按送风方式分类

按送风方式分类,新风系统分为单向流新风系统、双向流新风系统和地送风新风系统三类。

1)单向流新风系统

单向流新风系统是基于机械式通风系统三大原则、中央机械式排风与自然进风结合而形成的多元化新风系统。它由风机、进风口、排风口及各种管道和接头组成。安装在吊顶内的风机通过管道与一系列的排风口相连,风机启动,室内污浊空气经安装在室内的吸风口通过风机排出室外,在室内形成几个有效的负压区,室内污浊空气持续不断地向负压区流动并排出室外,室外新鲜空气由安装在窗框上方(窗框与墙体之间)的进风口不断地向室内补充,从而使人们一直呼吸到高品质的新鲜空气。单向流新风系统的送风系统无须送风管道的连接,而排风管道一般安装在过道、卫生间等通常有吊顶的地方,基本上不额外占用空间。

2)双向流新风系统

双向流新风系统是基于机械式通风系统三大原则的中央机械式送、排风系统,是对单向流新风系统有效的补充。在双向流新风系统的设计中,排风主机与室内排风口的位置与单向流新风系统中的分布基本一致,不同的是双向流新风系统中的新风由新风主机送入。新风主机通过管道与室内的空气分布器相连接,新风主机不断地把室外新风通过管道送入室内,以提供满足人们日常生活所需的新鲜、质量好的空气。在双向流新风系统中,排风口与新风口都带有风量调节阀,通过主机的动力排风与送风来实现室内通风换气。

3)地送风新风系统

由于二氧化碳比空气重,因此越接近地面含氧量越低。从节能方面来考虑,将新风系统安装在地面会得到更好的通风效果。从地板或墙底部送风口送出新风,余热及污染物在浮力及由气流产生的驱动力的作用下向上运动,由热源产生的向上的尾流不仅可以带走热负荷,而且可以将污浊空气从工作区带到室内上方,由设在顶部的排风口排出。地送风新风系统虽然有一定的优点,但对层高和空间也有其一定的适用条件。

由此可见,新风系统安装环境不同,选用的新风系统也会有些差异,只有选择适合自家的新风系统,才能达到最好的交换空气的效果。

2. 按安装方式分类

按安装方式分类,新风系统分为中央管道新风系统和单体新风系统两类。

1)中央管道新风系统

中央管道新风系统通过管道与新风主机连接。其工作原理为:在厨房、卫生间装设排风机及排风管道等配套设施,在卧室、客厅装设进风口;排风机运转时,排出室内原有空气,使室内空气产生负压,室外新鲜空气在室内外空气压差的作用下,通过进风口进入室内,以此达到室内通风换气的目的。

2)单体新风系统

单体新风系统是近几年新上市的新风系统产品,其包括壁挂式新风系统、落地式新风系统两款产品。其主体结构与中央管道新风系统的主体结构并无太大的区别,不同点在于单体新风系统不需要复杂管道,安装方式十分简单,房屋装修前后都可以安装单体新风系统,单体新风系统后期的维护成本也十分低廉。

3.其他分类方法

(1)按通风动力分类,新风系统可分为自然通风新风系统和机械通风新风系统两类。

(2)按照通风服务范围,新风系统可分为全面通风新风系统和局部通风新风系统两类。

(3)按气流方向分类,新风系统可分为送(进)新风系统和排风(烟)新风系统两类。

(4)按通风目的分类,新风系统可分为一般换气通风新风系统、热风供暖新风系统、排毒与除尘新风系统、事故通风新风系统、防护式通风新风系统和防排烟新风系统等。

(5)按动力所处的位置分类,新风系统可分为动力集中式新风系统和动力分布式新风系统两类。

(6)按样式分类,新风系统可分为立柜(落地式)新风系统、壁挂式新风系统和吊顶式新风系统四类。

4.新风系统的工作原理

空调机组由新风系统、回风系统和送风系统组合而成,通过控制风机的启/停,控制冷冻水阀、新风阀和回风阀的开度,来改善室内空气的质量,达到舒适、节能的目的。新风系统控制示意图如图 13-3 所示。

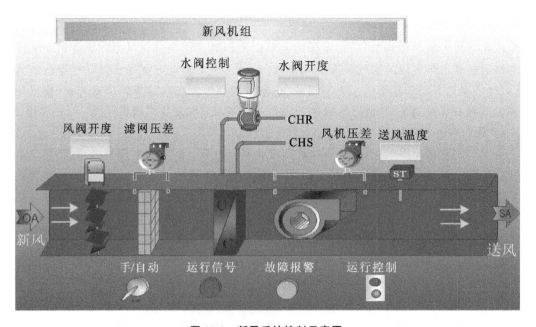

图 13-3 新风系统控制示意图

新风系统的控制内容如下。

(1)新风机组的开关状态、故障报警、手/自动状态及开关控制。

（2）回风温度监测。

（3）送风管风压监测。

（4）过滤网压差监测。

（5）二通阀开度调节。

（6）送风阀和回风阀开度调节。

新风系统的控制原理为：DDC 控制器对回风温度进行 PID 控制；通过调节冷冻水二通阀的开度，使回风温度保持在设定值范围内，当风机停止运行时冷冻水二通阀将会关闭。DDC 控制器控制原理图如图 13-4 所示。

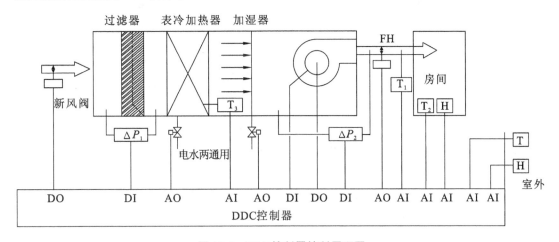

图 13-4　DDC 控制器控制原理图

图 13-4 所示，DDC 系统一般通过以下监控形式来实现控制的。

（1）数字量输入（DI）：DDC 控制器通过接收外部设备的无源干接点信号实现控制。

（2）数字量输出（DO）：DDC 控制器通过向外部设备提供的干接点信号或 24 V 控制信号实现控制。

（3）模拟量输入（AI）：DDC 控制器通过接收外部设备 0～10 V 电压信号、4～20 mA 电流信号，0～1 000 Ω 电阻信号来实现控制。

（4）模拟量输出（AO）：DDC 控制器通过向外部设备提供 0～10 V 电压信号或 4～20 mA 电流信号来实现的。

新风处理机组控制系统原理图如图 13-5 所示。

新风系统由排风机、送风机、电机、风箱（柜）、风管组合而成，通过控制风机的启/停来实现空气更新。排风机平时根据地下室的二氧化碳浓度进行间歇排风。当发生火灾时，排风机完全由消防报警系统控制。新风处理机组由电机、制冷风柜、风管组合而成。我们通过控制风机的启/停，控制冷冻水阀、新风阀的开度，来改善室内空气的质量。

新风处理机组控制系统的控制内容如下。

（1）新风机的开关状态、故障报警、手/自动状态及开关控制。

（2）送风温度监测。

（3）过滤网压差监测。

（4）二通阀开度调节。

DDC 控制器通过根据室外温度来改变送风温度设定值对送风温度进行 PID 控制。调

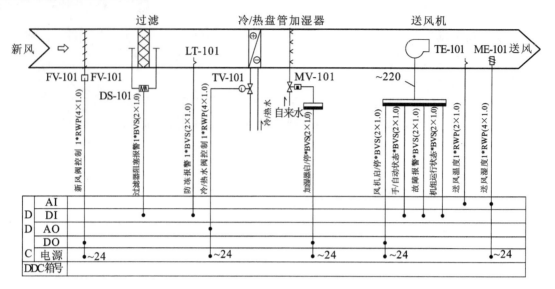

图 13-5　新风处理机组控制系统原理图

节冷冻水二通阀的开度,可使回风温度保持在设定值范围内。当风机停止运行时,冷冻水二通阀将会关闭,以节约能源。

新风处理机组控制系统的监控内容如下:风机的开关状态、故障报警、手/自动状态及开关。

DDC 系统监视的信号有:运行信号、故障信号、手/自动信号(均需要提供无源干接点)。

DDC 系统控制的特点如下:发出信号时 DDC 控制器启动,没有信号时 DDC 控制器停止运行。(提供无源干接点或 24 V/0.1 A 控制信号)。

13.3.2　施耐德 StruxureWare 新风系统网络结构

施耐德 StruxureWare 新风系统网络结构分为两个层面,即管理网和控制网。

管理网基于以太网的客户机/服务器和浏览器/服务器体系,遵循标准的 TCP/IP 协议进行网络通信,与建筑综合物业管理系统等其他系统处于同层的网络体系中,可充分利用综合布线系统来进行高速、可靠的数据交互和通信。构筑企业网 Intranet。

控制网采用经典的楼宇智能化控制 ModBus、LonWorks、BACnet 网络结构。现场控制层包括 DDC 控制器、电源、继电器、接线端子等。其中,DDC 控制器应配备微处理器、I/O 模式、电源模块、通信模块、机壳及保护电路,并配通信管理、控制、故障诊断、用户在线编程等软件。现场控制层的 DDC 控制器具有自由编程能力和 I/O 扩展能力,不依赖上位机进行通信及协调控制。图 13-6 详细地展现了施耐德 StruxureWare 新风系统的网络结构。

13.3.3　施耐德 StruxureWare 新风系统硬件和软件配置

下面以施耐德 StruxureWare 新风系统典型案例为例来学习新风系统。根据项目建设需求,施耐德 StruxureWare 新风系统设备组成及其主要功能如表 13-1 所示。

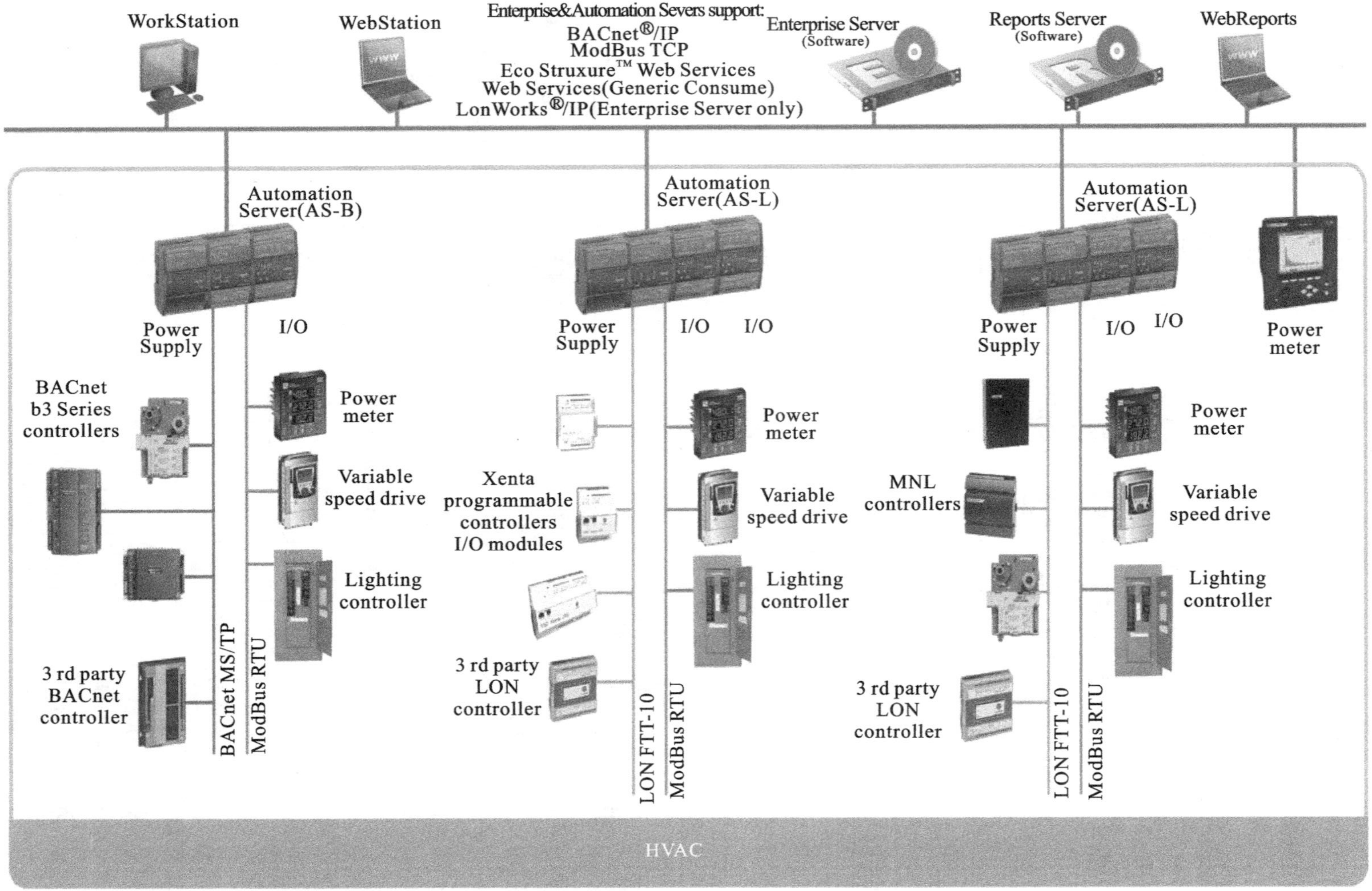

图13-6 施耐德StruxureWare 新风系统网络结构图

表 13-1　施耐德 StruxureWare 新风系统设备组成及其主要功能

系统设备组成	主 要 功 能
网络控制电源模块(PS)	为 AS 网络控制器提供 24 V 电源
网络控制器(AS)	将 BACnet 信号转换为 TCP/IP 信号并送到服务器
扩展模块	将 BACnet 信号经通信总线传输到网络控制器
风阀执行器	下级总线连接各传感器和执行器支路
水阀执行器	下级总线连接各传感器和执行器支路

根据表 13-1 所示功能需求,DDC 新风系统硬件配置选型如表 13-2 所示。

表 13-2　DDC 新风系统硬件配置选型

序　号	规　格	型　号	数　量
1	教学版软件	WS	1个
2	网络服务器	Automation Server	1个
3	电源	PS-24V	1个
4	BACnet 直接数字控制器	Andover Continuum b3867	1个
5	室内温/湿度传感器	VER-HEW3VSTH	1个
6	模拟控制风门驱动器	MD10A-24	2个
7	计算机操作台	标准	1台
8	安装辅材		1套

该案例采用 StruxureWare TM building operation 楼宇管理平台。该平台是施耐德公司主推的人性化智能化楼宇管理系统,具有以下功能。

(1) 定制工作站,图像效果佳,可以安全地对大楼管理界面进行操控,对图像、报表和趋势变化图进行浏览,同时对报警进行本地或远程的控制管理。

(2) 健全的网络在线帮助平台。

(3) 系统支持主流楼宇自动化和安全管理的通信标准,包括 TCP/IP、LonWorks、BACnet、KNX、ModBus 等。

(4) 具有多语言的通道,可以自由地选择所连接设备及电源,实现采集和分析数据效率的最大化。

下面对表 13-2 中的相关硬件进行介绍。

1. 网络服务器

网络服务器如图 13-7 所示。

网络服务器是施耐德 StruxureWare 新风系统的核心,具有逻辑控制、趋势记录、报警管理等功能。在小型项目中,嵌入式的网络服务器充当了一个独立的 SXW 服务器,能够支持数据通信功能并且通过现场总线与扩展模块连接。在中型和大型项目中,多个网络服务器通过 TCP/IP 协议通信、构建分布式的网络架构,通过工作站提供功能齐全的用户界面,实现系统所需的功能。

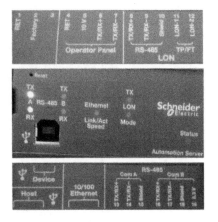

图 13-7　网络服务器

网络服务器的功能特点如下。

(1) 网络服务器是一个拥有非常强大功能的设备,可以充当一个独立的 StruxureWare TM builidng operation 服务器。

(2) I/O 模块控制功能:能够对 I/O 模块进行控制,对现场总线设备进行监控和管理。

(3) 安全的 IT 标准:使用网络标准协议进行通信,支持 IP 访问(IPv6 优先)、TCP 通信、DHCP 和 DNS 的快速部署和寻址、HTTP/HTTPS 互联网接入(通过防火墙),可实现远程监控控制、NTP(网络时间协议)的整个系统的时间同步,可通过 STMP 发送邮件。这简化了安装和管理并且实现了通信加密。

(4) 4 GB 的数据存储和备份内存空间。

(5) 专利两段式(底座＋设备模块)设计,简单的 DIN 导轨式安装。

网络服务器拥有向上和向下的通信能力,可以向操作者或整个站点内的其他服务器直接发送数据。网络服务器可以运行多个控制程序,管理本地的 I/O 点,处理调度并记录,以及使用各式各样的协议进行通信。

网络服务器大部分的系统功能部件都是独立运行的,即使在通信失败或单个的服务器或设备脱机的情况下,也可以作为一个整体继续运行。

网络服务器具有很多端口,这使得它可以与许多不同的设备以及服务器进行通信。网络服务器具有以下端口类型。

(1) 一个 10/100 兆以太网端口。

(2) 两个 RS485 端口、一个内置的 I/O 总线端口。

(3) 两个 USB 主机端口、一个 USB 设备端口。

USB 设备接口允许客户进行系统升级,并且与网络服务器进行通信。

无论用户使用哪一台 SXW 服务器进行登录,所有客户端的用户所得到的体验都是相同的。用户在一台网络服务器上直接登录,就可以对网络服务器和与之相连接的 I/O 模块以及现场总线设备进行设定、调试、管理和监控。

支持开放性的协议是 SXW 楼宇管理系统的一个基础。网络服务器能与三种楼宇标准协议进行自由通信,自带支持 BACnet、LonWorks 和 ModBus 协议,同时支持 EcoStruxure 网络服务。

所有的网络服务器连接设备除了以太网连接设备外,都采用如图 13-8 所示的信号接地方式。

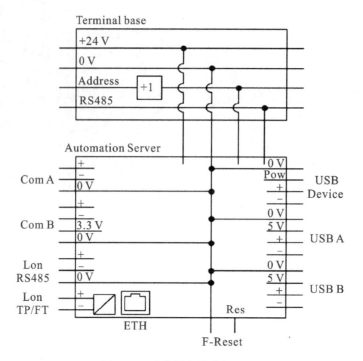

图 13-8　网络服务器内部配置

2. 电源模块(PS-24V)

电源模块(PS-24V)如图 13-9 所示。

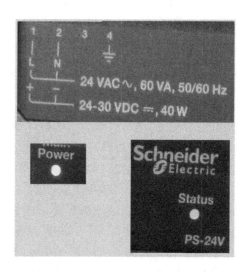

图 13-9　电源模块(PS-24V)

电源模块的设计满足了 SXW 楼宇管理系统设备对电源的特殊要求。电源模块为网络服务器及与其连接的 I/O 模块供电。电源模块支持 AC24 V 或 DC24 V 的电源输入。每个电源模块给背板提供稳定可靠的 DC24 V 电压,其额定功率为 30 W。

一个 PS-24V 可为一个网络服务器和若干 I/O 模块进行供电,具体的数量可由功率计算表得出。若需要更多的 I/O 模块,则可以在总线上增加电源模块。功率计算表如表 13-3 所示。

表 13-3 功率计算表

模　　块	DC 输入功率
网络服务器	7 W
DI-16	1.6 W
UI-16	1.8 W
RTD-DI-16	1.6 W
DO-FA-12(—H)	1.8 W
DO-FC-8(—H)	2.2 W
AO-8(—H)	4.9 W
AO-V-8(—H)	0.7 W
UI-8/DO-FC-4(—H)	1.9 W
UI-8/AO-4	3.2 W
UI-8/AO-V-4(—H)	1.0 W

PS-24V 内部配置如图 13-10 所示。

电源模块(PS-24V)不需要通过底座进行总线的通信连接。

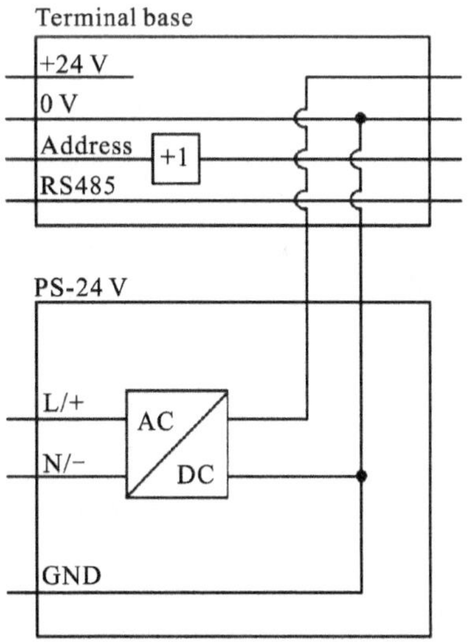

3. BACnet 直接数字控制器

BACnet 直接数字控制器 b3867——系统末端控制器如图 13-11 所示。

BACnet 直接数字控制器 b3867 作为本地 BACnet 直接数字控制器,是小型末端控制器,为既需要数字量输出,又要模拟量输出的风机盘管、热泵和小型 AHU 提供低成本的 DDC 控制方案。它应用 MS/TP BACnet 协议与主控制设备在 RS485 现场总线上进行通信,可与其他 BACnet 设备进行通信,共享以太网数据。

图 13-10 PS-24V 内部配置

1)输入通道

BACnet 直接数字控制器 b3867 的输入可配置电压信号(DC0~5 V)、数字开/关信号、计数器信号(最大 4 Hz)和温度信号四个通用输入信号。BACnet 直接数字控制器 b3867 还提供一个房间传感器输入,支持 continuum 智能传感器。

2)输出通道

BACnet 直接数字控制器 b3867 包含五个 A 型可控硅输出。每个 A 型可控硅输出都以地作为参考点,所有输出可以分别用作开/关控制、灯光脉冲控制、加热或风机单元等控制,或可以配置为可以控制风门及水阀方向的 K 型三态输出,并预留一个自由输出。

217

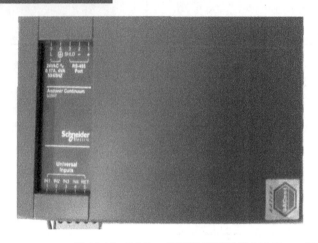
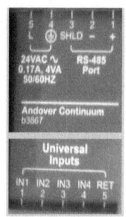

图 13-11 BACnet 直接数字控制器 b3867——系统末端控制器

> **注意**:任何两个相连的 A 型可控硅输出还可以配置为一个 K 型三态输出,输出仅对交流负载进行控制。

BACnet 直接数字控制器 b3867 还提供了两个 0~10 V 的模拟量输出,用于控制预热阀门、风门以及灯光等。

3)软件性能

BACnet 直接数字控制器 b3867 具有闪存、新增的用户存储器及快速处理器(32 位),大量的内存可以对临危数据进行记录。通过 Plain English 编程语言,它可以提供简单的控制方法,满足设备控制的需求,可以简洁配置各种相关程序。程序通过工作站导入 BACnet 直接数字控制器 b3867 并在其中保存和运行。

4)精灵传感器界面

精灵传感器提供一个两字符的数码指示灯和六个可编程的用来进行操作及设置点的键盘,提供四位 PM、%、°、Setpoint、Cool、Heat、CFM、Fan、OA 及 SP 等图标供用户自定义显示。

4. 室内温/湿度传感器 VER-HEW3VSTH

室内温/湿度传感器 VER-HEW3VSTH 用于湿度输出(3%,0~10 V)、温度输出(10 kΩ,类型 3)。

5. 模拟控制风门驱动器 MD10A-24

对风门的控制,采用了施耐德公司生产的模拟控制风门驱动器 MD10A-24。模拟控制风门驱动器 MD10A-24 及其接线图如图 13-12 所示。

模拟控制风门驱动器 MD10A-24 用于建筑通风和空调系统中的风阀控制。它通过通用夹持器直接安装到风阀的驱动轴上,配备有一个防转动固定片(用于防止执行器本体发生转动)。它通过 2~10 V 标准直流信号控制风阀的开度,位置反馈 Y 可作为阀位反馈的电子信号,也可用作其他执行器的跟踪控制信号。

模拟控制风门驱动器 MD10A-24 的技术参数如下。

(1)控制信号 X:DC0~10 V。

(2)位置反馈 Y:DC2~10 V。

(3)控制方式及工作范围:模拟 DC2~10 V(设定旋转角度内)。

(4)旋转方向:可通过转向开关改变。

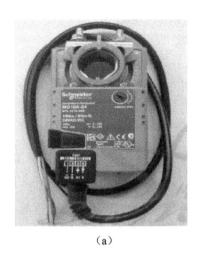
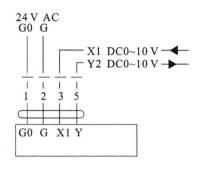

（a）　　　　　　　　　　　　　　　　　　　（b）

图 13-12　模拟控制风门驱动器 MD10A-24 及其接线图

（5）转矩：最小为 10 N · m（在额定电压下）。

（6）手动操作：可通过手动按钮进行复位、强制人工锁定开度。

13.3.4　施耐德 StruxureWare 新风系统软件平台

新风系统软件平台采用施耐德楼宇设备集成管理系统。该系统是客户机/服务器体系，采用模块化结构设计，具有良好的扩展性和适应性。系统数据库服务器运行一个高效的实时数据库，并将数据传送到由系统连接或靠网络连接的客户机，如工作点或输入其他相关应用系统。施耐德楼宇设备集成管理系统如图 13-13 所示。

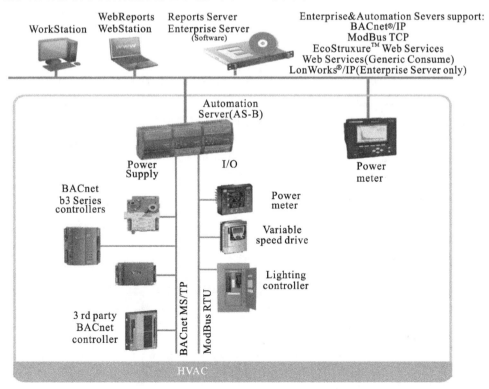

图 13-13　施耐德楼宇设备集成管理系统

图 13-13 显示了一个典型的施耐德楼宇设备集成管理系统。StruxureWare 运行在服务器上——一台主计算机上，用于收发通信数据、管理系统和自动运行任务。Station 是一个工作站，通过它可以监视和控制系统，通过一系列画面来显示系统中每个设备的详细情况。画面有系统内部界面和定制界面两种形式。StruxureWare 是一套功能非常强大的管理和控制经验的应用软件，为系统提供全面的建筑设备监控功能。它具有以下功能。

（1）具有可定制的图形化操作界面，能够按照人们最易理解的方式来显示控制系统的数据。

（2）具有图表显示及环境控制功能，能实时获取所有监控设备的各类数据，允许人们通过发送确定的命令来控制控制系统，可制订或取消楼宇自控系统的各项操作。

（3）可实现快速、高效的报警管理，随时通告人们系统当前的状态和系统的各种活动，包括报警和系统的一些事件。

（4）具有丰富的应用程序开发环境，能定义与构造动态彩色图像显示，能打印出比较详细的各种报表。

（5）支持多服务器、多工作站构成的符合工业标准的局域网和广域网，支持多个本地及远程的高性能计算机。

StruxureWare 新风系统软件适应多任务的环境，使用户可同时运行几个应用程序，通过使用工业标准软件来支持、访问和控制系统操作。下列功能可按要求任意组合，通过用户自定义的窗口，可以在屏幕上执行开启服务、登录工作站、进入工作站、菜单说明、属性查看、监控命令。

（1）动态彩色图形及图形控制。

（2）图形定义、图形构造。

（3）目标树管理。

（4）系统软件同时在不同的工作站上操作。

下面进行工作站的操作介绍。

1. 开启服务

在开始菜单中找到 Schneider Electric StruxureWare 软件并打开：Start→Program→Schneider Electric StruxureWare→Building Operation 1.7→Building Operation Software Administrator 1.7。系统开启服务界面如图 13-14 所示。

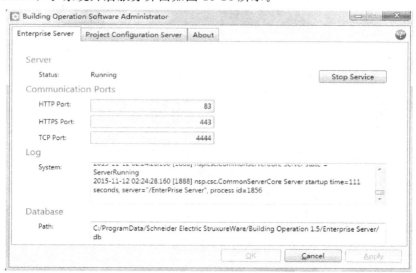

图 13-14　系统开启服务界面

2. 登录工作站

在桌面上找到"楼宇自控系统"图标 并双击，打开工作站，在打开的工作站界面输入管理员账号（用户名）及密码，输入管理员账号"admin"、密码"admin"，登录工作站，如图 13-15 所示。

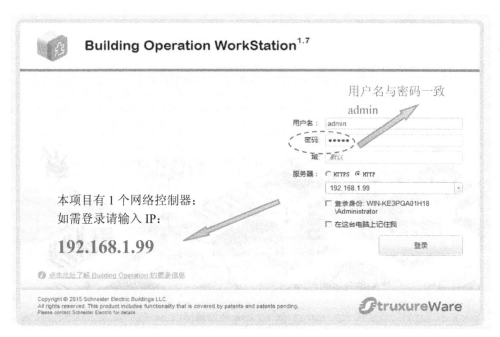

图 13-15　登录工作站界面一

3. 进入工作站

进入工作站后会显示如图 13-16 所示的界面。

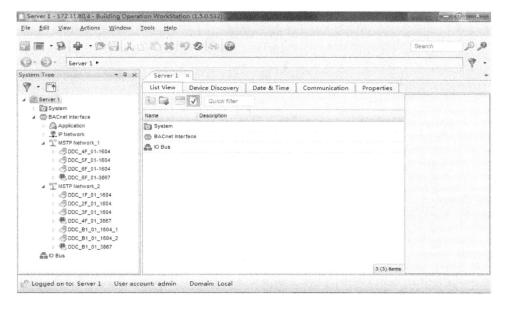

图 13-16　登录工作站界面二

4．菜单说明

进入工作站后，会在左侧出现菜单导航条，如图 13-17 所示。

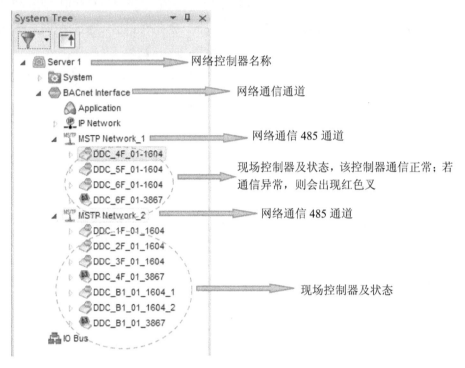

图 13-17　工作站菜单界面

5．属性查看

点击需要查看的设备类型，在副索引中会显示当前的设备平面，点击平面上对应的按钮即可进入该楼层。工作站属性界面如图 13-18 所示。

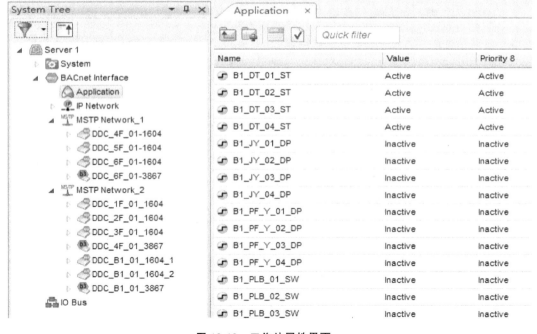

图 13-18　工作站属性界面

6. 监控

工作站可以对新风机组、空调机组进行监控。只有新风功能的新风机组监控画面示意图如图 13-19 所示。

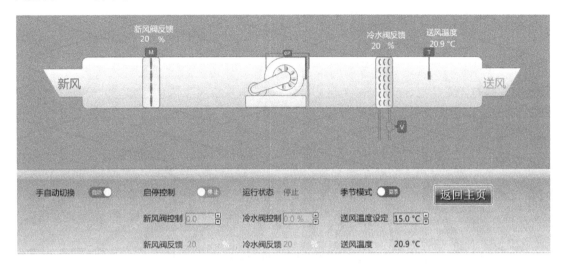

图 13-19 只有新风功能的新风机组监控画面示意图

组合式空调控制的新风机组监控画面示意图如图 13-20 所示。

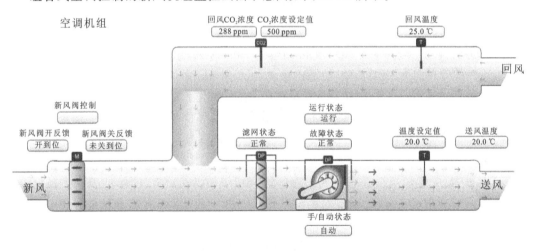

图 13-20 组合式空调控制的新风机组监控画面示意图

只有新风功能的新风机组和组合式空调控制的新风机组一般设计有自动和手动两种控制模式。

1）自动模式：即自动启停控制，当 DDC 系统按照预先设定的时间程序启动时，允许时间程序按钮处于"ON"状态，点击设备右侧的"控制模式选择"按钮，选择按钮处于"时间模式"状态时，该设备就按照 DDC 预定的时间程序进行开/关机。

2）手动模式：即远程启停控制，若使 DDC 系统不按照预先设定的时间程序启动，则需要将右侧的"控制模式选择"按钮关闭到"远程模式"，然后点击设备右侧的"启停控制"按钮，选择按钮处于"ON"状态时，该设备就强制开机。

在操作界面中选择手动开启某风机，该风机将不受时间程序的管理，等同于现场手动开风机。手动模式可实现风机运行监控、风机启停控制和故障报警功能。

13.4 知识拓展

13.4.1 楼宇自控的通信协议概述

随着信息技术及整个信息产业的发展,楼宇自动化也正向集成化、智能化和网络化方向迈进。大系统集成的基础就是通信网络,其技术核心体现在系统集成及相关通信协议上。要想确保信息正常传送,必须在有关信息传输顺序、信息格式和信息内容等方面有一组约定或规则,这组约定或规则就是网络协议(也即通信协议)。简单地说,网络协议是各设备间通信时使用的语言。

各家通信协议标准和性能有差异,存着系统间通信兼容和互换性问题,需要一个统一开放式标准来实现各家产品的相互兼容和交换。这样做的好处是所有厂家仪表、系统都可进行互相通信,使各制造商生产的产品不受专有协议的限制,给用户使用带来极大方便。统一开放式标准的主要优点有:减少布线、安装等费用;节省操作与维修费用;数字传递精度高;增强系统的灵活性和升级方便性。

目前国际上网络标准和协议发展很快,LonWorks、BACnet 以及 KNX 等标准协议应运而生并成为目前较为主流的通信协议,局域网、主干网与 Internet 互联技术已成熟并得到了广泛应用。

13.4.2 LonWorks、BACnet、KNX 介绍

1. LonWorks

LonWorks 现场总线网络简称为 LON 网络,于 1993 年推出,具有统一性、开放性和互操作性特点,它既能管理通信,又具有输入、输出功能。LonWorks 技术的最大应用领域就是楼宇自动化方面,包括建筑物入口控制、电梯和能源管理、消防、救生、供暖通风、测量、保安等监控系统。

LON 网络中每个节点间可以实现点到点信息传送,具有很好的互操作性。采用 LonWorks 技术,网络可以轻松实现不同系统、不同产品之间对等通信,这为系统集成提供了方便。

2. BACnet

BACnet 是 1987 年美国暖通空调工程师协会组织(ASHARE)的标准项目委员会调集了全球 20 多位业内著名专家,经过八年半时间,于 1995 年 6 月建立的全球首个楼宇自控行业通信标准,同年 12 月成为美国国家标准。

BACnet 是一个通信和数据交换协议标准,结束了楼宇自动化领域众多厂家各自为政的局面。BACnet 作为一种统一开放式的数据通信协议,使不同厂家的楼宇设备能够实现互操作,不仅给用户提供了更大的选择空间,并且给系统升级、维护提供了更多的灵活性。BACnet 定义了一种不同 LAN 环境下网络工作站之间的通信规程,它利用以太网实现通信互联,其传输性能较传统控制网络的传输性能有比较大的提高。

BACnet 针对的是暖通空调、给排水、消防、照明、门禁和安全防范保安等楼宇系统设计,它提供各种楼宇设备模型,使各种设备能互操作和协同工作。

3. KNX

20 世纪 90 年代初,欧洲的三大住宅和楼宇控制总线协议 EIB、BatiBus 和 EHS 组织联合起来开发智能家居和楼宇市场,于 1995 年成立了 KNX 协会,并在 2002 年春推出了 KNX 标准,KNX 是被正式批准的住宅和楼宇控制领域的开放式国际标准。该标准以 EIB 为基础,兼顾了 BatiBus 和 EHSA 的物理层规范,并吸收了 BatiBus 和 EHSA 中配置模式等优点,最终

提供了家庭、楼宇自动化的完整解决方案。目前,KNX 已是被正式批准的国际标准(ISO/IEC 14543-3)、欧洲标准(CENELECEN 50090、CENEN 13321-1 和 CENEN 13321-2)、中国标准(GB/T 20965—2013)和 ANSI/ASHRAE 标准(ANSI/ASHRAE 135)。

KNX 标准是独立于制造商和应用领域,这就使它可能成为住宅和楼宇世界里各种设备、系统组件间沟通的通用语言。可将所有的总线设备连接到 KNX 介质上,这些介质包括双绞线、电力线,它们就可以进行信息交换。总线设备可以是传感器也可以是执行器,用于控制管理楼宇或住宅内的各种装置(如窗帘、安防系统、能源管理、空调系统、信号和监控系统、楼宇控制系统等)。所有这些通过一个统一的系统就可以进行控制,不需要额外的控制中心。对于 KNX 协会的成员而言,该系统是免费授权的,所有带有 KNX 标志的产品都经过认证以确保系统的兼容性、交互性和互操作性。

绿色、节能一直是 KNX 的重要标签。KNX 符合 EN 15232 规定的楼宇自动化顶级能源性能等级要求,能够实现高达 50%的能源节约,在单一总线系统中,实现了所有电气功能的网络化最优调控。近年来,KNX 协会开始在各大音视频行业展会中频频亮相,同时,支持 KNX 的行业企业也在不断增多,KNX 正以其广泛的适用性、互操作性和节能特性受到 AV 行业的认可。

思考与练习

(1) 简述新风系统的工作原理。
(2) 按送风方式分类,新风系统分为哪几类? 它们的特点分别是什么?
(3) 简述施耐德 StruxureWare 新风系统软件和硬件体系。
(4) 实训任务。

【任务要求】
按表 13-4 给定材料清单,设计一个新风系统。

【任务材料】

表 13-4 材料清单

序 号	规 格	型 号	品 牌	单 位	数 量
1	教学版软件	WS	施耐德	套	1
2	网络服务器	Automation Server	施耐德	套	1
3	电源	PS-24V	施耐德	套	1
4	BACnet 直接数字控制器	b3867	施耐德	台	1
5	室内温/湿度传感器	VER-HEW3VSTH	施耐德	个	1
6	模拟控制风门驱动器	MD10A-24	施耐德	个	2
7	计算机操作台	标准	定制	套	1
8	安装辅材			批	1

【任务步骤】
① 了解施耐德 StruxureWare 新风系统的概念、组成、应用。
② 学生分组,以组为单位进行新风系统项目的归纳、总结。
③ 写出设计调研报告。
④ 选型方案比较,确定方案。

项目⑭ 智能家居综合控制平台

 ## *14.1* 教学指南

14.1.1 知识目标

(1) 了解智能家居的基本概念。
(2) 了解智能家居的系统组成。
(3) 了解智能家居综合控制平台的基本功能。

14.1.2 能力目标

(1) 学会安装与调试智能家居综合控制平台的方法。
(2) 学会搭建智能家居综合控制平台的方法。

14.1.3 任务要求

参观实训室智能家居综合控制平台,认知智能家居管理控制的架构和系统组成。

14.1.4 相关知识点

(1) 智能家居综合控制平台的定义及功能。
(2) 国内典型智能家居综合控制平台的性能、特点,使用说明。

14.1.5 教学实施方法

(1) 项目教学法。
(2) 行动导向法。

 ## *14.2* 任务引入

智能家居以住宅为平台,利用综合布线技术、网络通信技术、安全防范技术、自动控制技术、音视频技术将家居生活有关的设施集成,构建高效的住宅设施与家庭日程事务的管理系统,提升家居的安全性、便利性、舒适性、艺术性,并提供环保节能的居住环境。

根据 IHS 的研究调查表明,在未来五年,智能家居产业强劲市场潜力将会超过以往任何时候。这个结论基于以下的事实:在世界范围内,有影响力的设备制造商开始把他们的注意力从传统的非智能设备转移到智能解决方案上来。设备制造商的动力很明显——智能产品的利润远远超过传统产品的利润。

基于智能家居系统良好的市场前景和不断提高的市场应用,有必要对智能家居综合控制平台的架构、实现的功能、管理的内容,以及采用的技术和相关的智能产品进行深入的学习和了解,实实在在拓展物联网技术在智能家居中的应用实践。

14.3　相关知识点

14.3.1　智能家居控制系统概述

　　智能家居通过物联网技术将家中的各种设备连接到一起,提供家电控制、照明控制、电话远程控制、室内外遥控、防盗报警、环境监测、暖通控制、红外转发以及可编程定时控制等多种功能和手段。与普通家居相比,智能家居具有传统的居住功能,能提供集系统、结构、服务、管理为一体的高效、舒适、安全、便利、环保的居住环境,提供全方位的信息交互功能。智能家居可以定义为一个过程或者一个系统,该过程(系统)利用先进的计算机技术、网络通信技术、综合布线技术构建与家居生活有关的各种子系统,并将其结合在一起。通过统筹管理,将智能家居的被动静止结构转变为具有智慧的新动态,可为住户提供全方位的信息交换功能,帮助家庭和外部使用者与家庭环境之间保持信息交流畅通,优化人们的生活。

　　智能家居实质上就是物联网在家居智能化的具体应用,其综合控制平台的网络架构本质上就属于物联网的系统架构。物联网作为一个系统网络,与其他网络一样,也有其内部特有的架构。物联网的系统架构划分为以下三个层次。

　　(1)感知层:利用 RFID、传感器、二维条码等随时随地获取物体的信息。

　　(2)网络层:通过各种电信网与互联网的融合,将物体的信息实时、准确地传递出去。

　　(3)应用层:对感知层得到的信息进行处理,实现智能化识别、定位、跟踪、监控和管理等实际应用。

　　智能家居采用的通信方式有三种:蓝牙、Wi-Fi、ZigBee,前两种应用到家庭领域成本高昂,设备扩展性能较差,一个网端最多对应十个端口。而 ZigBee 技术能无限制地接入新的端口,嵌入各种家居设备,是一种低成本、低复杂度、高安全的双向通信技术,而且它支持地理定位功能。智能家居控制系统平台的架构如图 14-1 所示。

　　智能家居控制系统的子系统如图 14-2 所示。

14.3.2　智能家居控制系统平台的功能

　　智能家居控制系统平台集成智慧生活(智能社区、智能家居)、智慧建筑(智能办公、智能酒店)和智慧园区等领域,提供了以智能中央控制系统为中心,以灯光控制、门禁控制与电器控制为基础的智能化解决方案,同时丰富了在背景音乐控制、环境控制、视频控制和安防控制方面的智能化应用产品。不管是在客厅、书房还是在厨房、卧室,整个智能家居控制系统平台都能以智能手机或 PAD 为载体,实现互联、互通、互控,其关键在于系统集成创新。智能家居控制系统平台的功能如图 14-3 所示。

　　整个平台能够快速启动,实现多种人机交互、多屏实时互动等功能,保障客厅以智能电视为中心的娱乐和信息服务系统、书房的智能影音系统、智能家电控制系统、智能灯饰控制系统,以及智能安防系统等良好运转。下面对智能家居控制系统常用的几个子系统进行简单的介绍。

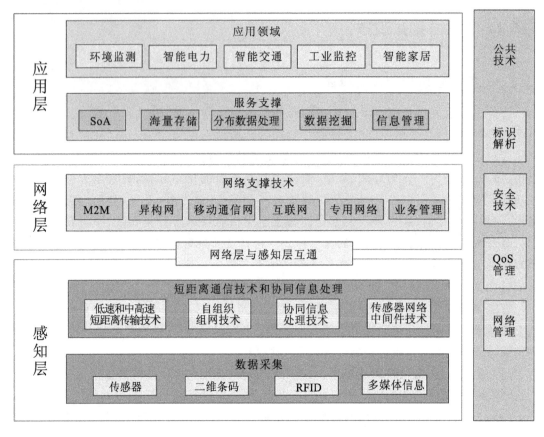

图 14-1　智能家居控制系统平台的架构

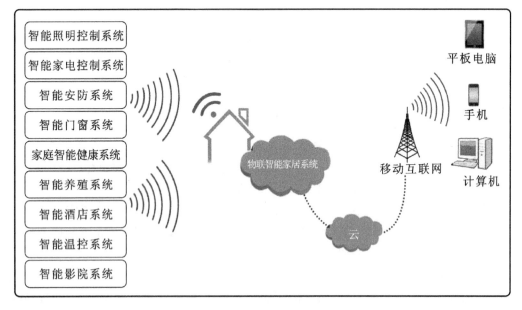

图 14-2　智能家居控制系统的子系统

图 14-3　智能家居控制系统平台的功能

1. 智能家居家庭影音控制系统

智能家居家庭影音控制系统包括家庭影视交换中心(视频共享)和背景音乐系统(音频共享),是家庭娱乐的多媒体平台。它运用先进的微计算机技术、无线遥控技术和红外遥控技术,在程序指令的精确控制下,把机顶盒、卫星接收机、DVD、计算机等多路信号源,根据用户的需要,发送到每一个房间的电视机、音响等终端设备上,实现一机共享客厅的多种视听设备。

2. 智能灯饰控制系统(DDC 照明控制系统)

智能灯饰与手机 APP 相连接,可以在居室内任一个房间内控制所有灯的开/关,免除人们劳苦地来回走动,也可以通过设置场景记忆模式来控制灯的开/关、亮度、色温等,随心所欲地控制客厅、餐厅、书房、过道的灯光照亮模式。在智能灯饰控制系统调光功能、定时功能、场景功能等优势的凸显下,屋子内的灯光将会流光溢彩、精彩纷呈。智能灯饰控制系统可实现以下功能:集中控制、一键完成;场景预设、随心组合;灯具软启、健康环保;多种控制方式,随意指挥;无极调光调色、随心所欲。

3. 智能家电控制系统

智能化插座将传统电器变成智能电器,从插座上引出的每一个用电设备都能实现智能化控制功能。

智能家电控制系统的特点如下:通过遥控器的不同按键控制不同的用电设备,如电动窗帘、电动门窗、热水器、电饭煲、电烤箱、饮水机、空调、电视等;远程控制、随时查询,可以通过手机以及互联网等对家里的用电设备进行控制和查询;定时控制、健康节能,经过定时设置,空调系统能够对客厅、书房、卫生间等各个房间的空气自动进行更新,电动窗帘每天自动定时开/关,热水器、电饭煲、电烤箱也可以定时启动。

14.3.3　智能家居控制系统主要设备

1. 科比迪智能家居控制系统主要设备

1)智能主机 KBD-IIIS

智能主机 KBD-IIIS 如图 14-4 所示。

智能主机 KBD-IIIS 的详细参数如下。

(1)外置 315M、433M 天线,标准以太网接口,SIM 卡接口,内置温度传感器(用于实时监控主机工作温度,保证主机运行稳定、可靠)。

图 14-4　智能主机 KBD-IIIS

（2）无线参数。无线载波频率：315 MHz＋/－150 kHz 或 433.92 MHz＋/－150 kHz/拥有 800 路发射通道。GSM 蜂窝频率：GSM 850/900/1800/1900 M。

（3）无线控制：2262、1527 编码，PT2262 编码的震荡电阻、地址码、数据码可任意配置。

（4）无线控制距离。KBD 配备了大功率 315 MHz 无线射频发射装置，发射距离理论值空旷地约 4 000 m（在空旷地），实测可以穿透 4～5 层楼。

（5）无线输入通道：40 路无线输入。

（6）无线红外控制：标准 38 kHz 红外线编码发射，使用时结合红外线转发器可以进行 360°全方位控制。

（7）无线温度传感器：可增配 8 路无线温度传感器节点。

智能主机 KBD-IIIS 的组合控制如下。

（1）8 组定时控制：可定时驱动所有输出和更换工作场景，掉电时钟保持；可自由配置星期规律，实现不同的定时方案。

（2）16 组来电控制：来电进行电话号码识别后，控制输出和更换工作场景，可设置 16 个电话号码作为情景模式触发源，电话号码可任意编辑。

（3）16 组短信控制：接收短信内容并进行识别后，控制输出和更换工作场景，可设置 16 个短信内容作为情景模式触发源，短信内容可任意编辑。

（4）40 组无线温度传感器控制：40 路无线温度传感器触发信号，控制输出和更换工作场景，可设置 16 个电话号码作为情景模式触发源。

（5）20 组情景控制：每种场景支持 10 路输出组合操作。用户可根据自己的需求配置触发命令。

① 触发命令来源：定时；电话；短信；无线输入。

② 情景模式控制输出对象：无线；红外；电话；短信；布防；撤防。

（6）网络控制：支持安卓、iPhone4/4S(iOS)、iPhone5 等手机和 PAD 平板；支持远程动态域名地址 DDNS 功能，可以固定域名访问；支持以 P2P 穿透方式访问主机，杜绝了动态域名的不稳定性。

2. 施耐德 DALI 灯光控制器

施耐德 DALI 灯光控制器如图 14-5 所示。

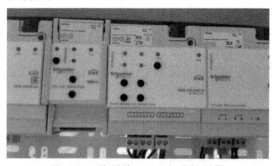

图 14-5　施耐德 DALI 灯光控制器

施耐德 DALI 灯光控制器 DALI 的数字式可寻址灯光接口符合一个数据传输协议，定义了电子镇流器与设备控制器之间的通信方式。

DALI 是数字照明控制国际标准，不归属任何一家公司。DALI 提供了一种简单的数字通信方式，控制简单、灵活，支持混搭不同厂家生产的符合 DALI 标准的 LED 照明设备和镇流照明设备。

施耐德 DALI 灯光控制器的带宽是 1 200 bit/s,最大传输距离是 300 m,最多可以有 64 个独立节点或 16 组群。一个系统中可以有多个 DALI 灯光控制器。在智能照明控制系统中,DALI 灯光控制器可以单独存储数据。每个灯具或灯点部分都有相应的地址,它们会判断自己的数据,可以实现双向通信方式,便于判断产品的故障点,维修方便。

DALI 系统的主要特征如下。

(1) 数字式可寻址:在 DALI 网络中,每个单元有自己独立的地址并可直接通信。

(2) 多通道控制:通过一对 DALI 网络中的控制电缆可控制许多不同的组。

(3) 自通断控制:通过 DALI 系统中的命令可对灯具直接进行关断,无须经过电源控制。

(4) 双向控制:用户通过 DALI 灯光控制器对系统进行操作,DALI 灯光控制器向所有 DALI 镇流器发送包含地址和命令的消息,DALI 镇流器向 DALI 灯光控制器反馈状态信息。

3. 施耐德无线灯光、窗帘控制系统

施耐德无线灯光、窗帘控制系统如图 14-6 所示。

图 14-6 施耐德无线灯光、窗帘控制系统

施耐德无线灯光、窗帘控制系统性能描述如下:Ezinstall 以 RF 操作,耗电量低,覆盖面广,信号传输真正无遮挡;Ezinstall 有五十万个遥控识别,接收器能准确辨别每个指令,绝对不会受任何同类遥控器的干扰,准确、可靠;无须重新布线,简易安装,轻松编程,即装即用。

4. 施耐德红外线感应器

施耐德红外线感应器如图 14-7 所示。

图 14-7 施耐德红外线感应器

施耐德红外线感应器性能描述如下:通过探测人体与环境的发热差别感应移动,在无遮挡物的状况下,可以 100% 探测到移动。

14.3.4 施耐德智能家居控制系统管理平台

施耐德智能家居控制系统将电气、多媒体和通信真正整合在一个用户友好的互操作解决方案之中。它智能,提供更智慧的管理家居环境。

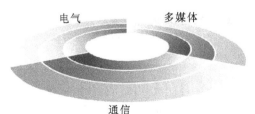

图 14-8 施耐德智能家居控制系统图

施耐德智能家居控制系统图如图 14-8 所示。

施耐德智能家居控制系统提供音乐、家庭影院、照明、空调、防火喷淋系统,窗帘和百叶窗,安保系统的完善控制,让家居环境享受科技的便利,使人们通过预设的快捷或直接控制,可以在任何时间、任何地点控制家居设备,即使出差也不例外。其控制方式如同墙式开关、触摸屏、门禁系统、家居计算机甚至手机的一样便利,让人们轻松享受全天候连通、舒适和便利。

施耐德智能家居控制系统架构图如图14-9所示。

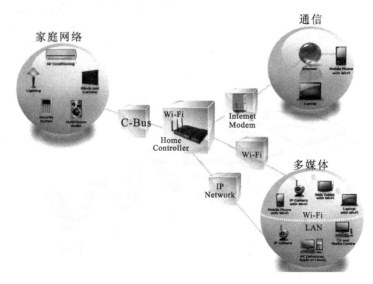

图14-9　施耐德智能家居控制系统架构图

施耐德智能家居控制系统以家居控制器为核心,辅以直观、乐趣横生、简明易用、特色明显的操作界面,具备轻松享受智慧家居控制、比想象更简单的操作管理模式、使人真正体会舒适便利源于全面掌控的特点,实现了家居环境"娱乐伴随左右,让人高枕无忧,连接无限可能,智慧生活态度"。

施耐德智能家居控制系统组成(控制器和终端设备)如图14-10所示。

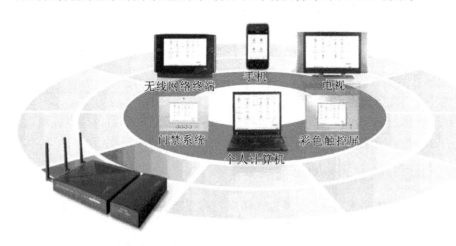

图14-10　施耐德智能家居控制系统组成(控制器和终端设备)

家居控制器的特点如下。

(1)内置以太网路由器,内置Wi-Fi接入点。

(2)可控制照明、空调、多室音响设备及其他设备;具有简明易懂的向导式图形用户界面。

(3)内置场景、定时和逻辑编程模块,支持远程编程;内置远程安全互联网接入(WAN)。

施耐德智能家居控制系统用户界面(平板电脑和手机)如图14-11所示。

图 14-11　施耐德智能家居控制系统用户界面（平板电脑和手机）

系统界面的特点如下：通用、直观，适用于智能家居控制系统中的所有设备；具有丰富的用户控制设备选择；可通过移动电话或其他网络设备实施控制；可通过电子部件进行控制，可显示新闻、天气和综合财经实时信息。

在实训室中施耐德智能家居控制系统操控界面如图 14-12～图 14-15 所示。

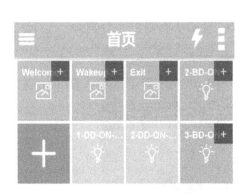

图 14-12　界面首页（含设备情景模式和设备）

图 14-13　情景模式——Wakeup

图 14-14　情景模式——Welcome

图 14-15　DDC 设备及状态

14.3.5 科比迪智能家居控制系统管理平台

科比迪智能家居控制系统管理平台登录界面如图 14-16 所示。

科比迪智能家居控制系统管理平台数据读取界面如图 14-17 所示。

图 14-16 科比迪智能家居控制系统管理
平台登录界面

图 14-17 科比迪智能家居控制系统管理
平台数据读取界面

科比迪智能家居控制系统管理平台登录成功后的主界面如图 14-18 所示。

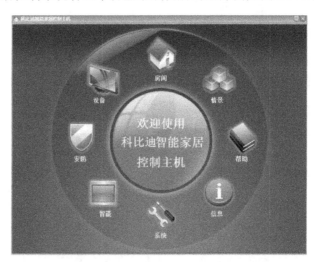

图14-18 科比迪智能家居控制系统管理平台登录成功后的主界面

iPhone 软件实测控制过程效果截图如图 14-19 所示。

iPhone 智能家居控制系统界面如图 14-20 所示。

234

图 14-19 iPhone 软件实测控制过程效果截图

图 14-20 iPhone 智能家居控制系统界面

配上 P2P 穿透代理服务器设置,可以通过序列号和主机内部 IP 地址来登录 iPhone 智能家居控制系统界面,永远杜绝动态域名不稳定的现象。

登录进入首页后,可以通过"楼层""房间""终端设备"来点击操作相应的设备,如图 14-21、图 14-22 所示,也可以自定义情景模式(见图 14-23)或进入安防界面(见图 14-24)。

图 14-21　灯光的控制

图 14-22　窗帘的控制

图 14-23　自定义情景模式

图 14-24　安防界面

iPhone 智能家居控制系统最多自定义 20 项情景模式,且情景模式的名称和图标可以自定义。

科比迪智能家居控制主机在 iPad3 上运行的效果如图 14-25 所示。工控版本主机具备的控制继电器的界面如图 14-26 所示。

图 14-25　科比迪智能家居控制主机在 iPad3
　　　　　上运行的效果

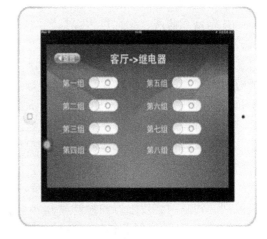

图 14-26　工控版本主机具备的控制
　　　　　继电器的界面

Android 手机智能家居控制系统客户端如图 14-27 所示。

Android 手机智能家居控制系统主界面如图 14-28 所示。

Android 手机智能家居控制系统操作界面示例如图 14-29 所示。

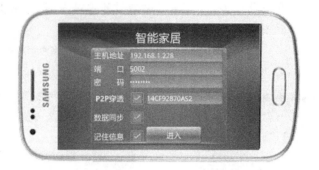

图 14-27　Android 手机智能家居控制系统客户端

图 14-28　Android 手机智能家居控制
系统主界面

图 14-29　Android 手机智能家居控制系统
操作界面示例

 14.5　知识拓展

14.5.1　物联网概述

1. 物联网的定义

什么是互联网？我们每天都要和网络打交道。互联网，即 Internet，又称网际网路、因特网等，是网络和网络之间串联而成的庞大网络。

物联网的英文缩写是 the Internet of things，也即物物相连的网络。物联网的定义是：通过射频识别（RFID）、红外感应器、全球定位系统、激光扫描器等信息传感设备，按约定的协议，把任何物品与互联网相连接，进行信息交换和通信，以实现对物品的智能化识别、定位、跟踪、监控和管理的一种网络。简单地说，物联网是一种建立在互联网上的泛在网络。物联网技术的重要基础和核心仍旧是互联网，通过各种有线网络和无线网络与互联网融合，将物品的信息实时、准确地传递出去。

物联网不仅仅提供了传感器的连接，其本身也具有智能处理的能力，能够对物体实施智能控制。物联网将传感器和智能处理相结合，利用云计算、模式识别等各种智能技术，扩充其应用领域，从传感器获得的海量信息中分析、加工和处理出有意义的数据，以适应不同用户的不同需求，发现新的应用领域和应用模式。

2. 物联网三大关键技术

针对互联网的特性，总结了物联网应用中的三项关键技术。

1）传感器技术

这也是计算机应用中的关键技术，由于计算机处理的都是数字信号，所以需要传感器把模拟信号转换成数字信号计算机才能处理。

2）RFID 技术

这也是一种传感器技术。RFID 技术是集无线射频技术和嵌入式技术为一体的综合技术,RFID 技术在自动识别、物品物流管理方面有着广阔的应用前景。

3）嵌入式系统技术

嵌入式系统技术是综合了计算机软硬件技术、传感器技术、集成电路技术、电子应用技术为一体的复杂技术。经过几十年的演变,以嵌入式系统为特征的智能终端产品随处可见:小到 MP3,大到航天航空的卫星系统。嵌入式系统正在改变着人们的生活,推动着工业生产以及国防工业的发展。如果将物联网用人体做一个简单比喻,那么传感器相当于人的眼睛、鼻子、皮肤等感官,网络就是神经系统(用来传递信息),嵌入式系统则是人的大脑,在接收到信息后要对其进行分类处理。这个比喻很形象地描述了传感器、嵌入式系统在物联网中的位置与作用。

14.5.2 市场主要的智能家居控制平台介绍

1. 施耐德智能家居控制系统

施耐德智能家居控制系统,致力于为高端住宅业主带来智能化体验,传递住宅的核心价值:安全可靠,健康舒适,简单方便,绿色节能。施耐德智能家居控制系统连接家庭照明设备、警报器、网络摄像头、移动电话和互联网,提供家居环境全天候的保护,使人们能够享受到安宁的生活,实现了多种科技的无缝连接,为家居提供灯光、安防、空调、视听设备、媒体播放器、灌溉系统、窗帘和百叶窗等的完美控制,使人们能够尽情享受科技的便利。同时它具有一个直观、一致的用户界面,让生活更简单,带来了全新水平的家居控制功能和连通性,使人们能够更智慧地管理家居,实现在任何时间、任何地点控制家居设备,享受惬意生活。

施耐德智能家居控制系统的基础设备有无线网关和无线中继器,如图 14-30 所示。

（a）无线网卡

（b）无线中继器

图 14-30　无线网关和无线中继器

无线网关:可以方便人们使用各种移动智能终端,轻松控制任何基于 ZigBee 协议的产品,实现无线数据高速、安全、可靠传输。

无线中继器:可辅助无线网关轻松连接相关设备,增强无线信号,扩大网络覆盖范围,让人们的生活更轻松、更随心。施耐德智能家居控制系统应用案例如下。

1）智能照明控制系统

智能照明控制系统如图 14-31 所示。

智能照明

通过预先设置场景方案,实现一键式控制灯光,实现人来灯亮、人走灯灭的节能目的

无线调光开关

根据用户需求设置灯光设备的光线亮度,节约能耗;可无线遥控灯光设备,表现出理想的光影效果

无线墙面开关

远程无线遥控开关按钮,使用十分方便

触摸墙面开关

无任何机械触点,不产生火花;具有燃气防爆功能,使用安全方便

触摸调光开关

无机械损伤,防水防漏电,使用安全方便,省心耐用

LED调光器

灵活组网;调光全程,灯光柔和变化;视觉舒适;发热小,效率高

图 14-31　智能照明控制系统

2）智能别墅花园系统

智能别墅花园系统如图 14-32 所示。

智能别墅花园

幽深庞大的别墅区,通过手机,就能轻松获知别墅停车场车位空置情况;偌大的草坪花园,只需要拿出手机,就可实现智能化灌溉,不仅如此,还可随时查看别墅周围噪声以及人流量情况,从而达到安全保障的效果

智联无线浇灌系统

针对不同特性的植物,可实现同一水龙头对浇灌区域进行分组、分区、分时、分量浇灌,通过手机无须亲临现场即可改变浇灌策略

无线竖岛智能插排

多种插孔,适用于不同电器使用,无须拆卸,可随时随地方便使用;对于户外活动,如室外烧烤等有着无可比拟的实用性

物联网无线噪声探测器

24小时实时监测周边地区的噪声数据,为消费者选址、取证、定位提供保证,为环保部门监测、追踪、确认噪声源提供依据

物联无线车位感知传感器

可迅速、低成本地搭建实时车位信息系统、智能车位引导系统、实时空闲车位推送系统等,节约时间

图 14-32　智能别墅系统

3）智能监控系统

智能监控系统如图 14-33 所示。

4）智能家庭护理系统

智能家庭护理系统如图 14-34 所示。

云监控

只要有人非法闯入监控区域，主人的手机就能实时收到报警信号和视频、图像，做到及时通知警方捉拿嫌犯，真正做到安全、放心

无线物联网智能家居摄像机

不仅具有传统网络摄像机的所有功能，而且无须布线，安装灵活，随时同步显示智能家居设备的状态和视频、图像

物联小区门禁系统

无须停车和开窗，通过手机无线遥控即可使抬杆抬起，不受恶劣天气、风雨雷电的影响

图 14-33　智能监控系统

智能家庭护理

随时随地监测每个家庭成员的血压、血糖，准时按点提醒老人吃药；老人不慎跌倒，会自动发出报警信号等。这些功能的实现可有效地照顾每个家庭成员的健康，尤其是全天候护理老人的效果更佳

物联云体重计

支持无线网络并提供云服务，具有称重、记录、提醒、溯源等作用，具有特有的云存储功能，可在任何家居环境中使用

无线云全自动血压计

自动测量、无线传输云端存储、可历史溯源，实现与手机、平板电脑无缝连接

无线紧急按钮

无须布线，具有紧急报警触发功能，并在第一时间发送报警信号到移动智能终端

图 14-34　智能家庭护理系统

5）智能环境控制系统

智能环境控制系统如图 14-35 所示。

云气体监测

轻触手机，即可轻松查看家中的空气指数，让你避免有害气体对身体的伤害；又可在烹饪的同时，为你提供十足的安全保障，为你营造安全、清新的居家环境

无线空气质量探测器

用于探测室内空气中某些特定气体的浓度，并将信号无线传输到移动智能终端；采用智能设计，可以自动打开/关闭相关电气设备，让你时刻享受舒适空气

无线氨气传感器

对环境中的氨气浓度进行及时监控，根据监测结果与其他控制设备联动(排气系统等)，尤其适用于储存杂物的地下室等特殊环境使用

无线可燃气泄漏探测器

可探测空气中天然气的浓度，具备分析真伪火情功能、漂移自动跟踪补偿功能，可自动发出无线触发信号启动警报器

无线烟雾(火灾)探测器

实时监控室内的烟雾浓度，独有的内置烟雾收集器更可有效防止因尘雾引起的误报

图 14-35　智能环境控制系统

6) 智能温度控制系统

智能温度控制系统如图 14-36 所示。

无线温湿度传感器

各传感器之间自动组网传输，无须专中继，实时高效，低功耗，免维护，安全方便

温度控制器

实时测量现场温度，并根据温度和人为设置情况调节现场温度

智能温湿度控制　冬季室内寒冷干燥，盛夏则炎热潮湿，可通过手机或温度控制器一键式调节温度和湿度

图 14-36　智能温度控制系统

7）智能红外控制系统

智能红外控制系统如图 14-37 所示。

无线红外转发器

接收信号并将信号放大后，将信号传送到更远的地方，大大延伸红外线遥控的距离和空间，方便远程遥控

智能红外控制

通过移动智能终端来控制任何使用红外遥控的设备，如电视、空调、电动窗等

图 14-37　智能红外控制系统

8）智能电能管理系统

智能电能管理系统如图 14-38 所示。

智能插座

厨房是小家电最多的地方，放有微波炉、洗碗机、面包机等

一个个去操作？太麻烦了！智能设定后，一键启动到预设模块，让你不在厨房也能进行操作。想像下这样的场景：身在客厅看报纸，厨房的面包就已经做好，去了就可以享用，十分方便

机器繁多的工作间，轻松就能采集所有用电数据？智能插座的使用，最大程度上节省人工成本，为你节能减排

无线智能插座

自由控制家中各种电器设备，采用无线方式传输数据，不论你身处何地，只要轻触手机，即可轻松打开、关闭家中电器，让你的生活更显时尚、智能

无线电流检测插座

可检测到当前电器的电流、电压、电量、有功功率等参数信息，对家电的使用电量进行显示记录，自动统计不同电器的耗电量，直接发送到手机上

无线智能安全墙面插座

可支持移动智能终端设备与无线网络，从而达到无线智能控制插座开/关的效果。先进的断电保护措施，可更有效地防止儿童误触电的发生

图 14-38　智能电能管理系统

9）智能窗帘控制系统

智能窗帘控制系统如图14-39所示。

无线窗帘控制器

可对电动窗帘进行一对一的开/合遥控，让窗帘停留在任何开合位置，还能在预设好的电器及灯光场景下，开/合窗帘

自动窗帘

清晨醒来时，窗帘会自动打开，晚上睡觉时，窗帘自动关闭，所有这些动作无须到处找遥控器或按下墙壁控制按钮，只要拿着手机或控制器做一个手势即可

图14-39 智能窗帘控制系统

2. 海尔智能家居控制系统

海尔智能家居控制系统以 U-home 系统为平台，采用有线网络与无线网络相结合的方式，把所有设备通过信息传感设备与网络连接，从而实现了"家庭小网""社区中网""世界大网"的物物互联，并通过物联网实现了 3C 产品、智能家居系统、安防系统等的智能化识别、管理以及数字媒体信息的共享。海尔智能家居控制系统使用户在世界的任何角落、任何时间，均可通过打电话、发短信、上网等方式与家中的电器设备互动。

智能家居的基本目标是：将家庭中各种与信息相关的通信设备、家用电器和家庭安保装置通过家庭总线技术（HBS）连接到一个家庭智能化系统上进行集中的或者异地的监视、控制和管理，保持这些家庭设施与住宅环境的和谐与协调。

作为小区智能化系统的核心，智能家居平台系统通过其核心设备——家庭智能终端来实现家庭智能化的功能。家庭智能终端用来实现家庭智能化的功能。家庭智能终端是智能家居的心脏，通过它可实现系统信息的采集、信息的输入、信息的逻辑处理、信息的输出、设备联动控制等功能。

家庭智能终端的功能如下。

（1）家庭安防：安全是居民对智能家居的首要要求，家庭安防由此成为智能家居的首要组成部分。当家庭智能终端处于布防状态时，红外探头探测到家中有人走动，就会自动报警，通过蜂鸣器和语音实现本地报警，同时将报警信息报到物业管理中心，并自动拨号到主人的手机或电话上。

（2）可视对讲：通过集成与显示技术，家庭智能终端上集成了可视对讲功能，无须另外设置室内分机即可实现可视对讲的功能。

（3）远程抄表：水、电、气表的远程自动抄收计费是物业管理的一个重要部分，它的实现解决了入户抄表的低效率、干扰性问题。

（4）网络家电：网络家电是智能家居集成系统的重要组成和支持部分，代表着家庭智能化的发展方向。通过统一的家电联网接口，可将网络家电与家庭智能终端相连，组成网络家电系统，实现家用电器的远程监控、故障远程诊断等功能。

（5）家庭短信：物业管理中心与家庭智能终端联网，对住户发布信息，住户可通过家庭智能终端的交互界面选择物业管理公司提供的各种服务。

（6）物业报修：通过家庭智能终端可以向物业管理部门申请维修。

海尔智能家居控制系统示例如图 14-40、图 14-41 所示。

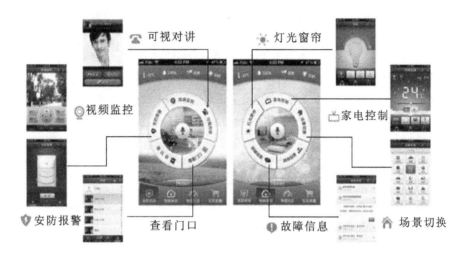

图 14-40　海尔智能家居控制系统示例一

图 14-41　海尔智能家居控制系统示例二

3. 科比迪智能家居控制系统

科比迪智能家居控制系统,采用无线的通信方式,实现家居照明灯光、电器和窗帘系统,家居安防系统,家庭影音系统和家居健康、节能、安全、环保系统的智能控制和管理。系统使用无线智能中控技术,实现所有家电一键操控,提升了家居环境的安全性、便利性、舒适性,且更节能环保。

科比迪智能家居控制系统为居民住宅、别墅、小区公寓、写字楼、酒店等用户提供全面智能化解决方案,其主要技术覆盖智能照明、智能安防、智能门窗、智能影音等智能化系列产品。该系统安装便捷、操作简单、维护方便,无须改变任何线路,是真正实现与互联网无缝连接的纯无线智能家居系统。该系统可实现下述功能。

(1)个性化定制:用户可以根据自己的个性化需求灵活地选择所需要的功能模块来组装自己的智能家居控制系统,智能家居控制主机可以无缝连接各功能模块(包括智能家居控制网关、网络摄像机、各类报警器设备、无线红外转发器、温度传感器、电动窗帘等),用户可以根据自己的需求和预算定制自己的智能家居生活,像装计算机一样"装"智能家居控制系统。

(2)独家提供优质红外线转发器,提供无线转红外功能,轻松实现传统家电设备无缝接入网络控制,实现客厅、主卧、次卧的空调远程计算机遥控或者手机遥控。

(3)超强控制功能:同时兼容 315 MHz 或 433 MHz 无线收发功能、40 路无线输入报警功能、800 路无线发射控制功能,无须手动配对,KBD 完全兼容 2262、1527 编码,使人们的家装有更多的选择。

(4)场景控制功能:支持 20 种工作场景模式,每种场景支持 10 路输出组合操作,可自定义如回家、离家、会客、就餐、影院、休息、起夜、起床等模式;预先设置各种场景灯光,可以通过计算机、手机、智能网关、遥控器很方便地管理和切换场景模式。

(5)自动控制功能:自带实时时钟,可计划实现 8 组自动定时控制功能,如早上指定时间自动打开音响、打开窗帘,晚上自动关闭窗帘、打开电灯等;花园里的旋转喷头可以定时打开,人们不在家也不必担心浇花问题;支持红外发送、无线控制、场景模式等多种定时控制方式。

(6)安防报警功能:可以联动电话、短信、无线发射、红外线发射多种报警模式,组装成灵活、个性定制化的报警系统。

科比迪智能家居控制系统使用了 ARM 嵌入式技术,抛弃了市场同类产品中的使用单片机的技术方案,使系统稳定性大大提高、安全性更上一层楼、性能更加卓越;其元器件采用工业级设计,出厂前严格进行老化测试,完全能够保证设备长期稳定工作;可提供多重密码保护,防止外人查看。该系统支持用户自动升级固件程序功能,可扩展性较强,易于维护、扩充和升级。

(7)远程网络控制功能:如果用户有固定 IP 地址或设置了动态域名和端口映射,那么可实现互联网级的远程控制,在世界各地,通过 Internet 网可随时控制灯及电器的开/关。新一代的科比迪智能家居控制系统采购全球唯一的 MAC 网络物理层地址,保证在全球范围内使用不会有网络冲突或者故障,极有效地保证了网络安全。

思考与练习

(1)智能家居控制系统的子系统有哪些?

(2)智能家居控制系统采用的通信技术主要有哪些?

（3）智能主机在智能家居控制系统中承担什么角色？

（4）何谓场景控制？智能家居控制系统引入场景模式的意义是什么？

（5）实训任务。

初步感受实训室科比迪智能家居控制系统和施耐德智能家居控制系统的功能，进一步认识智能家居控制系统的组成架构、主要的设备特点，熟悉智能家居控制系统的操作，实地从不同控制终端实施对灯光、窗帘的控制，了解场景控制的意义；在对智能家居控制系统熟悉的基础上，在手机上安装 APP 客户端软件，通过配置，实现对灯光、窗帘的控制（包括独立控制和场景控制）。

【任务材料】

① 科比迪智能家居控制系统，含智能主机、智能照明系统、智能窗帘、智能入侵检测装置、管理主机、操作台。

② 施耐德智能家居控制系统，含施耐德 DDC 照明控制系统、智能窗帘系统和新风系统。

【任务步骤】

① 了解智能家居控制系统的概念、组成、应用。

② 学生分组，以组为单位进行系统的熟悉、功能测试。

【任务步骤】

任务 1：参观智能家居控制系统的应用场所，介绍实训室智能家居控制系统的功能和组成设备，通过对智能楼宇实训室的参观，亲身体验智能家居控制系统的功能，近距离观察组成智能家居控制系统的各种设备。

任务 2：智能家居控制系统平台的应用功能测试实训，针对实训室科比迪智能家居控制系统和施耐德智能家居控制系统，下载安装手机 APP 客户端软件，进行灯具和窗帘等的控制测试。

附录Ⅰ 智能建筑工程标准及规范参考目录

第一部分 设计标准与规范

1. 通用标准与规范

(1) GB 50314—2015《智能建筑设计标准》。

(2) GB/T 50786—2012《建筑电气制图标准》。

(3) JGJ 16—2008《民用建筑电气设计规范》。

(4) JGJ/T 179—2009《体育建筑智能化系统工程技术规程》。

(5)《全国民用建筑工程设计技术措施 电气(2009年版)》。

(6)《建筑工程设计文件编制深度规定(2008年版)》。

2. 安全防范系统

(1) GB 50198—2011《民用闭路监视电视系统工程技术规范》。

(2) GB 50348—2004《安全防范工程技术规范》。

(3) GB 50394—2007《入侵报警系统工程设计规范》。

(4) GB 50395—2007《视频安防监控系统工程设计规范》。

(5) GB 50396—2007《出入口控制系统工程设计规范》。

(6) GB 50115—2009《工业电视系统工程设计规范》。

(7) GB/T 16571—2012《博物馆和文物保护单位安全防范系统要求》。

(8) GB/T 16676—2010《银行安全防范报警监控联网系统技术要求》。

(9) GA/T 74—2000《安全防范系统通用图形符号》。

3. 有线电视系统

(1) GB 50200—1994《有线电视系统工程技术规范》。

(2) GY/T 106—1999《有线电视广播系统技术规范》。

4. 综合布线系统

GB 50311—2007《综合布线系统工程设计规范》。

5. 火灾自动报警系统

(1) GB 50016—2014《建筑设计防火规范》。

(2) GB 50116—2013《火灾自动报警设计规范》。

6. 建筑设备监控系统

(1) GB 50736—2012《民用建筑供暖通风与空气调节设计规范》。

(2) GB 50034—2013《建筑照明设计标准》。

(3) GB 50189—2015《公共建筑节能设计标准》。

(4)《建筑节能智能化技术导则(试行)》。

(5)《全国民用建筑工程设计技术措施 暖通空调·动力》(2009年版)。

(6)《全国民用建筑工程设计技术措施节能专篇 电气》(2007年版)。

(7)《全国民用建筑工程设计技术措施节能专篇 暖通空调·动力》(2007年版)。

7. 广播、扩声及会议系统

（1）GB 50526—2010《公共广播系统工程技术规范》。

（2）GB 50371—2006《厅堂扩声系统设计规范》。

（3）GB/T 15381—1994《会议系统电及音频的性能要求》。

（4）GB 50799—2012《电子会议系统工程设计规范》。

（5）GB 50464—2008《视频显示系统工程技术规范》。

（6）GB 50524—2010《红外线同声传译系统工程技术规范》。

（7）GB 50635—2010《会议电视会场系统工程设计规范》。

（8）GYJ 125—1986《厅堂扩声系统声学特性指标》。

8. 住宅智能化系统

（1）GB 50096—2011《住宅设计规范》。

（2）GB/T 50605—2010《住宅区和住宅建筑内通信设施工程设计规范》。

（3）JGJ 242—2011《住宅建筑电气设计规范》。

（4）CECS 119：2000《城市住宅建筑综合布线系统工程设计规范》。

（5）《国家康居示范工程节能省地型住宅技术要点》。

（6）《居住小区智能化系统建设要点与技术导则》。

（7）CJ/T 174—2003《居住区智能化系统配置与技术要求》。

（8）《大连市住宅智能化系统功能配置规定（试行）》。

9. 电子计算机房及防雷接地装置

（1）GB 50174—2008《电子信息系统机房设计规范》。

（2）GB 50343—2012《建筑物电子信息系统防雷技术规范》。

第二部分　施工规范与操作规程

1. 通用规范与规程

（1）GB 50606—2010《智能建筑工程施工规范》。

（2）GB 50575—2010《1 kV 及以下配线工程施工与验收规范》。

（3）GB 50303—2015《建筑电气工程施工质量验收规范》。

（4）GB 50254—2014《电气装置安装工程　低压电器施工及验收规范》。

（5）GB 50171—2012《电气装置安装工程　盘、柜及二次回路接线施工及验收规范》。

（6）DB 21/900.18—2005《建筑安装工程施工技术操作规程　智能建筑工程》。

（7）DB 21/900.23—2005《建筑安装工程施工技术操作规程　建筑电气工程》。

2. 有线电视系统

DB 21/900.24—2005《建筑安装工程施工技术操作规程　建筑通信与有线电视工程》。

3. 综合布线系统

（1）GB 50312—2007《综合布线系统工程验收规范》。

（2）YDJ 44—1989《电信网光纤数字传输系统工程施工及验收暂行技术规定》。

4. 火灾自动报警系统

（1）GB 50166—2007《火灾自动报警系统施工及验收规范》。

（2）DB 21/900.17—2005《建筑安装工程施工技术操作规程　建筑消防工程》。

5. 建筑设备监控系统

GB 50093—2013《自动化仪表工程施工及验收规范》。

6. 电子计算机房及防雷接地装置

GB 50462—2015《数据中心基础设施施工及验收规范》。

三、验收规范与评定标准

1. 通用标准与规范

（1）GB 50300—2013《建筑工程施工质量验收统一标准》。

（2）GB/T 50375—2006《建筑工程施工质量评价标准》。

（3）GB 50303—2015《建筑电气工程施工质量验收规范》。

（4）GB 50339—2013《智能建筑工程质量验收规范》。

（5）DB 21/T1341—2004《智能建筑工程施工质量验收实施细则》。

（6）CECS 182:2005《智能建筑工程检测规程》。

2. 安全防范系统

GA 308—2001《安全防范系统验收规则》。

3. 综合布线系统

GB 50312—2007《综合布线系统工程验收规范》。

4. 火灾自动报警系统

GB 50166—2007《火灾自动报警系统施工及验收规范》。

5. 建筑设备监控系统

（1）GB 50093—2013《自动化仪表工程施工质量验收规范》。

（2）GB 50411—2007《建筑节能工程施工质量验收规范》。

附录Ⅱ 教材案例设备配置清单

序 号	产品名称	规格/型号	品 牌
一、综合布线工程			
1	建筑模型	铝合金框架	定制
2	综合布线实训机架	标准19英寸	易训
3	智能总电源管理系统	刷卡式	国产
4	其他配件		国标
二、网络工程——中心链路通信装置			
1	黑色立式机柜	800 mm×800 mm×2 000 mm　42U	国产
2	路由器	百兆	锐捷
3	交换机	24口 RG-S1824GT-EA-V2	锐捷
4	光纤收发器	8口（SC-RJ45）	国产
5	语音交换机	4进16出	国威
6	模块式配线架	24口超五类	扬丰
7	超六类配线架	24口	扬丰
8	110语音配线架	100对	扬丰
9	理线架	12口	扬丰
10	SC光纤配线架	标准	扬丰
11	防静电地板	标准	国产
12	电源金属地插	标准	国产
13	网络、语音金属地插	标准	国产
14	SC尾纤	标准	扬丰
15	彩色超五类跳线	2 m	扬丰
16	彩色超六类跳线	2 m	扬丰
17	1对跳线	110-110	扬丰
18	1对跳线	110-RJ45	扬丰
19	双工光纤跳线	SC-SC 3 m	扬丰
20	cat5室内线缆	25对	扬丰
21	室内光缆	多模8芯	扬丰
22	电源线	RVV3×1.5	扬丰

续表

序　号	产品名称	规格/型号	品　牌
三、视频监控系统			
1	DVR(硬盘录像机)	模拟 DS-7808HW-E1	海康威视
2	NVR(网络录像机)	IPDS-7104N-SN	
3	一体化智能球机	DS-2AE416-A3	
4	IP摄像机(枪机)	DS-2CD2T20FD-13	
5	模拟摄像机(枪机)	DS-2CE-16A2P-IT3P	
6	红外彩色摄像机	DS-2CE56A2P-IT3P	
7	模拟视频矩阵		
8	控制键盘		
9	液晶显示器		长虹
10	四拼屏显示系统		
11	视频分配群器		
四、可视门禁对讲系统			
1	中文数码式彩色可视单元门主机	AB-6A-402D-A3C-C2-ST2	狄耐克
2	彩色可视室内分机(4.3")	AB-6A-402M-I3C-XN-43-S	狄耐克
3	系统电源	UPS-DP/P	狄耐克
4	楼层交换机	AB-6A-402B-4	狄耐克
5	IC刷卡模块	AB-6A-602DRM	狄耐克
6	彩色可视中心管理机	AB-6A-602C-A-4-S2	狄耐克
7	管理中心电源	UPS-CP	狄耐克
8	发卡器	AB-6A-602DF	狄耐克
9	联网交换机	AB-6A-602VAP-8	狄耐克
10	网络转换器	AB-6A-602NSR	狄耐克
11	智能管理软件	AB-6A-S2005	狄耐克
12	IC卡(带印刷)	标准	国产
13	电控锁	标准	国产
14	闭门器	标准液压	国产
15	紧急按钮		国产

序　号	产 品 名 称	规格/型号	品　牌
五、防盗报警主机系统			
1	总线制报警主机	AL-7480	艾礼安
2	中文编程键盘	AL-730	艾礼安
3	单防区扩展模块	AL-7480-1A	艾礼安
4	红外对射探测器	ABT-100	艾礼安
5	对射支架	ALF-50T	艾礼安
6	继电器主板	AL-7016JK	艾礼安
7	管理软件	AL-2005S	艾礼安
8	声光警号	AL-103	艾礼安
9	主机后备电池	AL-12V/7AH	艾礼安
10	对射集中供电电源	DC-24V/10A	艾礼安
11	被动红外幕帘探测器		艾礼安
12	配套安装材料		国标
六、消防报警系统模块			
1	火灾报警控制器	JB-QB-GST200	海湾
2	火灾显示盘	ZF-101Z	海湾
3	感烟火灾探测器	JTY-GD-G3	海湾
4	感温火灾探测器	JTW-ZCD-G3N	海湾
5	手动火灾报警按钮	J-SAM-GST9121	海湾
6	火灾声光警报器	HX-100B	海湾
7	中继模块	GST-LD-8300	海湾
8	单输入/输出模块	GST-LD-8301	海湾
9	双输入/输出模块	GST-LD-8303	海湾
10	消火栓按钮	J-SAM-GST9123	海湾
11	可燃煤气火灾探测器	GST-BY002M	海湾
12	风扇	定制	海湾
13	模拟卷帘门	定制	海湾
14	模拟消防泵	定制	海湾
15	总线隔离器	GST-LD-8313	海湾
16	现场编码器	GST-BMQ-2	海湾

序　号	产　品　名　称	规格/型号	品　　牌
七、智能巡更管理模块			
1	巡更棒	BP-2012S	BlueCard
2	离线数据传输器	BS-1000	BlueCard
3	信息钮	BLC-30N	BlueCard
4	管理软件	V7.3.1	BlueCard
5	加密狗	XG	BlueCard
八、DDC照明控制模块			
1	开关控制模块	MTN649204	施耐德
2	通用调光模块	MTN649350	施耐德
3	智能面板(纯白色)	MTN628219	施耐德
4	人体存在感应器(纯白色)	MTN630819	施耐德
5	亮度 & 温度传感器	MTN663991	施耐德
6	电源模块	MTN684064	施耐德
7	逻辑模块	MTN676090	施耐德
8	教学版软件	A300002	施耐德
9	KNX 总线	999999	施耐德
10	LED 照明灯	25W	国产
九、DDC新风机控制系统模块			
1	教学版软件	WS	施耐德
2	网络控制服务器及电源	AS+PS+TB	施耐德
3	BACnet 直接数字控制器	b3867	施耐德
4	室内温/湿度传感器	VER-HEW3VSTH	施耐德
5	计算机操作台	标准	定制
6	安装辅材		
十、公共广播系统模块			
1	标准设备柜	600 mm×600 mm×1 600 mm	国产
2	自动编程播放器	SN-6800	SANVO
3	32 路智能报警信号采集器	SN-3032	SANVO
4	功放	SN-180W	SANVO
5	手持式话筒	GD-608	SANVO
6	分区器	SN-3316	SANVO
7	鹅颈话筒	M-30	SANVO
8	无线话筒	MI-120	SANVO

序　　号	产　品　名　称	规格/型号	品　　牌
9	音控器	V-60F	SANVO
10	天花喇叭	SC-501A	SANVO
11	壁挂音响	HG-320	SANVO
12	防水音柱	SC-25W	SANVO
13	号角音响	SC-236	SANVO
14	草地音响	S-510	SANVO
15	广播线	RVVP2×1.0	扬丰

十一、有线电视实训系统

1	卫星天线锅	标准 45 cm	国产
2	卫星接收机	标准 DM-500-S	国产
3	调制器	SB618-C	视贝
4	DVD 机	高清 S60	国产
5	混合器	标准 8 路	视贝
6	干线放大器	7530MZ1	视贝
7	楼栋分配器	SB2002B	视贝
8	楼栋分支器	SB2002B	视贝
9	用户机顶盒	标准	国产
10	液晶电视机	24M1	长虹
11	有线电视电源		国产
12	标准网络机柜	600 mm×600 mm×1 200 mm	国产

十二、物联网综合控制平台（定制）

1	ZigBee 转 IP 网关	U30IPGWZB	施耐德
2	2 路红外学习转 ZigBee	U30IRSDMZB	施耐德
3	双极开关	标准	施耐德
4	双极开关面板（珍珠白）	标准	施耐德
5	2×300 W ZigBee 双联调光器_无面板	U202DST600ZB	施耐德
6	双联调光器面板（珍珠白）	UC22DM XPW	施耐德
7	2×1 kVA ZigBee 双联开关_无面板	U202SRY2KWZB	施耐德
8	双联开关面板（珍珠白）	UC22SW XPW	施耐德
9	2×300 VA ZigBee 双联窗帘开关_无面板	U202SCN600ZB	施耐德
10	双联窗帘开关面板（珍珠白）	UC22CN XPW	施耐德
11	ZigBee 6 键移动开关（珍珠白）	U106RWMZB_XPW	施耐德
12	ZigBee 5 场景手持遥控器（珍珠白）	U105RHH001ZB	施耐德

序　号	产 品 名 称	规格/型号	品　牌
13	360°人体存在感应器基本型(明/暗装单负载)	CSS54E_WE	施耐德
14	IPC 摄像机		国产
15	智能插座	智能型	国产
16	可燃气体火灾探测器		艾礼安
17	无线红外探测器		艾礼安
18	光电式烟雾感应器		国产
19	无线门窗状态感应器		国产
20	智能门窗控制器		国产
21	智能温/湿度感应器		国产
22	感应灯		国产
23	智能开关		西门子
24	风雨感应器		卓居
25	液晶电视机	50 英寸	长虹
26	空调	3P	格力
27	音响	15W	尚沃
28	清洁机器人	XL580	地贝益节

参 考 文 献

[1] 沈晔.楼宇自动化技术与工程[M].北京:机械工业出版社.2014.

[2] 欧军.弱电及综合布线工程[M].北京:机械工业出版社,2014.

[3] 李英姿.住宅电气与智能小区系统设计[M].北京:中国电力出版社,2013.

[4] 王正勤.楼宇智能化技术[M].北京:化学工业出版社,2015.

[5] 王再英,韩养社.楼宇自动化系统原理与应用[M].北京:电子工业出版社,2013.

[7] 王公儒.网络综合布线系统工程技术实训教程[M].2版.北京:机械工业出版社.2012.

[8] 侯佳奎,张彦礼.楼宇智能化系统综合实训[M].北京:重庆大学出版社.2013.

[9] 班建民,王昱安,奚雪峰,等.建筑电气与智能化工程项目管理[M].北京:中国建筑工业出版社.2011.

[10] 中国建设教育协会.楼宇智能化系统与技能实训[M].2版.北京:中国建筑工业出版社.2011.